"十三五"国家重点出版物出版规划项目

持久性有机污染物
POPs研究系列专著

持久性有机污染物的中国膳食暴露与人体负荷

吴永宁 李敬光 等/著

科学出版社
北京

内容简介

膳食是人体摄入持久性有机污染物(POPs)的主要来源。本书首次系统总结了中国总膳食研究获得的持久性有机污染物的膳食暴露与人体负荷数据，并比较了2007年和2011年的数据作为履约成效评估的科学依据，有关结果可供读者参考，以了解我国的有关状况。本书共9章，分别介绍持久性有机污染物的暴露评估，食品和人体中有机氯农药、二噁英及其类似物、多氯联苯、多溴二苯醚、全氟有机化合物、六溴环十二烷及其他溴系阻燃剂、短链和中链氯化石蜡分析方法、含量水平、摄入情况及负荷情况等，最后介绍持久性有机污染物的生物利用率。

本书可供环境科学与工程、食品质量与安全、食品科学与工程等相关领域的科研人员和技术人员参考，也可作为相关学科本科生及研究生的学习参考书。

图书在版编目(CIP)数据

持久性有机污染物的中国膳食暴露与人体负荷/吴永宁等著.—北京：科学出版社，2019.10

(持久性有机污染物(POPs)研究系列专著)

"十三五"国家重点出版物出版规划项目　国家出版基金项目

ISBN 978-7-03-062395-9

Ⅰ.①持… Ⅱ.①吴… Ⅲ.①持久性－有机污染物－影响－食品安全－研究－中国　Ⅳ.①TS201.6

中国版本图书馆CIP数据核字(2019)第204080号

责任编辑：朱　丽　杨新改　孙　青/责任校对：杜子昂
责任印制：肖　兴/封面设计：黄华斌

科学出版社 出版
北京东黄城根北街16号
邮政编码：100717
http://www.sciencep.com

北京画中画印刷有限公司 印刷
科学出版社发行　各地新华书店经销

*

2019年10月第 一 版　开本：720×1000　1/16
2019年10月第一次印刷　印张：15 1/2　插页：1
字数：300 000

定价：128.00元
(如有印装质量问题，我社负责调换)

《持久性有机污染物（POPs）研究系列专著》丛书编委会

主　编　江桂斌

编　委（按姓氏汉语拼音排序）

蔡亚岐　陈景文　李英明　刘维屏

刘咸德　麦碧娴　全　燮　阮　挺

王亚韡　吴永宁　尹大强　余　刚

张爱茜　张　干　张庆华　郑明辉

周炳升　周群芳　朱利中

本书编写人员名单

吴永宁	国家食品安全风险评估中心	研究员
李敬光	国家食品安全风险评估中心	研究员
周萍萍	国家食品安全风险评估中心	研究员
张　磊	国家食品安全风险评估中心	副研究员
邵　懿	国家食品安全风险评估中心	副研究员
王雨昕	国家食品安全风险评估中心	副研究员
吕　冰	国家食品安全风险评估中心	助理研究员
韩见龙	浙江省疾病预防控制中心	主任技师
沈海涛	浙江省疾病预防控制中心	副研究员
闻　胜	湖北省疾病预防控制中心	副研究员
刘　潇	湖北省疾病预防控制中心	主管技师
施致雄	首都医科大学	教　授
高丽荣	中国科学院生态环境研究中心	研究员
王润华	上海市疾病预防控制中心	技　师

丛 书 序

持久性有机污染物（persistent organic pollutants，POPs）是指在环境中难降解（滞留时间长）、高脂溶性（水溶性很低），可以在食物链中累积放大，能够通过蒸发–冷凝、大气和水等的输送而影响到区域和全球环境的一类半挥发性且毒性极大的污染物。POPs 所引起的污染问题是影响全球与人类健康的重大环境问题，其科学研究的难度与深度，以及污染的严重性、复杂性和长期性远远超过常规污染物。POPs 的分析方法、环境行为、生态风险、毒理与健康效应、控制与削减技术的研究是最近 20 年来环境科学领域持续关注的一个最重要的热点问题。

近代工业污染催生了环境科学的发展。1962 年，*Silent Spring* 的出版，引起学术界对滴滴涕（DDT）等造成的野生生物发育损伤的高度关注，POPs 研究随之成为全球关注的热点领域。1996 年，*Our Stolen Future* 的出版，再次引发国际学术界对 POPs 类环境内分泌干扰物的环境健康影响的关注，开启了环境保护研究的新历程。事实上，国际上环境保护经历了从常规大气污染物（如 SO_2、粉尘等）、水体常规污染物［如化学需氧量（COD）、生化需氧量（BOD）等］治理和重金属污染控制发展到痕量持久性有机污染物削减的循序渐进过程。针对全球范围内 POPs 污染日趋严重的现实，世界许多国家和国际环境保护组织启动了若干重大研究计划，涉及 POPs 的分析方法、生态毒理、健康危害、环境风险理论和先进控制技术。研究重点包括：①POPs 污染源解析、长距离迁移传输机制及模型研究；②POPs 的毒性机制及健康效应评价；③POPs 的迁移、转化机理以及多介质复合污染机制研究；④POPs 的污染削减技术以及高风险区域修复技术；⑤新型污染物的检测方法、环境行为及毒性机制研究。

20 世纪国际上发生过一系列由于 POPs 污染而引发的环境灾难事件（如意大利 Seveso 化学污染事件、美国拉布卡纳尔镇污染事件、日本和中国台湾米糠油事件等），这些事件给我们敲响了 POPs 影响环境安全与健康的警钟。1999 年，比利时鸡饲料二噁英类污染波及全球，造成 14 亿欧元的直接损失，导致该国政局不稳。

国际范围内针对 POPs 的研究，主要包括经典 POPs（如二噁英、多氯联苯、含氯杀虫剂等）的分析方法、环境行为及风险评估等研究。如美国 1991～2001 年的二噁英类化合物风险再评估项目，欧盟、美国环境保护署（EPA）和日本环境厅先后启动了环境内分泌干扰物筛选计划。20 世纪 90 年代提出的蒸馏理论和蚂蚱跳效应较好地解释了工业发达地区 POPs 通过水、土壤和大气之间的界面交换而长距离迁移到南北极等极地地区的现象，而之后提出的山区冷捕集效应则更加系统地解释了高山地区随着海拔的增加其环境介质中POPs浓度不断增加的迁移机理,从而为POPs的全球传输提供了重要的依据和科学支持。

2001年5月,全球100多个国家和地区的政府组织共同签署了《关于持久性有机污染物的斯德哥尔摩公约》(简称《斯德哥尔摩公约》)。目前已有包括我国在内的179个国家和地区加入了该公约。从缔约方的数量上不仅能看出公约的国际影响力,也能看出世界各国对POPs污染问题的重视程度,同时也标志着在世界范围内对POPs污染控制的行动从被动应对到主动防御的转变。

进入21世纪之后,随着《斯德哥尔摩公约》进一步致力于关注和讨论其他同样具POPs性质和环境生物行为的有机污染物的管理和控制工作,除了经典POPs,对于一些新型POPs的分析方法、环境行为及界面迁移、生物富集及放大,生态风险及环境健康也越来越成为环境科学研究的热点。这些新型POPs的共有特点包括:目前为正在大量生产使用的化合物、环境存量较高、生态风险和健康风险的数据积累尚不能满足风险管理等。其中两类典型的化合物是以多溴二苯醚为代表的溴系阻燃剂和以全氟辛基磺酸盐(PFOS)为代表的全氟化合物,对于它们的研究论文在过去15年呈现指数增长趋势。如有关PFOS的研究在Web of Science上搜索结果为从2000年的8篇增加到2013年的323篇。随着这些新增POPs的生产和使用逐步被禁止或限制使用,其替代品的风险评估、管理和控制也越来越受到环境科学研究的关注。而对于传统的生态风险标准的进一步扩展,使得大量的商业有机化学品的安全评估体系需要重新调整。如传统的以鱼类为生物指示物的研究认为污染物在生物体中的富集能力主要受控于化合物的脂-水分配,而最近的研究证明某些低正辛醇-水分配系数、高正辛醇-空气分配系数的污染物(如HCHs)在一些食物链特别是在陆生生物链中也表现出很高的生物放大效应,这就向如何修订污染物的生态风险标准提出了新的挑战。

作为一个开放式的公约,任何一个缔约方都可以向公约秘书处提交意在将某一化合物纳入公约受控的草案。相应的是,2013年5月在瑞士日内瓦举行的缔约方大会第六次会议之后,已在原先的包括二噁英等在内的12类经典POPs基础上,新增13种包括多溴二苯醚、全氟辛基磺酸盐等新型POPs成为公约受控名单。目前正在进行公约审查的候选物质包括短链氯化石蜡(SCCPs)、多氯萘(PCNs)、六氯丁二烯(HCBD)及五氯苯酚(PCP)等化合物,而这些新型有机污染物在我国均有一定规模的生产和使用。

中国作为经济快速增长的发展中国家,目前正面临比工业发达国家更加复杂的环境问题。在前两类污染物尚未完全得到有效控制的同时,POPs污染控制已成为我国迫切需要解决的重大环境问题。作为化工产品大国,我国新型POPs所引起的环境污染和健康风险问题比其他国家更为严重,也可能存在国外不受关注但在我国环境介质中广泛存在的新型污染物。对于这部分化合物所开展的研究工作不但能够为相应的化学品管理提供科学依据，同时也可为我国履行《斯德哥尔摩公约》提供重要的数据支持。另外，随着经济快速发展所产生的污染所致健康问题在我国的集中显现，新型 POPs 污染的毒性与健康危害机制已成为近年来相关研究的热点问题。

随着 2004 年 5 月《斯德哥尔摩公约》正式生效，我国在国家层面上启动了对 POPs 污染源的研究，加强了 POPs 研究的监测能力建设，建立了几十个高水平专业实验室。科研机构、环境监测部门和卫生部门都先后开展了环境和食品中 POPs 的监测和控制措施研究。特别是最近几年，在新型 POPs 的分析方法学、环境行为、生态毒理与环境风险，以及新污染物发现等方面进行了卓有成效的研究，并获得了显著的研究成果。如在电子垃圾拆解地，积累了大量有关多溴二苯醚（PBDEs）、二噁英、溴代二噁英等 POPs 的环境转化、生物富集/放大、生态风险、人体赋存、母婴传递乃至人体健康影响等重要的数据，为相应的管理部门提供了重要的科学支撑。我国科学家开辟了发现新 POPs 的研究方向，并连续在环境中发现了系列新型有机污染物。这些新 POPs 的发现标志着我国 POPs 研究已由全面跟踪国外提出的目标物，向发现并主动引领新 POPs 研究方向发展。在机理研究方面，率先在珠穆朗玛峰、南极和北极地区"三极"建立了长期采样观测系统，开展了 POPs 长距离迁移机制的深入研究。通过大量实验数据证明了 POPs 的冷捕集效应，在新的源汇关系方面也有所发现，为优化 POPs 远距离迁移模型及认识 POPs 的环境归宿做出了贡献。在污染物控制方面，系统地摸清了二噁英类污染物的排放源，获得了我国二噁英类排放因子，相关成果被联合国环境规划署《全球二噁英类污染源识别与定量技术导则》引用，以六种语言形式全球发布，为全球范围内评估二噁英类污染来源提供了重要技术参数。以上有关 POPs 的相关研究是解决我国国家环境安全问题的重大需求、履行国际公约的重要基础和我国在国际贸易中取得有利地位的重要保证。

我国 POPs 研究凝聚了一代代科学家的努力。1982 年，中国科学院生态环境研究中心发表了我国二噁英研究的第一篇中文论文。1995 年，中国科学院武汉水生生物研究所建成了我国第一个装备高分辨色谱/质谱仪的标准二噁英分析实验室。进入 21 世纪，我国 POPs 研究得到快速发展。在能力建设方面，目前已经建成数十个符合国际标准的高水平二噁英实验室。中国科学院生态环境研究中心的二噁英实验室被联合国环境规划署命名为 "Pilot Laboratory"。

2001 年，我国环境内分泌干扰物研究的第一个 "863" 项目 "环境内分泌干扰物的筛选与监控技术" 正式立项启动。随后经过 10 年 4 期 "863" 项目的连续资助，形成了活体与离体筛选技术相结合，体外和体内测试结果相互印证的分析内分泌干扰物研究方法体系，建立了有中国特色的环境内分泌污染物的筛选与研究规范。

2003年，我国POPs领域第一个"973"项目"持久性有机污染物的环境安全、演变趋势与控制原理"启动实施。该项目集中了我国POPs领域研究的优势队伍，围绕POPs在多介质环境的界面过程动力学、复合生态毒理效应和焚烧等处理过程中POPs的形成与削减原理三个关键科学问题，从复杂介质中超痕量POPs的检测和表征方法学；我国典型区域POPs污染特征、演变历史及趋势；典型POPs的排放模式和运移规律；典型POPs的界面过程、多介质环境行为；POPs污染物的复合生态毒理效应；POPs的削减与控制原理以及POPs生态风险评价模式和预警方法体系七个方面开展了富有成效的研究。该项目以我国POPs污染的演变趋势为主，基本摸清了我国POPs特别是二噁英排放的行业分布与污染现状，为我国履行《斯德哥尔摩公约》做出了突出贡献。2009年，POPs项目得到延续资助，研究内容发展到以POPs的界面过程和毒性健康效应的微观机理为主要目标。2014年，项目再次得到延续，研究内容立足前沿，与时俱进，发展到了新型持久性有机污染物。这3期"973"项目的立项和圆满完成，大大推动了我国POPs研究为国家目标服务的能力，培养了大批优秀人才，提高了学科的凝聚力，扩大了我国POPs研究的国际影响力。

2008年开始的"十一五"国家科技支撑计划重点项目"持久性有机污染物控制与削减的关键技术与对策"，针对我国持久性有机物污染物控制关键技术的科学问题，以识别我国POPs环境污染现状的背景水平及制订优先控制POPs国家名录，我国人群POPs暴露水平及环境与健康效应评价技术，POPs污染控制新技术与新材料开发，焚烧、冶金、造纸过程二噁英类减排技术，POPs污染场地修复，废弃POPs的无害化处理，适合中国国情的POPs控制战略研究为主要内容，在废弃物焚烧和冶金过程烟气减排二噁英类、微生物或植物修复POPs污染场地、废弃POPs降解的科研与实践方面，立足自主创新和集成创新。项目从整体上提升了我国POPs控制的技术水平。

目前我国POPs研究在国际SCI收录期刊发表论文的数量、质量和引用率均进入国际第一方阵前列，部分工作在开辟新的研究方向、引领国际研究方面发挥了重要作用。2002年以来，我国POPs相关领域的研究多次获得国家自然科学奖励。2013年，中国科学院生态环境研究中心POPs研究团队荣获"中国科学院杰出科技成就奖"。

我国POPs研究开展了积极的全方位的国际合作，一批中青年科学家开始在国际学术界崭露头角。2009年8月，第29届国际二噁英大会首次在中国举行，来自世界上44个国家和地区的近1100名代表参加了大会。国际二噁英大会自1980年召开以来，至今已连续举办了38届，是国际上有关持久性有机污染物（POPs）研究领域影响最大的学术会议，会议所交流的论文反映了当时国际POPs相关领域的最新进展，也体现了国际社会在控制POPs方面的技术与政策走向。第29

国际二噁英大会在我国的成功召开，对提高我国持久性有机污染物研究水平、加速国际化进程、推进国际合作和培养优秀人才等方面起到了积极作用。近年来，我国科学家多次应邀在国际二噁英大会上作大会报告和大会总结报告，一些高水平研究工作产生了重要的学术影响。与此同时，我国科学家自己发起的 POPs 研究的国内外学术会议也产生了重要影响。2004 年开始的 "International Symposium on Persistent Toxic Substances" 系列国际会议至今已连续举行 14 届，近几届分别在美国、加拿大、中国香港、德国、日本等国家和地区召开，产生了重要学术影响。每年 5 月 17~18 日定期举行的 "持久性有机污染物论坛" 已经连续 12 届，在促进我国 POPs 领域学术交流、促进官产学研结合方面做出了重要贡献。

本丛书《持久性有机污染物（POPs）研究系列专著》的编撰，集聚了我国 POPs 研究优秀科学家群体的智慧，系统总结了 20 多年来我国 POPs 研究的历史进程，从理论到实践全面记载了我国 POPs 研究的发展足迹。根据研究方向的不同，本丛书将系统地对 POPs 的分析方法、演变趋势、转化规律、生物累积/放大、毒性效应、健康风险、控制技术以及典型区域 POPs 研究等工作加以总结和理论概括，可供广大科技人员、大专院校的研究生和环境管理人员学习参考，也期待它能在 POPs 环保宣教、科学普及、推动相关学科发展方面发挥积极作用。

我国的 POPs 研究方兴未艾，人才辈出，影响国际，自树其帜。然而，"行百里者半九十"，未来事业任重道远，对于科学问题的认识总是在研究的不断深入和不断学习中提高。学术的发展是永无止境的，人们对 POPs 造成的环境问题科学规律的认识也是不断发展和提高的。受作者学术和认知水平限制，本丛书可能存在不同形式的缺憾、疏漏甚至学术观点的偏颇，敬请读者批评指正。本丛书若能对读者了解并把握 POPs 研究的热点和前沿领域起到抛砖引玉作用，激发广大读者的研究兴趣，或讨论或争论其学术精髓，都是作者深感欣慰和至为期盼之处。

2017 年 1 月于北京

前　言

　　食品中有机氯农药残留问题是在20世纪60年代受到重视的，我国因为当时出口食品中六六六、滴滴涕(DDT)残留量超标而由中国医学科学院卫生研究所营养与食品卫生研究室(现国家食品安全风险评估中心和中国疾病预防控制中心营养与健康所)于70年代开展相关研究工作。期间，由于我国出口兔肉中六六六、DDT残留量以脂肪计超标，国务院时任分管副总理李先念批准进口了一台岛津GC 5A带电子捕获检测器的气相色谱仪器，在王绪卿研究员领导下，通过数据计算研究发现兔肉脂肪含量低，实际上若以鲜重计算，六六六、DDT含量并不高，人们通过食用兔肉而摄入的六六六、DDT的总量比牛羊肉少，因而出现兔肉以脂肪计超标、牛羊肉以脂肪计不超标的不合理状况，进而提出肉类中六六六、DDT残留量，在脂肪含量低于10%时以鲜重计、超过10%时以脂肪计的建议。该建议也被国际食品法典委员会和一些发达国家的标准所采纳，同时也有效地解决了我国外贸中碰到的该超标问题。中国在艰难的条件下，对于食品中六六六、DDT残留量测定方法，首先提出了用硫酸净化提取液去脂肪与杂质的方法，开展了全国近万份食品样品的测定，提出了中国食品中六六六、DDT残留量的国家内部标准。后来于80年代初，针对硫酸不稳定的艾氏剂、狄氏剂、七氯的代谢物环氧七氯等，利用当时天津化工厂的全多孔树脂提出了我国的凝胶色谱(当时尚不能有外汇支持进口试剂以支持食品检验工作)净化技术。这两项检验技术现在看来十分普通，但前辈就是在艰难条件下凭着一瓶硫酸、一根全多孔树脂自研凝胶柱加上进口的填充色谱电子捕获检测器气相色谱仪器开创了我国食品中有机氯农药残留的测定，再过渡到毛细管色谱柱和气质联用选择性离子监测与稳定性同位素质谱的现代测定技术。同样，由于国家工业级的六六六、DDT面临禁止使用问题，原化学工业部决定生产林丹(γ-六六六)代替工业级的六六六混合品，中国医学科学院卫生研究所开展了毒理学研究，发现γ-六六六会在实验动物体内代谢转化为其他异构体(如β-六六六)，同时病理学也显示其会导致肾的病变。这些发现为国家于1983年决定全面禁止六六六的农业使用而非用林丹替代(林丹仅可以用于森林大规模虫害飞机灭虫)提供了科学依据。同样，20世纪比利时鸡饲料二噁英事件发生时，由于高分辨磁质谱的价格昂贵与操作条件要求高，全世界仅在发达国家的少数实验室才能开展相关研究；随着中国的经济发展，中国在持久性有机污染物的监测方面通过能力建设与主动参与国际考核，已经成为国际POPs研究中重要力量。

　　联合国环境规划署/联合国粮食及农业组织/世界卫生组织(UNEP/FAO/WHO)

在 1975 年开始组织全球环境监测系统(Global Environment Monitoring System，GEMS)，包括食品、空气、土壤和人体生物监测，当时中国的监测工作主要由中国医学科学院卫生研究所承担，研究内容就包括了六六六、DDT 和多氯联苯等，然后扩大到有机氯农药、多氯联苯和二噁英。中国医学科学院卫生研究所于 1982 年被指定为 UNEP/FAO/WHO 食品污染监测合作中心，由时任所长陈春明(后担任中国预防医学科学院院长)担任主任；历经中国预防医学科学院营养与食品卫生研究所所长陈孝曙、副所长陈君石，中国疾病预防控制中心营养与食品安全所陈君石院士和国家食品安全风险评估中心吴永宁，传承至今。全球环境监测系统/食品污染监测与评估规划(GEMS/Food)不仅开展食品的监测，WHO 还极力鼓励成员国开展总膳食研究和人体生物监测。WHO 对相关工作非常支持，并派遣了美国食品药品管理局专家予以指导，在陈君石院士的领导下，于 1990 年首次开展了基于 12 个采样点的 4 个菜篮子标准的中国人的首次中国总膳食研究，并于 1992 年开始探索年龄-性别组试点，2000 年除了测定混合膳食样品外，对有异常情况的混合样品开展单个样品测定以溯源问题样品，分析黑龙江的 γ-六六六异常使用。在前 3 次总膳食研究之后，吴永宁接手 2007 年中国总膳食研究，《第四次中国总膳食研究》(化学工业出版社中英文双语出版)将 4 个菜篮子的样品测定改为按省测定，特别是配合《中华人民共和国履行〈关于持久性有机污染物斯德哥尔摩公约〉国家实施计划》(以下简称《国家实施计划》)的成效评估，首次在中国总膳食研究的采样地同步采集母乳监测有机氯农药、多氯联苯和二噁英，获得我国履约成效评估本底水平；2011 年开展了第五次中国总膳食研究(科学出版社中英文双语出版《第五次中国总膳食研究》)，将范围扩大到 20 个省(自治区、直辖市)，获得了首次可以与 2007 年本底水平比较的成效评估数据。本书就是在中国总膳食研究基础上关于持久性有机污染物的膳食暴露与人体负荷水平的总结。该工作先后获得国家"863"计划项目、国家自然科学基金重点项目、"十五"攻关计划食品安全关键技术重大专项、"十一五"和"十二五"国家支撑计划，以及卫生公益性行业专项的支持，本书是这些项目成果的结晶。

近年来有科学家认为基因对人类疾病的影响可能不到 10%，导致人体健康风险的主要因素可能是环境暴露(environmental exposure)。鉴于环境对人体健康影响的重要性，近年来越来越多的人开始关注这一研究领域，以持久性有机污染物为代表的环境污染物的人体暴露研究受到了空前重视。在暴露科学研究中，人们主要从外界环境关注人体健康，如关注空气、水、食物等的污染水平，以及与人体接触的途径(呼吸、摄食以及皮肤接触)，评价人体可能受到的影响，或者估算这些暴露过程的暴露剂量，或者比较暴露人群与非暴露人群的健康指标。这种通过研究外界环境，确定主要暴露过程和剂量的研究方法被称为"自下而上"方式。

随着分子流行病学和分子生物学的兴起，人们发现了很多生物标志物，而这些标志物可以表征机体各组织内污染物的残留或者代谢产物；或者表征某类疾病。而这种通过探讨人体暴露后在机体组织中留下的生物标志物去确定主要的暴露过程的研究思路则被认为是"自上而下"的方式。"自下而上"方式关注于外暴露，监测外在环境中各类污染物(包括日常饮食、大气、水等)的污染强度。这一研究思路可以长期监测同一环境介质中污染物浓度，更好地了解和认识个体暴露的主要过程和途径，以便消除或减少个体暴露。但是这一方式要求去观测各种环境介质中的大量未知污染物，同时缺少对内暴露信息的了解，难以与疾病建立直接关联。而"自上而下"方式则应用生物监测的方法测定体液中的暴露特征，根据这些特征寻找暴露途径和污染物来源并可直接与一些疾病指标或效应标志物进行关联分析从而进行危害识别和健康风险评估。有些科学家呼吁借鉴基因组、蛋白质组和代谢组学等非靶向性组学方法去测定体液中暴露组特征，进而了解和评价内暴露程度。这种方式更有利于研究疾病人群和健康人群中的暴露过程及健康影响程度。但是这种方式丢失了外暴露的信息，不利于及时提出有效削减暴露的方案。食物是持久性有机污染物进入人体的重要途径。对于没有职业暴露的普通人群来说，90%以上的持久性有机污染物质来自于他们的日常饮食。对于人群通过膳食摄入外源性污染物的暴露水平，通常采用的是上述"自下而上"的外暴露评估方式。对食品中化学污染物进行膳食暴露评估时，有两个方面的数据是不可缺少的，即某种化合物在某个地区的食物中存在的水平和该地区居民对含有这种化合物的食物的消费量。在具备这些数据的基础上，即可选用适当模型进行定性或定量的暴露评估。

食品中化学污染物暴露量评估有三种方法。①总膳食研究：在市场上采集食品样品，经过烹调、加工后测定食品样品中化学污染物的含量，结合研究本身膳食调查得到的食物消费量数据进行计算从而获得摄入量。这种方式考虑了烹调、加工的影响，所得摄入量接近实际摄入情况，比较准确。适合一个国家或地区大面积的人群研究。②个别食品的选择性研究：摄入量是通过测定市场上采集未经过烹调、加工的食品样品化学污染物含量，结合食品消费量计算获得。没有考虑烹调加工过程中可能的损失和污染，所得数据不够准确。③双份饭研究：摄入量是通过采集志愿者本人实际消费的，经过烹调、加工的食品样品中化学污染物含量，结合实际称重得到的膳食消费量数据进行计算所得。考虑了烹调、加工的损失和污染，所得摄入量数据与志愿者实际摄入十分接近。但是由于费用高，双份饭研究不适合大面积的人群研究。为估计人群的膳食暴露，FAO/WHO 建议使用总膳食研究。中国与欧洲各国根据有关总膳食研究的指导原则开展了卓有成效的总膳食研究。我国总膳食研究从 1990 年开始，目前已经完成了五次。中国总膳食研究覆盖的人群从早期的 12 个省、自治区、直辖市居民已经拓展到覆盖我国 20 个省、自治区、直辖市居民。研究所涉及的化学污染物包括 POPs、有害元素等环境污染物，农药、兽药等残留物，氯丙醇、丙烯酰胺等加工过程产生的污染物。在进行暴露评估时，按10个年龄-性别组进行，从而获得了每一个年龄-性别组的污染物摄入量数据。目前总膳食研究在我国食品安全风险评估工作中已经开始发挥重要作用，其结果也在相应的食品安全国家标准的制定中作为科学依据。

人体生物监测是测量和评估人体内环境化学物质(包括天然和人造化学物质)负荷水平的方法及技术，是"自上而下"研究人体暴露的有效方式。人体生物监测通过对人体组织和体液内(母乳、血等)外源性化学物质及其代谢物的分析，获取个体及群体暴露环境化学物质的类别、数量、负荷水平及变化趋势等的数据，维护公众的健康。人体生物监测又被视为人体环境污染物暴露评估的"金标准"。美国的人体生物监测主要是美国疾病控制与预防中心(CDC)承担的国家健康与营养调查(National Health and Nutrition Examination Survey)的人体生物监测项目。其每阶段(约2年)对2500名美国普通民众的血、尿样品进行检测，在2014年的监测报告中详细地发布了其14年来的人体中约300种化合物的监测结果，是目前较完善的人体生物监测数据资料。对于持久性有机污染物，《关于持久性有机污染物的斯德哥尔摩公约》中规定了母乳作为核心基质用于评价国家或地区居民持久性有机污染物人体负荷水平并开展持续监测用于评价缔约方履行公约的成效。随着中国经济的快速发展，公众的环保及健康意识不断提升。特别是公众高度关注的食品安全问题经常困扰着中国公众和政府有关机构。而生物监测将为解决这些问题提供科学依据。目前，我国虽然尚没有开展类似美国CDC的人体生物监测活动，但是根据我国《国家实施计划》的规定，已经开展了两次关于人体持久性有机污染物暴露的生物监测工作。其中，2007年进行的我国第一次母乳监测覆盖了12个省、自治区、直辖市。2011年第二次母乳监测又增加了4个。未来的母乳监测工作计划将继续增加监测省份，希望最终能够覆盖我国的所有省份。

特别需要指出的是我国在进行母乳监测时已经考虑到了内外暴露研究的结合，母乳监测的地区也是总膳食研究覆盖的省份。通过比较同一地区膳食和母乳中的POPs物质含量水平的相关性、构成比例和变化趋势，可以获得该地区人体POPs暴露的主要膳食来源。由于膳食是POPs进入人体的主要来源，这就为制定合理、有效的控制措施提供了科学依据。

本书首次系统总结了中国总膳食研究获得的持久性有机污染物的膳食暴露与人体负荷数据，并比较了2007年和2011年的数据作为履约成效评估的科学依据，有关结果可供读者参考，以了解我国的有关状况。

作 者
2019年2月

目 录

丛书序
前言
第1章 持久性有机污染物的暴露评估 ··· 1
  1.1 POPs暴露评估概述 ··· 3
    1.1.1 膳食暴露评估 ··· 3
    1.1.2 生物利用率和生物可及性 ·· 6
    1.1.3 人体负荷评估 ··· 7
  1.2 有关POPs的健康指导值和膳食限量标准 ····································· 9
    1.2.1 健康指导值 ·· 9
    1.2.2 食品中POPs类物质的限量标准 ·· 10
  1.3 预防和降低食品与饲料中二噁英和类二噁英多氯联苯污染的
      实施细则 ·· 16
    1.3.1 《规范》概述 ·· 17
    1.3.2 基于良好农业规范、良好操作规范、良好存储规范、良好
          动物饲养规范和良好实验室规范之上的建议举措 ·················· 20
  参考文献 ·· 26
第2章 食品和人体中有机氯农药 ··· 29
  2.1 背景介绍 ·· 29
  2.2 食品中有机氯农药分析方法 ·· 33
  2.3 食品中有机氯农药含量水平 ·· 36
  2.4 有机氯农药膳食摄入情况 ··· 40
  2.5 有机氯农药人体负荷情况 ··· 44
  参考文献 ·· 52
第3章 食品和人体中二噁英及其类似物 ·· 58
  3.1 背景介绍 ·· 58
  3.2 食品中二噁英及其类似物分析方法 ··· 61
    3.2.1 提取 ·· 61
    3.2.2 净化 ·· 62

3.2.3 测定 ··· 62
　3.3 食品中二噁英类物质含量水平 ·· 63
　　　3.3.1 鱼、贝等水产品 ·· 64
　　　3.3.2 肉类、蛋类和乳制品等其他动物源性食品 ··· 66
　　　3.3.3 植物源性食品 ··· 68
　　　3.3.4 我国食品中二噁英及其类似物含量水平 ·· 68
　3.4 二噁英类物质膳食摄入情况 ·· 69
　3.5 二噁英类物质人体负荷情况 ·· 72
　参考文献 ··· 75

第 4 章　食品和人体中的多氯联苯 ··· 81
　4.1 背景介绍 ··· 81
　4.2 多氯联苯分析方法 ·· 87
　　　4.2.1 色谱分析法 ·· 87
　　　4.2.2 生物分析法 ·· 89
　　　4.2.3 免疫分析法 ·· 89
　4.3 食品中多氯联苯含量水平 ··· 90
　　　4.3.1 动物源性食品 ··· 90
　　　4.3.2 植物源性食品 ··· 92
　4.4 多氯联苯膳食摄入情况 ·· 95
　4.5 多氯联苯人体负荷情况 ·· 96
　　　4.5.1 母乳基质 ··· 96
　　　4.5.2 脂肪基质 ··· 97
　　　4.5.3 血液基质 ··· 98
　参考文献 ·· 99

第 5 章　食品和人体中多溴二苯醚 ·· 103
　5.1 背景介绍 ··· 103
　5.2 多溴二苯醚分析方法 ··· 105
　　　5.2.1 提取技术 ·· 107
　　　5.2.2 净化技术 ·· 107
　　　5.2.3 分离技术 ·· 108
　　　5.2.4 检测技术 ·· 108
　5.3 食品中多溴二苯醚含量水平 ··· 109

5.4 多溴二苯醚膳食摄入情况·······111
5.5 多溴二苯醚人体负荷情况·······115
5.5.1 PBDEs 在人体血液中的含量分布·······115
5.5.2 母乳中 PBDEs 水平·······119
5.5.3 其他组织中 PBDEs 水平·······122
参考文献·······123

第 6 章 食品和人体中的全氟有机化合物·······137
6.1 背景介绍·······137
6.2 食品和人体样品中 PFASs 的检测方法·······140
6.2.1 食品样品中 PFASs 的萃取及前处理方法·······140
6.2.2 人体样品中 PFASs 的萃取及前处理方法·······141
6.2.3 PFASs 的仪器检测方法·······142
6.3 食品中 PFASs 的污染水平·······143
6.4 人体中 PFASs 的暴露水平·······145
6.4.1 血液基质·······145
6.4.2 母乳基质·······147
参考文献·······149

第 7 章 食品和人体中六溴环十二烷及其他溴系阻燃剂·······157
7.1 背景介绍·······157
7.2 食品中六溴环十二烷及其他溴系阻燃剂的分析方法·······159
7.2.1 食品中 HBCD 的分析方法·······159
7.2.2 食品中其他 BFRs 的分析方法·······162
7.3 食品中六溴环十二烷及其他溴系阻燃剂的污染水平·······164
7.3.1 食品中 HBCD 的污染水平·······164
7.3.2 食品中 TBBPA 等其他 BFRs 含量水平·······167
7.4 六溴环十二烷及其他溴系阻燃剂的膳食摄入情况·······168
7.5 六溴环十二烷及其他溴系阻燃剂的人体负荷情况·······171
7.5.1 HBCD 的人体负荷情况·······171
7.5.2 TBBPA 及其他 BFRs 的人体负荷情况·······174
参考文献·······177

第 8 章 食品和人体中短链和中链氯化石蜡·······185
8.1 背景介绍·······185

8.2 食品中短链和中链氯化石蜡的分析方法 ················ 190
   8.2.1 SCCPs 和 MCCPs 的样品前处理方法 ············ 190
   8.2.2 SCCPs 和 MCCPs 的仪器分析方法 ············ 191
8.3 食品中短链和中链氯化石蜡的含量水平 ················ 196
8.4 短链和中链氯化石蜡的膳食摄入情况 ················ 196
8.5 短链和中链氯化石蜡的人体负荷情况 ················ 197
参考文献 ················ 198

第9章 持久性有机污染物的生物利用率 ················ 204
9.1 生物利用率与生物可及性概述 ················ 204
9.2 动物活体试验在生物利用率测定中的应用 ················ 206
9.3 体外胃肠消化试验在生物利用率测定中的应用及其影响因素 ················ 209
9.4 食品中 POPs 的生物利用率 ················ 214
   9.4.1 鱼、贝等水产品 ················ 214
   9.4.2 肉类、蛋类和乳制品等其他动物源性食品 ················ 215
   9.4.3 植物源性食品 ················ 217
   9.4.4 基于生物利用率/生物可及性的膳食暴露评估 ················ 218
参考文献 ················ 218

附录 缩略语(英汉对照) ················ 223

索引 ················ 227

彩图

第 1 章 持久性有机污染物的暴露评估

本章导读

- 介绍当前我国在持久性有机污染物暴露评估方面的进展和评估结果。
- 介绍 WHO 等国际权威机构针对持久性有机污染物提出的健康指导值以及国内外针对食品中持久性有机污染物管理的一些法律法规。
- 介绍国际食品法典委员会发布的《预防和降低食品与饲料中二噁英和类二噁英多氯联苯污染操作规范》(CAC/RCP 62-2006)。

持久性有机污染物 (persistent organic pollutants，POPs) 所引起的环境污染问题已经成为影响环境安全和食品安全的重要因素，受到全球环境保护组织、食品卫生机构、工业界、各国政府和科学界的高度关注。一般而言，持久性有机污染物具有下列四大特点：①具有半挥发性，能够通过蒸发、冷凝、大气和水的输送而影响到区域和全球，从而可以长距离传输；②在环境中具有很长的半衰期，难以在环境介质中降解，可以长期在环境介质中滞留；③具有高脂溶性，其水溶性很低，可以在食物链中浓缩、富集和放大；④具有较强的毒性，其中许多污染物不仅具有致癌、致畸和致突变的"三致"作用，而且具有环境内分泌干扰作用，对人类健康和生态系统具有较大的潜在威胁。

鉴于 POPs 对人类健康和生态环境的潜在威胁，国际社会自 20 世纪 90 年代起开始筹备制定有法律约束力的国际文书以便采取国际行动。中国自 1998 年以来一直参与《关于持久性有机污染物的斯德哥尔摩公约》(以下简称《斯德哥尔摩公约》)的谈判，并于 2001 年 5 月 23 日签署了该公约。第十届全国人民代表大会常务委员会第十次会议于 2004 年 6 月 25 日做出了批准《斯德哥尔摩公约》的决定。公约于 2004 年 11 月 11 日对中国生效，包括香港特别行政区和澳门特别行政区。

首批列入《斯德哥尔摩公约》控制的 POPs 共有 12 种(类)。在随后的几次缔约方大会上又陆续批准了一些新的物质进入公约涵盖的范围。在公约中这些 POPs 根据所采取的管理措施被分为 3 类，具体见表 1-1。公约规定：对于 A 类 POPs，除豁免用途按照规定的时限生产、使用和进出口外,逐步消除此类化学品的生产、使用和进出口;对于 B 类 POPs,除豁免用途按照规定的时限生产、使用和进出口外,允许部分不可替代应用领域生产、使用和进出口,逐步消除或限制此类化学品生产、使用和进出口;对于 C 类 POPs,缔约方必须采取措施减少它们的非有意排放量,最终目标是在可能的情况下杜绝它们的排放[1]。

表 1-1 《斯德哥尔摩公约》中 POPs 物质名单

	A 类 POPs	B 类 POPs	C 类 POPs
农药	艾氏剂、狄氏剂、异狄氏剂、六氯苯、七氯、氯丹、灭蚁灵、毒杀芬、十氯酮、α-六氯环己烷、β-六氯环己烷、林丹、硫丹及其异构体、五氯苯、五氯苯酚盐及酯	滴滴涕、全氟辛基磺酸及其盐以及全氟辛基磺酰氟	
工业化学品	十溴二苯醚、六溴联苯、六溴环十二烷、四溴二苯醚、五溴二苯醚、六溴二苯醚、七溴二苯醚、六氯苯、六氯丁二烯、五氯苯、多氯联苯、多氯萘、短链氯化石蜡	全氟辛基磺酸及其盐以及全氟辛基磺酰氟	
非故意生产			五氯苯、六氯苯、多氯联苯、六氯丁二烯、多氯代苯并二噁英、多氯代苯并呋喃、多氯萘

由于长期生产、使用及排放,POPs 物质在环境中广泛存在。即使是人迹罕至的极地地区和野生动物体内也可以检出多种 POPs 物质[2-4]。这些物质通过生物富集作用在食物链累积并进入人体从而造成健康损害。人类接触 POPs 物质,除了直接吸入空气颗粒物、接触污染土壤或物品途径外,食物消费也是最重要的途径,而动物源性食品是其主要来源。POPs 对食物的污染主要由农田和环境中各种沉积物引起,以及污染水体的淤泥不恰当使用、随意放牧和牲畜、水产饲料的污染等。另外,食品加工过程中和包装材料中 POPs 的迁移也可能造成食品中出现 POPs 物质[5]。最后,一些意外事故或错误也会造成食品的严重污染,如在日本和我国台湾省发生过的米糠油事件[6]以及 1999 年在比利时发生的鸡饲料二噁英污染事件[7]。

随着对 POPs 认识的不断深入,世界各国相继采取各种措施以减少人类对这类污染物的暴露。伴随我国经济快速发展,环境污染物的排放量也在增加。我国有关 POPs 的研究开展较晚,相关的管理措施与欧美发达国家相比也不够完善。近年来的研究结果表明,我国居民一些 POPs 的人体负荷水平呈上升趋势[8],甚至有些地区的人体负荷水平在世界上处于较高水平[9]。减少人体 POPs 暴露的最主要途径是减少膳食摄入。POPs 暴露评估需要了解居民膳食摄入 POPs 的水平和各人群体内 POPs 负荷情况,是各国开展 POPs 健康风险评估的主要工作,也是制定相关管理措施和法规的重要依据。

1.1 POPs 暴露评估概述

1.1.1 膳食暴露评估

食物是环境污染物进入人体的重要途径，对于 POPs 物质更是如此。对于没有职业暴露的普通人群来说，80%～90%以上的 POPs 物质主要来自于他们的日常饮食。对食品中化学污染物进行膳食暴露评估时，有两个方面的数据是不可缺少的，即某种化学物质在某个地区的食物中存在的水平和该地区居民对含有这种化学物质的食物的消费量。在具备这些数据的基础上，即可选用适当模型进行定性或定量的暴露评估。

目前，用于评估居民通过膳食途径摄入化学污染物的方法主要有 3 种。第一种方法最常用，即收集代表性食物样品，测定污染物的含量，然后利用其他研究得到的食物消费数据计算污染物摄入量。第二种方法是双份饭法，即跟随研究对象收集其所吃相同重量的每种饭菜，通过实验室测定污染物含量，这种方法解决了人群针对性，得到的污染物摄入量也比较准确。第三种方法是总膳食研究(total diet study, TDS)，作为研究和估计某一人群通过烹调加工的、可食状态的代表性膳食(包括饮水)摄入的各种化学成分(污染物、营养素)的方法，既能较好地解决人群针对性，又能将食物样品经过烹调加工后进行测定，还可覆盖较多的调查对象，兼有以上两种方法的优点[10]。

为估计人群的膳食暴露，FAO/WHO 建议使用总膳食研究。继一些欧美发达国家之后，中国根据有关总膳食研究的指导原则，开展了卓有成效的总膳食研究。我国总膳食研究从 1990 年开始，目前已经完成了五次[11]。中国总膳食研究覆盖的人群从早期的 12 个省、自治区、直辖市居民已经拓展到覆盖我国 20 个省、自治区、直辖市居民。研究所涉及的化学污染物包括 POPs、有害元素等环境污染物，农药、兽药等残留物，氯丙醇、丙烯酰胺等加工过程产生的污染物。在进行暴露评估时，按 10 个年龄-性别组进行，从而获得任何一个年龄-性别组的污染物摄入量数据。目前总膳食研究在我国食品安全风险评估工作中已经开始发挥重要作用，其结果可在相应的食品安全国家标准的制定中作为科学依据。

中国总膳食研究过程包括：①膳食调查；②食物聚类；③样品采集；④烹调及混合膳食样品制备；⑤混合与单个膳食样品测定；⑥通过混合与单个膳食样品中化学污染物和营养素的测定，计算出成年男子和各个年龄-性别组每人每日(每月)通过膳食摄入的化学污染物的量。

我国地域广阔，饮食习惯、烹调方法、地理条件和经济发展水平及模式各异，因此膳食结构以及膳食的污染情况和营养价值存在很大差别。随着我国社会经济的快速发展，总膳食研究所覆盖的区域也在扩大。第五次总膳食研究所覆盖的省份已经达到20个，包括黑龙江省、吉林省、辽宁省、河北省、北京市、河南省、陕西省、宁夏回族自治区、内蒙古自治区、青海省、江西省、福建省、上海市、江苏省、浙江省、湖北省、四川省、湖南省、广东省和广西壮族自治区。每个省份为一个具体实施单位，根据各个省份的人口规模，下设3~6个农村和城市调查点。

准确了解膳食构成和消费量数据是总膳食研究的基础。随着经济快速发展，我国城乡膳食结构和消费量正在发生变化。为此，总膳食研究中需要开展膳食调查以确定当时的膳食结构及消费数据。膳食调查具体原则简述如下。

膳食调查分别以住户及个体为单位进行。以各省、自治区、直辖市的调查点计，每个点调查30户。调查点选择的原则为：农村点要选择能代表该省份农民的饮食习惯和中等经济状况的地区，城市点要选择可代表该省份平均经济水平的中等城市。总的原则是选点时要充分考虑到所选的点能代表该省份人民的饮食习惯、营养状况和实际膳食结构。如能结合统计部门调查的当地居民经济状况的数据，则更为合理。要求由所选的调查点所得的综合结果能代表该省份的平均膳食组成。考虑到南北方的地理位置和食物的季节性的差异，通常南方省市在春季（4月中旬至6月底）、北方省市在秋季（9月至10月底）开始调查。以住户为单位进行膳食调查，采用称重加三日记账法。总膳食研究的膳食调查中尤其关注调味品的调查。第一天入户调查时先将库存的所有生、熟食物，调味品，饮料及饮水称重或称量，由调查员或住户成员每天记录购入的所有食品的数量和品种。以个体为单位对家庭所有成员进行膳食调查，采用三日24小时询问加登记法，与住户调查同时进行。具体调查方法与全国营养调查中的膳食调查方法相同。第二天入户详细询问头一天家庭每个成员所有食物的食用量，并记录在调查表中。包括所有生、熟食物，饮料及饮水。如某种食物全家总量超过购入量，调查员应认真核对，以确保调查结果的可靠。调查内容包括调查住户或对象在调查期间所摄取的全部食物和饮水以及所有调味品的品种、数量和使用方法。调查由经过专门培训的调查员完成并填写各种表格或做记录。各省份住户膳食调查结果的计算，以户为单位分别计算出该省成年男子平均每日各种食物的消费量（不分城市、农村或分城市和农村）。个体膳食调查的计算按各自的性别、年龄分别统计。各年龄组分别按加权平均统计法计算得到该省份不同年龄组人均每日各种食物的消费量。住户各种食物的烹调方法按多数人的食用方法确定，并统计和计算各种调味品的消费量，作为烹调时实际用量的依据。

根据膳食调查的结果在各调查点进行食物样品的收集、烹调和样品制备。按目前采用的混合食物样品法，将调查所得的人均食物消费量分为13类，即将所消费的各种食品按所属类别进行归类，这样就得到所调查地区或人群的膳食组成。

如果某一地区人群所摄入的食物不足13类，则可使其空缺。由于POPs具有很强的脂溶性，通常主要在脂肪含量较高的动物源性食品中富集，因此以往国外的总膳食研究中对POPs的研究主要针对的是动物源性食品，包含以下四类：肉类及其制品、蛋及蛋制品、水产及其制品和乳及乳制品。我国居民的膳食结构中谷类、豆类等植物源性食物的消费量显著高于欧美国家居民的消费量。

虽然植物源性食物的污染水平明显低于动物源性食品，但其较大的消费量使其也可能成为重要的暴露来源。因此，在最新开展的中国总膳食研究中将把植物源性食品也考虑进去。根据膳食调查的结果，各省份住户各类食物消费量的聚类按成年男子计算出每个省各种食品的每日消费量。个体食物消费量的聚类按各年龄-性别组计算出每个省各种食品的每日消费量，根据聚类原则和方法将各种食品归入相应的一类。聚类的目的是使样品的数量有效地减少，同时又不能影响食物消费量的数值，减少样品采集、烹调加工以及样品测定的数量，有效节省经费。按聚类后各类食品的品种和数量考虑分析测定样品所需用量下采样单。在采样前一定要做好烹调样品制备及烹调的所有准备工作，以防采集后的样品不能及时烹调，而使样品腐败变质，影响研究的质量和进度。

根据采样单按采样程序分别在各个调查点所在的居委会或村附近的食物采购点，如菜市场、副食店、粮店、农贸市场或农民家采集各种食物样品，实际采样的量应略大于计算的采样量，估计采样量为每种食物1kg左右。采集样品时应选择新鲜的食物。样品采集后应尽快运至烹调加工的地点，如不能立即烹调，应放入4℃冰箱保存，生肉及水产品应储存在冰箱冷冻室内备用。根据一个标准人的各种食物的人均消费量和实验室分析所需的样品量，计算烹调样品用量。制成烹调样品取样表，然后，将三个点所采集的同一食物品种按同一比例混合，即为一个省的某种食物样品，待烹调加工。根据膳食调查结果，将各种调味品分别归入各类主、副食品中，计算出在烹调各种食品时每种调味品的用量。根据膳食调查得到的食谱，参考当地饮食习惯和菜谱编写出各种食品的烹调方法。

首先，将各类烹调用食物样品和调味品按各类食物样品烹调前的加工要求制备，再将准备好的各种烹调原料按编写的烹调方法在指定的饭馆、厨房或实验室，用当地习惯使用的炊事用具进行烹调。可直接入口的熟食或成品无须烹调。不同于平时的烹调方法，总膳食研究中使用的烹调方法是将肉和菜分开烹调，烹调后的食物样品要称重，详细记录烹调用水及烹调后样品熟重。

将各类已烹调的食物样品按照各自要求进行制备，方法简述如下：

（1）肉类及水产品类除在烹调前去掉不可食部分外，还需在烹调后去掉骨头和鱼刺等不可食的部分，其他方法同上。

（2）乳类食品如为鲜奶需煮熟，奶粉按一份奶粉加七份水配制或按奶粉包装上注明的比例配制。方法是先用少量凉开水将奶粉调成稀糊状，然后用开水冲开。

(3) 各省份的总膳食研究按各自的膳食组成和烹调方法烹调、制备各类样品，最后每个省份分别将成年男子及不同性别-年龄组按各自膳食组成混成各类膳食样品并保存相对应的单个样品。

1.1.2 生物利用率和生物可及性

目前使用的膳食暴露评估方法往往忽略污染物的生物利用率（bioavailability）。生物利用率是指进入人体后能够通过吸收进入血液或淋巴组织内（即进入人体内循环）的污染物占暴露总量的比例。对于污染物，特别是新型污染物外暴露评估是基于人体接触的环境介质和食品中污染物剂量，而不是被人体吸收进入体内循环并最终产生毒性作用的剂量，因此可能高估了人群的暴露水平，进而导致政府采取不必要且昂贵的干预措施。因此，开展生物利用率研究对阐明污染物体内吸收、代谢、排泄规律，发展准确、灵敏、方便的化学污染物膳食暴露评估工具，具有重要的科学意义。

一般意义上的生物利用率是指进入人体后能够通过消化道吸收，最终到达血液或淋巴组织内（即进入人体内循环）的污染物占摄入总量的比例，也称绝对生物利用度。相对生物利用度是指污染物的不同形态之间，或同一污染物存在于不同基质之间的绝对生物利用度之间的相对比值。

生物可及性（bioaccessibility）是指污染物在胃肠道消化过程中，从基质（如土壤、食物等）释放到胃肠液中的量与总量的比值，表示了基质中污染物能被人体吸收的相对量，也是人体可能吸收的最大量[12]。一般而言，食品中的污染物进入体内后并不能全部从基质中释放出来，而只有释放出来的这部分污染物是生物体可利用的部分，才能对机体产生毒性作用，因此，生物可及性是生物利用率研究的重要基础。

生物利用率研究一般通过动物的活体（$in\ vivo$）试验得到[13-16]。生物利用率终点的确立包括测定污染物（原型）在血液、器官、脂肪组织、粪便和尿中的浓度及其在粪便、尿中的代谢物浓度，以及对DNA加合物和酶诱导的观察等。测定内循环系统中污染物的浓度是测定无机污染物生物利用率的常用手段（如砷、铅）[17-19]。对POPs等大多数有机污染物来说，由于污染物会在血液和靶器官及脂肪组织中快速分布（动态平衡），有些污染物的母体进入循环系统后很快被代谢掉，若仅以血液中污染物浓度作为监测终点，可能导致生物利用率结果的高估。

通过测定粪便中污染物的浓度（代表了不被动物体吸收的部分），或者测定脂肪组织中污染物的浓度也可以得到污染物的生物利用率，其假设是机体摄入的浓度减去不被吸收的浓度即为保留在体内的浓度，也就是能被机体利用的浓度。Wittsiepe等发现，二噁英类POPs主要积蓄在动物的肝脏，另有少部分积蓄在脂肪组织和其他器官中[20]。与之相反，未被代谢的多环芳烃（polycyclic aromatic hydrocarbons，PAHs）则主要积蓄在脂肪组织中。目前已有大量的体内动物试验用于研究污染物的生物利用率。大鼠、小鼠、兔子、狗、猪和灵长类曾被用于评估无机污染物的生物利用率。对持久性有机污染物而言，常用的动物仅限于啮齿类（大鼠、兔子）和猪。灵长类在种属上更接近人类，因此是生物利用率研究的最佳选择，但是此类实验成本高昂，限制了它的使用范围。幼猪的生理结构被认为是模拟幼儿胃肠吸收污染物的理想模型[21]。啮齿类动物具有成本低廉、易于饲养等优点，是被广泛用作生物利用率研究的脊椎实验动物。

通过动物或人体的活体试验得到的生物利用率一般较为准确可靠，不过周期长、费用高、不同实验动物间获得的结果存在较大差异，此外还存在动物伦理、动物福利方面的问题。体外消化试验具有分析时间短、实验成本低、易于操作等特点，因而适合大批量样品。近年来，这些体外模型在铅、砷、镉等无机离子在土壤和食品（大米、蔬菜、水产品）中的生物有效性（可及性）研究方面取得了很大进展[22,23]。针对有机污染物生物利用率的研究偶有报道，整体数量十分有限。例如，为了测定污染土壤中POPs的生物利用率，国际上已建立了十多种体外模型。这些模型可用以模拟土壤基质中的POPs在人体消化系统内的释放过程。由于人的消化系统极其复杂，这些模型只能对关键的部分进行模拟。体外消化模型主要由口腔模拟、胃部模拟和小肠模拟三部分组成。然而，由于食物在口腔内驻留时间较短，污染物的释放可能十分有限，因此口腔内的模拟一般作为备选步骤，多数模型重点研究的是胃部和小肠的模拟。另外，体外模型的建立、参数的设置要充分体现儿童的生理特点，因为儿童是环境污染物的易感人群。影响生物可及性的主要因素包括：消化液的组分、固液比、模拟消化液的 pH、基质类别、驻留时间、温度等其他因素。应当指出，不同的体外胃肠模拟模型对同一样品测得的生物利用率结果常常差异较大，无法确定哪种方法更准确，目前国际上还没有真正确认一种通用的标准方法。因此对经体外模型得到的结果进行验证非常重要，一般通过比较体外模型和动物活体试验数据相关性来判断。已开展的动物试验包括幼猪、大鼠、兔子和猴子等[12,16]。动物试验的局限性在于：忽略了胃肠消化过程中影响生物利用率的一些重要因素，如食物自身的基质效应、不同类型食物间的相互影响、烹饪过程的影响等；另外，人体的消化系统与实验动物在生理条件上存在差异，把从动物活体试验得到的数据推广到对人体的生物有效性判断上，在解释上有一定的困难。因此，在对体外试验进行验证时，人群数据和动物试验数据的结合，有可能为体外模型验证提供准确的内暴露数据。

1.1.3 人体负荷评估

由于POPs的毒性作用是在人体长期暴露、体内蓄积后产生的，因此正确了解我国居民POPs人体负荷水平及其暴露来源是评价我国POPs环境污染状况及其潜在健康风险进而制定合理环境保护政策法规的重要科学依据。鉴于POPs的高度脂溶性，通常选择母乳作为监测POPs人体负荷的生物样本。我国的母乳中有机氯农药监测工作开展得比较早，20世纪70年代曾经开展过涉及20多个城市的全国滴滴涕(dichlorodiphenyltrichloroethane，DDT)和六六六(hexachlorocyclohexane，HCH)监测[24]。北京、上海和长沙作为我国参加世界卫生组织(World Health Organization，WHO)全球环境监测系统(Global Environment Monitoring System，GEMS)的监测点均开展过长期的监测工作。在其他城市，如长春、威海、成都、南昌也都先后于80年代末和90年代末分别开展过母乳中有机氯农药含量的监测工作。近年来随着国际社会对POPs在环境健康领域的关注不断加强，特别是1999年比利时的鸡饲料二噁英污染事件后，我国在此方面的研究更加得到重视。

持续的人体负荷水平监测是了解POPs类物质环境污染和健康影响状况的有效手段，WHO已经开展了4次POPs在母乳中含量的全球监测。全面了解我国整体的二噁英类物质人体负荷状况是制定我国相关的环境保护和居民健康保障政策的重要依据，也是我国履行《斯德哥尔摩公约》成效评估的具体要求。《斯德哥尔摩公约》第16条第1款规定，缔约方大会应自《斯德哥尔摩公约》生效之日起4年之内、并嗣后按照缔约方大会所决定的时间间隔定期对其成效进行评估。2006年5月1~5日在瑞士日内瓦召开了《斯德哥尔摩公约》第二次缔约方大会(COP-2)。该次大会审议了进行成效评估的相关安排。成效评估的主体工作是拟定和实施一项"全球(区域基础的)POPs监测计划"，基本监测指标是POPs在人体和环境中的浓度及其在区域/全球传输情况的变化。COP-2决议文件对第一次公约成效评估提出了最低要求，即核心监测数据为具有区域代表性的空气、人血或母乳中POPs浓度，尽可能利用已有的监测计划。2007年4月30日至5月4日在塞内加尔首都达喀尔召开的第三次缔约方大会(COP-3)上通过了"全球POPs监测导则"，采纳了WHO有关母乳采样和流行病学调查的程序和方法。

我国已经开展了两次针对POPs人体负荷水平监测的全国性母乳调查，这也是我国履行《斯德哥尔摩公约》国家实施计划的一部分，用于评估我国的履约成效。我国开展的母乳调查工作参照了《第四次世界卫生组织母乳中持久性有机污染物调查草案导则》[25]并结合我国实际情况进行。由于POPs的暴露途径主要是经食物途径，食物的消费模式和这些食物中POPs的含量水平也主要决定了母乳中POPs的含量水平。为了了解我国居民膳食消费对POPs摄入的影响，母乳监测的采样点与前述中国总膳食研究的调查点相同，并与相应的总膳食研究同步开展，以获得最有实效性的居民暴露评估数据。参照《第四次世界卫生组织母乳中持久性有机污染物调查草案导则》并结合我国实际制定了母乳捐献者的基本标准，包括：35岁以下、中国出生、首次怀孕、在现居住地至少居住10年、婴儿为母乳喂养、属于自然怀孕、非双胞胎、非HIV感染者并且居住地属于非重度污染地区

(如焚化场、纸浆厂、纸品厂和炼钢厂或其他生产或使用有机氯物质的地区附近)。只有符合这些基本标准的母亲提供的母乳样品才能进入监测。以调查表的方式收集母乳捐献者的基本信息,这些信息由捐献者本人提供,调查员记录。母乳捐献者的基本信息包括出生年月、出生地、居住记录、基本情况、居住地属性(城市或农村)、膳食习惯(是否是素食者)、主要动物源性食物消费频率及消费量、食鱼类型(海鱼与淡水鱼)、怀孕前的工作及家中是否使用 DDT。我国的母乳监测工作遵循了国际通用的伦理原则,包括:母乳喂养应该得到保护、促进和支持;应该明确地宣传母乳喂养给母亲和孩子的健康带来的益处,并长期坚持;采集乳汁不能给产妇带来负担并且也不能影响婴儿的营养状况;采集样品之前母乳捐赠者必须通过口头和书面形式,获知关于本次调查的信息,填写调查表后,捐赠者自愿签署知情同意书表示同意(问卷调查过程强调捐赠者有权从调查中退出,并且对她们的行为不得有任何成见);不泄露捐赠者的个人信息。

符合上述采样要求的母乳捐赠者,在分娩后 3~8 周(21 天至 2 个月)期间,在当地相关专业人员的指导下,用手挤压手法三天之内采集至少 50 mL 的母乳,乳汁直接挤入一个干净的带螺旋盖的高压聚乙烯瓶(专门定制,统一发放)中。每份单样都有一个独有的识别码及对应的问卷调查表和知情同意书。母乳样本–20℃下保存。为保证样品不被污染,乳汁要直接挤入瓶中,中间不要用其他器皿。如果是在母乳捐赠者家里采集样品,详细告知如何进行乳汁采集,确保产妇已完全了解如何进行这一过程。采集好的母乳样本在 4℃冰箱中保存,72 h 内送交当地相关专业人员。采集一般在哺乳之后或是将婴儿交给另外的产妇暂时喂养时,以利于产妇的乳汁释放反射。样品瓶上要标明母乳捐赠者的个人身份识别码,而不是她的名字。此识别码与知情同意书和问卷调查表上的一致。每个采样点的样品采集完毕后,将所采集的所有样品(每个至少含 50 mL 乳汁)用干冰包裹保持在–20℃以最快的方式送至分析实验室,每个采样点运送样品前事先和分析实验室联系,通知何时寄送以及大致何时送达。分析实验室收到样品后,清点样品及对应的知情同意书和问卷调查表,确认已收到样本并及时将样品于–20℃下保存。

1.2 有关 POPs 的健康指导值和膳食限量标准

1.2.1 健康指导值

目前国际公认的有关 POPs 物质的暴露健康指导值主要是针对有机氯农药、二噁英类物质。联合国粮农组织/世界卫生组织农药残留联席会议(Joint Meeting on Pesticide Residues,JMPR)规定了食品中有机氯农药的暂定每日可耐受摄入量(provisional tolerable daily intake,PTDI)或每日允许摄入量(acceptable daily intake，ADI)[11]，见表 1-2。2001 年 6 月联合国粮农组织/世界卫生组织食品添加剂联合专家委员会(Joint FAO/WHO Expert Committee on Food Additives，JECFA)对二噁英类物质进行了评估，认为由于这类物质的半衰期较长，应以每月可耐受摄入量来表示。因此 JECFA 对二噁英类物质提出的暂定每月可耐受摄入量(provisional tolerable monthly Intake，PTMI)为 70 pg TEQ/kg bw(body weight，体重)[26]。欧盟食品安全局提出的 PFOS 和 PFOA 的每日可耐受摄入量(tolerable daily intake，TDI)分别为 150 ng/kg bw 和 1500 ng/kg bw[27]。德国联邦风险评估研究所提出的 PFOS 的 TDI 为 100 ng/kg bw[28]，英国毒理委员会提出的 PFOS 和 PFOA 的 TDI 分别为 300 ng/kg bw 和 1500 ng/kg bw[29]。

表 1-2 有机氯农药的健康指导值

序号	农药名称	ADI/(mg/kg bw)	发布机构
1	γ-六六六	0.005	JMPR
2	六氯苯	0.000 27	加拿大卫生部
3	七氯或七氯环氧化物	0.000 1(PTDI)	JMPR
4	氯丹	0.000 5(PTDI)	JMPR
5	艾氏剂+狄氏剂	0.000 1(PTDI)	JMPR
6	滴滴涕	0.01(PTDI)	JMPR
7	异狄氏剂	0.000 2(PTDI)	JMPR
8	硫丹	0.006	JMPR
9	杀螨酯	0.01	JMPR
10	乙烯菌核利	0.01	JMPR

1.2.2 食品中 POPs 类物质的限量标准

1. 有机氯农药

鉴于有机氯农药(organochlorine pesticides，OCPs)的潜在危害性，各个国家对蔬菜、谷物、水果等中的 OCPs 都规定了最大残留限量。表 1-3 和表 1-4 分别列出了国际食品法典委员会(Codex Alimentarius Commission，CAC)[30]和我国关于 OCPs 在食品中的再残留限量/最大残留限量(maximum residue limit，MRL)规定[31]。

表 1-3 国际食品法典委员会规定的部分 OCPs 在食品中最大残留限量　　　　　　(单位：mg/kg)

种类	硫丹	三氯杀螨醇	五氯硝基苯
种子	1	0.05	0.1
水果或浆果	5	0.1	0.02
根或根状茎	0.5	0.1	2

表 1-4 我国食品中 OCPs 最大残留限量[4]

(单位: mg/kg)

食品类别	食物名称	滴滴涕[1]	六六六[2]	林丹	七氯[3]	氯丹[4]	狄氏剂[5]	异狄氏剂	硫丹[6]	灭蚁灵
谷物	稻谷	0.1	0.05	—	0.02	0.02	0.02	0.02	—	0.01
	麦类	0.1	0.05	0.05[7] 或 0.01[8]	0.02	0.02	0.02	0.02	—	0.01
	旱粮	0.1	0.05	—	0.02	0.02	0.02	0.01	—	0.01
	杂粮	0.05	0.05	0.01[9]	0.02	0.02	0.02	0.01	—	0.01
	成品粮	0.05	0.05	—	0.02	0.02	0.02	—	—	—
油料和油脂	棉籽	—	—	—	0.02	—	—	0.01	0.05	—
	大豆	0.05	0.05	—	0.02	0.02	0.05	0.01	0.05	0.01
	植物毛油	—	—	—	0.05[10]	0.05	—	—	0.05[10]	—
	植物油	—	—	—	0.02[11]	0.02	—	—	—	—
蔬菜	鳞茎类蔬菜	0.05	0.05	—	0.02	0.02	0.05	0.05	—	0.01
	芸苔属类蔬菜	0.05	0.05	—	0.02	0.02	0.05	0.05	—	0.01
	叶菜类蔬菜	0.05	0.05	—	0.02	0.02	0.05	0.05	—	0.01
	茄果类蔬菜	0.05	0.05	—	0.02	0.02	0.05	0.05	0.05[13]	0.01
	瓜类蔬菜	0.05	0.05	—	0.02	0.02	0.05	0.05	—	0.01
	豆类蔬菜	0.05	0.05	—	0.02	0.02	0.05	0.05	—	0.01
	茎类蔬菜	0.05	0.05	—	0.02	—	0.05	0.05	—	0.01
	根茎类和薯芋类蔬菜(胡萝卜除外)	0.2	0.05	—	0.02	0.02	0.05	0.05	0.05[14]	0.01
	胡萝卜	0.05	0.05	—	0.02	0.02	0.05	0.05	—	0.01
	水生类蔬菜	0.05	0.05	—	0.02	0.02	0.05	0.05	—	0.01
	芽菜类蔬菜	0.05	0.05	—	0.02	0.02	0.05	0.05	—	0.01
	其他类蔬菜	0.05	0.05	—	0.02	0.02	0.05	0.05	—	0.01

续表

食品类别	食物名称	滴滴涕[1]	六六六[2]	林丹	七氯[3]	氯丹[4]	狄氏剂[5]	异狄氏剂	硫丹[6]	灭蚊灵
水果	柑橘类水果	0.05	0.05	—	0.01	0.02	0.02	0.05	—	0.01
	仁果类水果	0.05	0.05	—	0.01	0.02	0.02	0.05	—	0.01
	核果类水果	0.05	0.05	—	0.01	0.02	0.02	0.05	—	0.01
	浆果和其他小型水果	0.05	0.05	—	0.01	0.02	0.02	0.05	—	0.01
	热带和亚热带水果	0.05	0.05	—	0.01	0.02	0.02	0.05	—	0.01
	瓜果类水果	0.05	0.05	—	0.01	—	—	—	0.05	—
糖料	甘蔗	—	—	—	—	—	—	—	0.05	—
饮料类	茶叶	0.2	0.2	—	—	0.02	—	—	10	—
坚果	坚果	—	—	—	—	—	—	—	—	—
哺乳动物肉类及其制品（海洋哺乳动物除外）	脂肪含量10%以下的	0.2(以原样计)	0.1(以原样计)	0.1(以原样计)	0.2(以原样计)	0.05(以脂肪计)	0.2(以脂肪计)	0.1(以脂肪计)	—	—
	脂肪含量10%以上的	2(以脂肪计)	1(以脂肪计)	1(以脂肪计)	0.2(以原样计)	0.05(以脂肪计)	0.2(以脂肪计)	0.1(以脂肪计)	—	—
	可食用内脏（哺乳动物）	—	—	0.01	—	—	—	—	0.1[15]和0.03[16]	—
禽肉类	家禽肉	—	—	0.05(以脂肪计)	0.2	0.5(以脂肪计)	0.2(以脂肪计)	—	0.03	—
禽类肉脏	可使用家禽肉脏	—	—	0.01	—	—	—	—	—	—
水产品	水产品	0.5	0.1	0.1	0.05	—	—	—	—	—
蛋类	蛋类	0.1	0.1	0.1	0.05	0.02	0.1[12]	—	0.03	—
生乳	生乳	0.02	0.02	0.01	0.006	0.002	0.006	—	0.01	—

注：—表示没有制定。1.滴滴涕残留物：p,p'-滴滴涕、o,p'-滴滴涕、p,p'-滴滴伊和p,p'-滴滴滴之和；2.六六六残留物：α-六六六、β-六六六、γ-六六六和δ-六六六之和；3.氯丹残留物：植物源食品为顺式氯丹、反式氯丹之和，动物源食品为顺式氯丹、反式氯丹与氧氯丹之和；4.七氯残留物：七氯与环氧七氯之和；5.异狄氏剂残留物：异狄氏剂与异狄氏剂酮之和，酮之和；6.硫丹残留物：α-硫丹和β-硫丹及硫丹硫酸酯之和；7.小麦；8.大麦、燕麦、黑麦；9.玉米、鲜食玉米和高粱；10.大豆油；11.大豆油；12.鲜蛋；13.黄瓜；14.甘薯、芋、马铃薯；15.肝脏；16.肾脏。

2. 二噁英和类二噁英多氯联苯

目前国际食品法典委员会尚未制定二噁英的限量标准，仅制定了《预防和降低食品与饲料中二噁英和类二噁英多氯联苯污染操作规范》（CAC/RCP 62-2006）[32]，提出控制动物源性食品中二噁英及其类似物污染需要重点控制养殖环节，包括制定"良好农业规范"和"良好动物饲养规范"（good aquaculture & fishery practices，GAFP）。美国、日本也都未制定食品中二噁英限量。日本对空气、水、土壤制定了二噁英限量，但未对食品制定限量要求，认为该污染物更应通过改善环境予以控制。制定了二噁英限量标准的国家及地区主要有欧盟国家[33]，韩国和中国台湾参照欧盟标准分别提出了各自的食品中二噁英类物质的限量标准。主要涉及的食品类别侧重于动物源性食品，如畜禽肉、食用油脂、乳、蛋及水产动物。其中具体指标情况见表1-5。

表1-5 中国台湾、韩国、欧盟的二噁英限量标准情况

国家/地区	食品类别	限量	备注
中国台湾	牛、羊肉及其制品	3 pg/g 脂肪（不适用脂肪含量低于1%者）	二噁英总量（WHO-PCDD/F-TEQ）
	家禽肉及其制品	2 pg/g 脂肪（不适用脂肪含量低于1%者）	
	猪肉及其制品	1 pg/g 脂肪（不适用脂肪含量低于1%者）	
	内脏及衍生产品	6 pg/g 脂肪（不适用脂肪含量低于1%者）	
	液体乳、乳粉、炼乳、调味液体乳、乳油、乳酪、干酪、发酵乳及乳清粉	3 pg/g 脂肪（不适用脂肪含量低于1%者）	
	鸡蛋、鸭蛋及其制品	3 pg/g 脂肪（不适用脂肪含量低于1%者）	
	水产动物肉及其制品	4 pg/g 湿重	
	牛及羊油脂	3 pg/g 脂肪	
	家禽类油脂	2 pg/g 脂肪	
	猪油	1 pg/g 脂肪	
	混合动物油脂	2 pg/g 脂肪	
	鱼油	2 pg/g 脂肪	
	植物油	0.75 pg/g 脂肪	
韩国	牛肉	4.0 pg TEQ/g 脂肪	二噁英
	猪肉	2.0 pg TEQ/g 脂肪	
	鸡肉	3.0 pg TEQ/g 脂肪	
欧盟	牛羊肉	2.5 pg/g 脂肪（不适用脂肪含量低于2%者）	二噁英总量（WHO-PCDD/F-TEQ）
	禽肉	1.75 pg/g 脂肪（不适用脂肪含量低于2%者）	
	猪肉	1.0 pg/g 脂肪（不适用脂肪含量低于2%者）	
	猪、牛、禽动物肝脏及其制品	0.30 pg/g 湿重	
	羊肝脏及其制品	1.25 pg/g 湿重	

续表

国家/地区	食品类别	限量	备注
欧盟	鱼、甲壳类的肉等水产品(不包括鱼肝脏及其制品、水产动物油脂)	3.5 pg/g 湿重	二噁英总量 (WHO-PCDD/ F-TEQ)
	水产动物油脂	1.75 pg/g 脂肪	
	鱼肝脏及其制品		
	生乳及乳制品(包括黄油)	2.5 pg/g 脂肪(不适用脂肪含量低于2%者)	
	鸡蛋及其制品	2.5 pg/g 脂肪(不适用脂肪含量低于2%者)	
	猪油脂	1.0 pg/g 脂肪	
	牛、羊油脂	2.5 pg/g 脂肪	
	家禽油脂	1.75 pg/g 脂肪	
	混合动物油脂	1.5 pg/g 脂肪	
	植物油脂	0.75 pg/g 脂肪	
	婴幼儿食品	0.1 pg/g 湿重	
	牛羊肉	4.0 pg/g 脂肪(不适用脂肪含量低于2%者)	二噁英和类二噁英多氯联苯总量 (WHO-PCDD/ F-PCB-TEQ)
	禽肉	3.0 pg/g 脂肪(不适用脂肪含量低于2%者)	
	猪肉	1.25 pg/g 脂肪(不适用脂肪含量低于2%者)	
	猪、牛、禽动物肝脏及其制品	0.50 pg/g 湿重	
	羊肝脏及其制品	2.00 pg/g 湿重	
	鱼、甲壳类的肉等水产品(不包括野生鳗鱼及其制品、鱼肝脏及其制品、水产动物油脂)	6.5 pg/g 湿重	
	鱼肝脏及其制品	20.0 pg/g 湿重	
	野生鳗鱼及其制品	10.0 pg/g 湿重	
	水产动物油脂	6.0 pg/g 脂肪	
	生乳及乳制品(包括黄油)	5.5 pg/g 脂肪(不适用脂肪含量低于2%者)	
	鸡蛋及其制品	5.0 pg/g 脂肪(不适用脂肪含量低于2%者)	
	猪油脂	1.25 pg/g 脂肪	
	牛、羊油脂	4.0 pg/g 脂肪	
	家禽油脂	3.0 pg/g 脂肪	
	混合动物油脂	2.50 pg/g 脂肪	
	植物油脂	1.25 pg/g 脂肪	
	婴幼儿食品	0.2 pg/g 湿重	

3. 指示性多氯联苯

多氯联苯已被列为《斯德哥尔摩公约》中优先消除的持久性有机污染物之一。由于 PCBs 混合物的致毒机制非常复杂,目前国际食品法典委员会[34]尚未对 PCBs 制定限量,并且认为 PCBs 遍布环境之中,制定食品中 PCBs 限量标准对于降低其膳食摄入风险效果甚微，不如对环境采取控制措施更加有效。但也有一些国家和地区，如欧盟、美国、澳大利亚和新西兰等制定了食品中 PCBs 的限量标准，主要是针对动物源性食品，其中欧盟标准最为严格，详见表 1-6。

表 1-6 国内外食品中指示性多氯联苯限量规定情况

国家/地区/组织	食品类别	限量
CAC	无	
欧盟（以 CB28、CB52、CB101、CB138、CB153 和 CB180 总和计）	畜禽肉及其制品（牛、羊、猪、家禽）	40 ng/g 脂肪
	畜禽内脏及相关产品	3.0 ng/g
	畜禽动物油脂及其混合物	40 ng/g 脂肪
	水产动物及其制品（以下几类除外：野生鳗鱼；野生淡水鱼，不包括在淡水中捕到的洄游鱼类；鱼肝脏及其制品；海产动物油脂）	75 ng/g
	野生淡水鱼及其制品，不包括在淡水中捕到的洄游鱼类	125 ng/g
	野生鳗鱼（Anguilla anguilla）及其制品	300 ng/g
	鱼肝脏及其制品	200 ng/g
	海产动物油脂（鱼油、鱼肝油及其他供人食用的海产动物油脂）	200 ng/g 脂肪
	乳及乳制品，包括奶油脂	40 ng/g 脂肪
	蛋及蛋制品	40 ng/g 脂肪
	植物油脂	40 ng/g 脂肪
	婴幼儿食品	1.0 ng/g
澳大利亚和新西兰（多氯联苯总量）	哺乳动物脂肪	0.2 mg/kg
	禽类脂肪	0.2 mg/kg
	乳及乳制品	0.2 mg/kg
	蛋类	0.2 mg/kg
	鱼	0.5 mg/kg
美国	牛奶	1.5 mg/kg 脂肪
	乳类加工产品	1.5 mg/kg 脂肪
	禽类	3 mg/kg 脂肪
	红肉	3 mg/kg 脂肪
	鸡蛋	0.3 mg/kg
	鱼和贝类动物（可食部分，不包括头、鳞片、内脏、骨骼及不可食的骨头）	2 mg/kg
	瓶装水	0.0005 mg/L
	婴幼儿食品	0.2 mg/kg
中国（以 CB28、CB52、CB101、CB118、CB138、CB153 和 CB180 总和计）	水产动物及其制品	0.5 mg/kg

为便于操作，全球环境监测系统/食品污染监测与评估规划（Global Environment Monitoring System/Food Contamination Monitoring and Assessment Programme，GEMS/Food）规定了 CB28、CB52、CB101、CB118、CB138、CB153 和 CB180 作为 PCBs 污染状况的指示性 PCBs（indicator PCBs）进行替代性监测。我国 2012 年发布的《食品安全国家标准 食品中污染物限量》中规定的限量要求也是以这 7 种指示性 PCBs 为检测目标。该标准的最新版本《食品安全国家标准 食品中污染物限量》（GB 2762—2017）中规定水产动物及其制品中指示性 PCBs 总量（以 CB28、CB52、CB101、CB118、CB138、CB153 和 CB180 总和计）不得超过 0.5 mg/kg。欧盟 PCBs 限量标准以 CB28、CB52、CB101、CB138、CB153 和 CB180 六种单体作为指示性 PCBs 检测目标。欧盟 PCBs 限量标准规定除野生鳗鱼及制品、野生淡水鱼及制品外，其他水产动物及制品中指示性 PCBs 总量不得超过 75 ng/g。

1.3 预防和降低食品与饲料中二噁英和类二噁英多氯联苯污染的实施细则

二噁英类物质是 POPs 中最受关注的一类污染物，其污染事件除了对人类健康造成潜在危害外，对于发生地的经济甚至政治都会产生影响。因此尽可能预防和减少其污染是国际社会广泛关注的环境问题之一。食品是一般人群暴露二噁英类物质的最主要来源，WHO 虽然仍未制定出食品中二噁英类物质含量的限量标准，但是较早地提出了《预防和降低食品与饲料中二噁英和类二噁英多氯联苯污染操作规范》（CAC/RCP 62-2006）[33]（以下简称《规范》），本节将介绍这一操作规范的全部内容，《规范》中使用的术语的解释见表 1-7。

表 1-7 《规范》术语

术语	解释
防结块剂	能减少饲料或食品中单个颗粒粘连趋向的物质
黏合剂	能增加饲料或食品中单个颗粒粘连趋向的物质
变异系数	统计参数，可表示为：100×一系列值的标准偏差或平均值
分析验证方法	验证方法是用较高的质量参数来确认具有较低的质量参数的筛选方法产生的分析结果
同类物	具有两个或两个以上相同分类结构的化合物
二噁英（PCDD/Fs）	是一组具有二噁英类活性的亲脂性和持久性有机化合物，包括 7 种多氯代二苯并二噁英（PCDDs）和 10 种多氯代二苯并呋喃（PCDFs）。根据氯原子的数量（1~8 个氯原子）和氯原子在苯环上的位置，可区分为 75 种 PCDDs 和 135 种 PCDFs（同系物）
鱼	冷血脊椎动物，包括鱼纲类鱼、板鳃亚纲鱼和圆口类的鱼。对于本规范，软体动物和甲壳类动物也包括在内
饲料	试图直接喂养动物的任何单一物质或多种物质，无论它们是否加工、半加工或原料

续表

术语	解释
食品	试图用于人类直接消费的任何物质，无论它们是属于成品、半成品或属于原料，这里的食品还包括饮料、口香糖和用于"食品"的制造、制备或处理的任何物质，但不包括化妆品、烟草或用于药品的物质
饲料或食品成分	任何组成或混合配制成的食物或饲料中一种组分或成分，不论其在饮食中是否有营养价值，包括添加剂。成分来源于植物、动物、水生源或其他有机或无机物质
指导水平	推荐的而非法定的最高浓度水平
HACCP	危害分析和关键控制点（HACCP）是对食品安全至关重要的危害进行鉴别、评估和控制的一种体系
定量限（仅用于矫正二噁英和类二噁英PCBs检测）	各同系物的定量限是指提取样品中被测物在两个不同监测离子的信噪比 S/N 为 3∶1 时产生的最低灵敏信号，并满足最基本的仪器要求，如根据 EPA 方法 1613 修订 B 版（38,54）中描述的检测参数，如保留时间、同位素比值等，所产生的仪器响应时的浓度
最大限量	法定的最大污染限值
矿物质	食物和饲料中所需的正常营养或用于食物和饲料中加工助剂的无机化合物
多氯联苯	多氯联苯属于一组氯代烃，由联苯直接氯化形成。根据氯原子的数量（1~10）和它们在两个苯环上的位置，理论上可能存在 209 种不同的化合物（异构体）
中上层鱼类物种	生活在活水（海洋或湖泊）中而不与沉积物接触的鱼类
持久性有机污染物	持久存于环境中、通过食物链生物累积并对人类健康和环境存在负面影响风险的化学物质
《斯德哥尔摩公约》（POPs公约）	是一个全球性的条约，旨在保护人类健康和环境避免受持久性有机污染物，包括二噁英和类二噁英 PCBs 的影响，此公约在 2004 年 3 月 17 日生效。履行《斯德哥尔摩公约》的政府将采取措施消除或减少环境中 POPs 的排放
分析筛选方法	该分析方法是用较低的质量参数选择具有显著水平的分析物样本
痕量元素	植物、动物或人体必不可少的少量化学元素
毒性当量	异构体的实测浓度与该异构体的毒性当量因子乘积的相对值
WHO-TEQ	依据世界卫生组织修订的毒性当量因子计算二噁英及类二噁英 PCBs 的毒性当量值
毒性当量因子	评估二噁英类化合物相对于 2,3,7,8-TCDD 的相对毒性强度，其中 2,3,7,8-TCDD 的 TEF 为 1

1.3.1 《规范》概述

1. 一般说明

二噁英，包括多氯代二苯并二噁英（polychlorinated dibenzodioxins，PCDDs）、多氯代二苯并呋喃（polychlorinated dibenzofurans，PCDFs）和类二噁英多氯联苯（dioxin-like polychlorinated biphenyl，DL-PCBs），在环境中普遍存在。尽管二噁英及 DL-PCBs 在毒理学和化学行为中显示出相似的特征，它们的来源却大不相同。

目前进入食物链中的二噁英及 DL-PCBs 的来源包括：新排放的及原有环境沉积物或存储场所二次排放的。新排放主要通过空气途径。二噁英及 DL-PCBs 降解非常缓慢，能持久地驻留在环境中。因此，目前相当一部分的暴露量，主要来自于过去释放以及沉积在环境中的此类污染物的二次排放。

多氯联苯，包括 DL-PCBs，1930～1970 年世界范围内曾大量生产包括 DL-PCBs 在内的多氯联苯，并广泛应用于各领域中。现存的有些密闭系统和固体材质（如密封材料和电容器）中，PCBs 依旧在使用。现在已知，相当一部分过去商业化生产的 PCBs 曾（在生产过程中）被 PCDFs 污染。因此，PCBs 也被视为二噁英污染的潜在来源。

目前，DL-PCBs 的释放源头包括渗漏、事故性溢漏以及非法处理过程（热处理过程）中的排放。从密封物及其他旧基质中迁移出来是第二重要的释放源。环境蓄积物中 DL-PCBs 的二次释放行为与二噁英类似。

二噁英是人类活动中产生的有害副产物，这里所说的人类活动包括工业过程（如化工生产、冶金）以及燃烧过程（如垃圾焚烧）。化学工厂突发事件也会导致二噁英大量排放并对当地造成污染。其他二噁英来源还包括家用加热器的使用、农业和生活垃圾燃烧等。某些自然现象，如火山爆发和森林火灾也会产生二噁英。

当二噁英释放到空气中，就会沉降在植物上和土壤中，进而污染食物和饲料。二噁英可以随空气流动，在更长距离、更大范围内广泛传输。影响二噁英沉降量的因素包括：距离排放源的远近、植物的种类、天气状况及其他特殊情况（如海拔、纬度、气温等）。

土壤中二噁英的来源包括大气二噁英的沉降、污水污泥对农田的污染、洪水泛滥带来的污泥污染，以及杀虫剂污染（如 2,4,5-三氯苯酚乙酸）和化肥（如某种堆肥）。土壤中二噁英的其他来源或许也来自自然环境（如球黏土）。

二噁英及 DL-PCBs 极难被水溶解。然而，它们可以被水中悬浮的矿物质和有机颗粒吸附。海洋、湖泊、河流表层水暴露于大气中沉降物，这些沉降的污染物最终富集在水生食物链中。此外，某些工业生产的废水或污水，如纸或纸浆的氯漂白和冶金过程，也会导致水体污染和海岸区域、湖泊、河流的污染沉淀。

鱼类对二噁英及 DL-PCBs 的摄入，主要通过鱼鳃（呼吸）和食物摄取。鱼类在脂肪和肝脏里积累二噁英及 DL-PCBs。深海底层的鱼类比浮游鱼类更容易吸收被污染的沉淀物。然而，深海底层鱼类的二噁英及 PCBs 含量也并不总是高于浮游鱼类，这取决于鱼的大小、食性及生理特性。总体上，鱼类对二噁英及 DL-PCBs 的富集和年龄呈相关性（年龄越大，富集得越多）。

动物源性食品是人类摄入二噁英及 DL-PCBs 的主要途径，80%～90%的暴露量来自鱼类脂肪、肉和奶制品。动物脂肪中二噁英及 DL-PCBs 的含量水平与当地环境的污染状况及食品的污染状况有关（如鱼油和鱼餐），或与某种生产工艺有关（如人工烘干）。

JECFA 和欧盟食品科学委员会（European Union Scientific Committee on Food，EUSCF）把 TDI 与计算所得的摄入量做了比较，得出结论：有相当多的人口可能摄入了过多的二噁英及 DL-PCBs。

为了降低食物污染，必须考虑对饲料的污染水平采取调控措施。这涉及良好农业操作规范、良好动物饲养规范(详见国际食品法典委员会《良好动物饲养实施规则》)，以及良好操作规范指南和措施，以有效降低饲料中的二噁英及DL-PCBs。措施包括：

- 根据当地的排放、事故或非法存储等污染源，鉴定出哪些属于二噁英及DL-PCBs污染加重的农业区，监控该区的饲料及原料；
- 设定土地使用价值指导值，并给出适合用于何种农业用途的建议(如限制放牧、合理使用农业技术)；
- 鉴定可能被污染的饲料及饲料原料/添加剂；
- 监测(生产活动)是否遵从国家规定的指标或最大限值，如果可以，最小化使用或净化(如鱼油提炼)不合格饲料及原料，并做到；
- 鉴定和监控饲料加工的关键工艺(如直接加热式人工烘干)。

其他能降低食品中二噁英和DL-PCBs的控制措施，如果可行，也应予以考虑。

2. 涉及污染源应采取的举措

减少二噁英及DL-PCBs的来源是降低污染的首要条件。降低二噁英排放源的措施，应以减少热处理中二噁英的形成，同时辅以降解形成二噁英为导向。降低DL-PCBs排放源的措施，应以最大限度降低已有设备(如变压器、电容器)中PCBs的释放，预防事故发生，严格控制含有DL-PCBs油类和废物的处置为导向。

《斯德哥尔摩公约》旨在保护人类健康及环境，减少包括二噁英及DL-PCBs在内的持久性有机污染物对人类和环境的危害。

《斯德哥尔摩公约》附件C第二部分列出了如下工业源目录，它们具有潜在的、相对较高的二噁英及DL-PCBs释放能力：

(1) 垃圾焚烧，包括城市垃圾、危险物、医疗废弃物或底泥、污泥的混合焚烧；
(2) 焚烧危险废弃物的水泥窑；
(3) 利用元素氯或能产生元素氯的化学品进行纸浆生产或漂白的活动；
(4) 冶金工业中的热处理，包括再生铜生产、钢铁工业的烧结工厂、再生铝生产、再生锌生产。

附件C第三部分列出了如下污染源目录，它们是无意排放二噁英及DL-PCBs的污染源：

(1) 垃圾露天焚烧，包括垃圾填埋场焚烧；
(2) 附件C第二部分未提到的冶金工业热处理；
(3) 居住区焚烧活动；
(4) 矿物燃料设施及工业锅炉；
(5) 木材燃烧设备及其他生物燃料；

(6) 特殊化学工艺无意释放的持久性有机污染物,尤其是氯酚、氯醌生产;
(7) 火葬场;
(8) 汽车,尤其是使用加铅汽油的汽车;
(9) 动物尸体处理;
(10) 纺织和毛皮染色工艺(使用氯醌)以及表面加工(碱抽提);
(11) 报废汽车粉碎处理厂;
(12) 铜线电缆低温燃烧;
(13) 炼油垃圾。

降低二噁英及 DL-PCBs 的污染水平,政府须考虑采取措施,减少如上污染源中二噁英及 DL-PCBs 的形成和排放。

3. 适用范围

此操作规范重点论述为预防和降低食物和饲料中二噁英及 DL-PCBs 的污染,政府、农民、饲料及食品生产企业应采取的举措[如良好农业规范(good agricultural practice,GAP)、良好操作规范(good manufacturing practice,GMP)、良好存储规范(good storage practice,GSP)、良好动物饲养规范(good aquaculture and fishery practice,GAFP)及良好实验室规范(good laboratory practice,GLP)]。

此操作规范适用于所有涉及饲料和食品生产和使用的物质。饲料使用范围包括:放牧或自由散养,饲料作物的生产和水产养殖。食品则涵盖最广的范围,无论是在田间地头初加工的食品,还是经过工业化精加工的食品,都包括在内。

全球对于非食品/饲料相关的工业或环境源中二噁英及 DL-PCBs 的限定和削减措施,不在 CCFAC 职责范围内,因此这些措施不在本操作规范考虑范围之内。

1.3.2 基于良好农业规范、良好操作规范、良好存储规范、良好动物饲养规范和良好实验室规范之上的建议举措

1. 食物链控制措施

1) 空气、土壤、水

为了降低空气中二噁英及 DL-PCBs 的污染,国家食品监管部门应向国家负责管控空气污染的部门(环保部门)建议采取相应措施,预防不可控的废物燃烧,包括垃圾场焚烧或庭院垃圾焚烧,以及用于家用加热器的、经 PCBs 处理过的木材燃烧。

此时,预防或降低因二噁英及 DL-PCBs 给环境造成污染的控制措施非常重要。为了降低饲料或食物的污染可能性,必须根据当地排放量、事故或非法处置污染材料的程度,对造成农业用地因受到二噁英及 DL-PCBs 污染而成为不适合农业用地的情况进行鉴别。

如果预期污染区域内的二噁英及 DL-PCBs 有(从土壤)向饲料和食物传递的

可能，则该区域内农业生产必须严格禁止。如有可能，被污染的土壤需在正确的条件下进行解毒处理，或将其移除并妥善保存(以防再次污染)。

二噁英及 DL-PCBs 污染的污水污泥能污染被其黏附的植被，进而增加(食用这些植被的)牲畜的暴露风险。用于农业的污水污泥须加强对二噁英及 DL-PCBs 的监测。如果必要，须对污水污泥进行惰性或脱毒处理，国家发布的有关导则应予以贯彻实施。

生活在污染土地上的牲畜、野生动物和家禽，可能会因污染的土壤或植物而在体内积累二噁英及 DL-PCBs。这些区域应被鉴别并加以控制，如果必要，该区域的生产须禁止。

采取降低污染源来减少野生鱼类污染水平的措施，需要持续多年才能收到成效。因为环境中的二噁英及 DL-PCBs 具有很长的半衰期。为了减少二噁英及 DL-PCBs 的暴露，受污染的区域(如湖泊、河流)及其中生活的鱼类应被详细鉴定/记录。同时严格管控该水域的渔业活动，如果必要，可以禁止。

2) 饲料

人类对二噁英及 DL-PCBs 的摄入，主要来源于动物源性食品(如禽类、鱼、蛋、肉和奶)中的油脂。对于哺乳期的动物来说，体内蓄积的二噁英及 DL-PCBs 会随乳脂肪部分排出；对蛋鸡来说，(鸡体内的)污染物部分转移到蛋黄的脂肪里(产蛋实现了污染物从体内到体外的传递)。为了降低这种传递，必须加强对饲料和原料的管控。降低饲料中二噁英及 DL-PCBs 的水平，对降低动物源性食品(养殖动物，包括鱼类)具有立竿见影的效果。这些措施包括建立良好农业规范、良好水产养殖和渔业规范、良好操作规范、良好存储规范等以及其他控制规范，如危害分析和关键控制点(hazard analysis and critical control point，HACCP)之类，这些措施可能包括如下几个方面：

- 饲料源头生态系统可能污染区域的识别。
- 饲料及饲料原料常发性污染源的识别，并对饲料和原料中的污染物进行监测，观察其是否符合国家规定的指导值水平或最高限量。若条件许可，应由(具备相关检测能力的)国家权威机构对含量超标产品(threshold violating commodities)进行调查，以决定这些产品是否可继续用作饲料。

上述国家权威机构应定期对样品进行抽查，并采用国际通用分析方法进行检测，对疑似污染的饲料和饲料原料进行确证。结果将决定是否需要采取行动降低此类污染物的水平，或者寻找这些饲料或原料的替代物。

饲料的采购者和使用者需注意：

- 饲料和饲料原料的生产企业和个人具备相应的生产资质：合格的设备、生产工艺、质控程序等(诸如 HACCP 规范之类)。
- 随产品附有证明性文件，保证产品符合国家制定的指导水平或限量标准。

3) 动物源性饲料

由于动物处在食物链的高端，因此动物源性饲料比植物源性饲料受二噁英及 DL-PCBs 污染的风险更高。应密切监测动物源性饲料的使用，避免通过食物链将二噁英及 DL-PCBs 传递到饲养的动物体内。

如果牲畜脂肪内二噁英及 DL-PCBs 的蓄积水平超过国家发布的指导值或规定的最高限值，则它们的肉、奶或其制品应被禁止食用。动物源性饲料污染水平若超限值，或所含二噁英及 DL-PCBs 水平呈升高趋势，这些饲料将不适合饲喂动物，除非将其脂肪去除。

要加强对某些饲料营养强化剂(如加入饲料中的鱼油、乳及乳代物质和动物脂肪等)中二噁英及 DL-PCBs 的监测，保证其含量在合理水平。若国家发布有指导值或最高限值，生产企业应保证其产品达到要求。

4) 植物源性饲料

如果(饲料产地)附近有二噁英及 DL-PCBs 的潜在排放源，需要密切监测这些区域。

种植地的灌溉用水、污水淤泥和堆肥等都可能带来二噁英及 DL-PCBs 的污染，因此有必要加强监控。

经氯代苯氧羧酸类或五氯苯酚等除草剂处理过的庄稼，是二噁英的潜在污染源。对这些地区土壤和饲料作物中的二噁英要加强监测，监测信息有助于有关部门采取适当的管理措施阻止二噁英(或 DL-PCBs)向食物链的传递。

需要特别说明的是，油菜籽和菜籽油受二噁英及 DL-PCBs 污染的情况并不显著，对于其他的油菜籽加工副产物来说同样如此(菜籽饼)。不过，有些油脂提炼的副产物(脂肪酸馏分)可能含有较高的二噁英及 DL-PCBs 化合物，在将它们作为饲料时需要加以注意。

2. 饲料和食品加工

1) 干燥工艺

一些饲料或食品按工艺进行人工干燥时(也包含某些温室)，需要用到热气流。无论是直接干燥还是间接干燥，作为热源的燃料都必须保证不会产生二噁英及 DL-PCBs，如有必要，可在干燥时对饲料等进行监测，观察干燥过程中二噁英及 DL-PCBs 的含量有无升高。

商品化干饲料的品质，特别是青干饲料，很大程度上取决于鲜饲料的质量和干燥工艺。购买者在采购时应要求生产者/供货商提供证书，证明产品是在 GMP 条件下生产的；还要保证其干燥工艺所用燃料排放符合国家有关标准。

2) 熏制工艺

根据所采用的工艺,(烟)熏制工艺可能是导致食物中二噁英含量增加的关键环节,尤其是当食物表面已出现被烟熏黑的颗粒物时。生产者有必要对此类食品加以监测。

3) 谷物加工/谷物污染部分的处置

在靠近二噁英及 DL-PCBs 排放源的农田里,谷物的外表及根茎部附着的灰尘中常沉降有相当数量的二噁英及 DL-PCBs,在谷物加工前,它们中(经脱壳)大部分被从谷物中除去;即便不是如此,大部分颗粒相吸附的污染物也会在传送过程中被灰尘吸附而与谷物分离;剩下的小部分外源性污染物经过送风和过筛进一步被剔除。这些谷物下脚料,如灰尘,可能含有高浓度的二噁英及 DL-PCBs,因此有必要加以监测。若监测结果表明其含有高浓度的污染物,则其不能被作为食品或饲料,而应被作为废弃物加以处置。

3. 饲料和农产品中的添加物

1) 矿物质和微量元素

有些(添加的)矿物质和微量元素来源于自然界。而经验表明,有些因地质构造因素形成的二噁英可能存在于史前沉积物中。因此,在将这些矿物质和微量元素添加进饲料前,有必要对其所含二噁英进行检测。

回收利用的矿产品和工业过程中的某些副产物(作为矿物质和微量元素补充来源),也可能含有高浓度的二噁英及 DL-PCBs。使用者需确保其中二噁英及 DL-PCBs 的含量符合国家指导水平或限量标准,或可向生产者/供应商索要此类相关证明。

大豆粉中常添加球黏土(ball clay)作为松散剂,后者常含有高浓度的二噁英及 DL-PCBs。因此,供货商或分销商在出售那些作为胶合剂、松散剂(皂土、蒙脱石、高岭土)或载体(carriers,如碳酸钙)的矿物质给用户时,应保证其产品所含二噁英及 DL-PCBs 没有超过国家指导水平或最高限量标准。

给肉用动物的饲料总添加微量元素(如铜和锌)的量取决于动物的品种、年龄和效果。矿物质,包括微量元素,若来源于工业生产的副产物或衍生品,则常含有高浓度的二噁英及 DL-PCBs,用前需对其含量进行检测。

2) 添加剂

生产商应确保饲料和食品中所使用的添加剂所含的二噁英及 DL-PCBs 水平尽可能低,以降低对饲料的污染,从而使产品能达到国家指导水平或限量标准的要求。

4. 饲料和作物的收割、运输与存储

应尽最大可能,使饲料和作物在收割环节免受二噁英及 DL-PCBs 污染。如在

污染土地上收割,应按照良好农业规范,采取合适的技术和设备,避免污染土壤沾染到饲料和作物。生长在污染土壤中的根茎类作物,在收割时应尽可能多地除掉土壤,如果采取清洗的方式,存储前要保证作物干燥以免霉变。

被洪水冲刷过的庄稼收割时,如有必要需对二噁英及 DL-PCBs 进行检测,尤其当有证据显示洪水中含有此类污染物时。

为避免交叉污染,作物和饲料应确保由未被二噁英及 DL-PCBs 沾染过的车辆、轮船或集装箱来运输。集装箱所用的喷漆应不含此类污染物。

存储饲料和农产品的场所应不含二噁英及 DL-PCBs。场所的表体(墙面、地板)如果刷有沥青,可能会带来污染;此外,表体若曾被烟熏火烧也会带来此类风险。因此,在使用前,应确定储存场所是否存在上述问题。

5. 动物饲养环节的一些问题

在肉用动物养殖过程中,二噁英及 DL-PCBs 的污染可能经由圈养区域的木头、围栏、铺垫的材料(如锯末)等带入。为减少此类风险,应尽量不要使用污染过的木头(包括锯末)等材料以免动物接触。

在可能存在污染的土地上,散养、放养(有机农业)鸡所产的蛋,相较于笼式集中喂养,可能含有更高浓度的二噁英及 DL-PCBs,如必要应予以监测。

对于房龄较老的圈舍应予以充分关注,它们所用材料和油漆中可能(因过去工艺落后)含有高浓度的二噁英及 DL-PCBs。如果着火,应采取措施避免动物的饲料被此类污染物沾染。

如果圈舍地面是未经铺设的(土壤裸露),动物将经口摄入土壤。如果有迹象表明(动物体内)二噁英及 DL-PCBs 水平升高,那么土壤的污染应引起重视,如必要,(表)土应被换掉。

圈舍使用五氯酚处理过的木头,被证明与牛肉中高含量的二噁英有关。化学品(包括五氯酚)处理过的木头,不应在圈舍、围栏以及干草堆架中使用。也应避免使用废油浸泡木头来防腐。

6. 监测

农民和有关加工企业对饲料和农产品的安全负有首要责任。如前所述,对产品质量的检测,应在食品安全相关程序的框架下有序进行(如 GMP、田间安全管理系统、HACCP 等)。主管当局应使饲料和农产品的生产者和加工者认识到,他们对食品安全负有首要责任。此外,主管当局还要建立一套对农产品从田间生产到最终上架售卖,尤其是一些关键环节的监督、控制体系。

相对于其他化学污染物的检测,二噁英检测非常昂贵。饲料和农产品生产加工企业,应保证定期对收购的原料及加工后的制成品进行二噁英检测,检测结果应进行备案。采样频率应根据上次送检结果做适当调整[可以根据一家检验机构的结果，和(或)该领域内多家机构检测结果综合判定]。如果有迹象显示产品中二噁英及 DL-PCBs 含量呈上升趋势，则需将污染情况通知初级原料的供货商或种植者，并查明污染原因。

主管当局应组织饲料和农产品领域的有关专家对监测到的污染进行溯源，以确定是属于环境迁移、事故还是非法处置(废弃物)造成的。尤其要加强对疑似问题产品或原料的监测。例如，当发现饲料中二噁英及 DL-PCBs 显著升高时，监测的对象要包括作为饲料来源的主要鱼类。

7. 采样、分析方法、数据报告和实验设备

有关对(样品)分析及对从事该分析的实验室资质的要求附后。这些建议或结论的得出均经 JECFA 和其他组织的评估。此外，关于二噁英及 DL-PCBs 分析方法的认定(consideration)由分析和采样方法法典委员会制定。

二噁英及 DL-PCBs 的传统分析方法为高分辨质谱法。该方法耗时长并且成本高。作为备选项的生物技术手段具有高通量筛选能力，而且成本比传统方法便宜不少。不过迄今为止，检测成本依然是获得二噁英数据的最大阻力所在。如何开发低成本的分析方法，将是今后研究的优先考虑方向。

1) 采样

二噁英分析中采样的关键在于样本的代表性。要避免样品间的交叉污染，要做清晰明确的样品标记，以便溯源。采样、制备过程的相关信息，如采样日期、采样地点、样品的性状、(鱼的)种类和尺寸、脂肪含量等都需详细记录，以提供可能有用的信息。

2) 分析方法和数据报告

仅当分析方法符合规则的最低要求时才能执行。如果法定最大浓度限值有效，则方法的定量限(LOQ)应该在法定最大限值的五分之一范围内。对于不同介质的化合物检测分析，控制实验室背景浓度随时间变化的趋势时，方法的定量限应该显著低于目前实验室背景浓度的平均值。

分析方法的执行应该标明此方法的检测浓度范围，如 $0.5\times$、$1\times$、$2\times$ 重复分析所得到的变异系数置信区间的最大限值浓度。当饲料和食品中二噁英污染水平约为 1 pg WHO-PCDD/(PCDF-TEQ·g 脂肪)时，浓度水平的上限与下限的偏差不应该超过 20%。如果有必要，浓度计算可考虑是基于鲜重还是基于干重。

对于给定的样品，除了生物检测技术之外，报告样品中二噁英及 DL-PCBs 的总浓度时，应该给出最低值、中间值和最大值与各同系物相对应的 WHO 毒性当量因子(toxic equivalency factor, TEF)，然后再相加得到总浓度，即毒性当量(toxic equivalents，TEQ)。对于无法定量的二噁英及 DL-PCBs 同系物，TEQ 值可以用三种不同的方式表示：可标定为 0(下限)、半定量限(中间值)或定量限(上限)。

根据样品的种类，分析检测结果的报告应该包括样品的脂肪重量或干重，以及脂肪提取和干重确定的具体操作方法。报告中应该详细描述定量限确定的具体步骤。

可接受验证的高通量筛选分析方法可用于样品中具有二噁英及 DL-PCBs 显著水平的筛选。对于特定的样品，筛选方法的假阳性结果在所关注的浓度范围内应该低于 1%。使用 ^{13}C 内标法分析样品中二噁英及 DL-PCBs 时，具体操作每个样品时允许有一定的误差。使用这个方法能够避免假阳性结果，并能防止污染过的食品或饲料被使用或出售。在确认方法时，使用 ^{13}C 内标法是强制性的。在分析程序过程中，筛选方法的误差无法控制，应该给出化合物的损失矫正的信息和结果的可能变异性。阳性样品的二噁英及 DL-PCBs 的浓度水平可由分析方法来确定。

3) 实验室

在实验室中进行二噁英及 DL-PCBs 分析的筛选以及对分析方法进行确认时，应该由已经通过 ISO/IEC 导则 58:1993 认证的机构运作，或者由认证机构制定质量保证方案的所有关键要素，以确保分析方法执行的质量。实验室认证应该遵循 ISO/IEC/17025:2017 标准《实验室管理体系 检测和校准实验室能力的一般要求》，或者其他等效标准。

定期参加饲料和食品介质中二噁英及 DL-PCBs 验证的实验室研究或水平测试时，可参考 ISO/IEC/17025:2017 标准。

4) 实验管理与教育

良好农业规范、良好操作规范、良好存储规范、良好动物饲养规范和良好实验室规范有利于未来减少食物链中二噁英及 DL-PCBs 的污染。农场、饲料和食品加工厂应该考虑教育他们的工人，如何通过实施控制措施来防御饲料和食品中二噁英及 DL-PCBs 的污染。

参 考 文 献

[1] Secretariat of the Stockholm Convention, United Nations Environment Programme. All POPs listed in the Stockholm Convention. 2017[2018-05-08]. http://chm.pops.int/TheConvention/ThePOPs/AllPOPs/tabid/2509/ Default.aspx.

[2] Barrie L A, Gregor D, Hargrave B, et al. Arctic contaminants: Sources, occurrence and pathways. Science of the Total Environment, 1992, 122: 1-74.

[3] Burkow I C, Kallenborn R. Sources and transport of persistent pollutants to the Arctic. Toxicology Letters, 2000, 112-113: 87-92.

[4] Smithwick M, Norstrom R J, Mabury S A, et al. Temporal trends of perfluoroalkyl contaminants in polar bears(*Ursus maritimus*)from two locations in the North American Arctic, 1972—2002. Environmental Science & Technology, 2006, 40: 1139-1143.
[5] 吴永宁. 现代食品安全科学. 北京: 化学工业出版社, 2003.
[6] Li M C, Tsai P C, Chen P C, et al. Mortality after exposure to polychlorinated biphenyls and dibenzofurans: 30 Years after the "Yucheng Accident". Environmental Research, 2013, 120: 71-75.
[7] Bernard A, Fierens S. The Belgian PCB/dioxin incident: A critical review of health risks evaluations. International Journal of Toxicology, 2002, 21: 333-340.
[8] Zhang L, Yin S X, Li J G, et al. Increase of polychlorinated dibenzo-*p*-dioxins and dibenzofurans and dioxin-like polychlorinated biphenyls in human milk from China in 2007—2011. International Journal of Hygiene and Environmental Health, 2016,(219): 843-849.
[9] Liu J Y, Li J G, Zhao Y F, et al. The occurrence of perfluorinated alkyl compounds in human milk from different regions of China. Environment International, 2010, (36): 433-438.
[10] 刘晓曦, 高俊全, 李筱薇. 不同膳食摄入量研究方法比较. 卫生研究, 2006, 35: 363-365.
[11] 吴永宁, 赵云峰, 李敬光. 第五次中国总膳食研究. 北京: 科学出版社, 2018.
[12] 张东平, 余应新, 张帆, 等. 环境污染物对人体生物有效性测定的胃肠模拟研究现状. 科学通报, 2008,(21): 2537-2545.
[13] Harrad S, Wang Y, Sandaradura S, et al. Human dietary intake and excretion of dioxin-like compounds. Journal of Environmental Monitoring, 2003, 5(2): 224-228.
[14] Juan C Y, Thomas G O, Sweetman A J, et al. An input-output balance study for PCBs in humans. Environment International, 2002, 28(3): 203-214.
[15] Shang H, Wang P, Wang T, et al. Bioaccumulation of PCDD/Fs, PCBs and PBDEs by earthworms in field soils of an E-waste dismantling area in China. Environment International, 2013, 54C(3): 50-58.
[16] Shen H, Henkelmann B, Rambeck W A, et al. Physiologically based persistent organic pollutant accumulation in pig tissues and their edible safety differences: An *in vivo* study. Food Chemistry, 2012, 132(4): 1830-1835.
[17] Juhasz A L, Naidu R. *In vivo* assessment of arsenic bioavailability in rice and its significance for human health risk assessment. Environmental Health Perspectives, 2006, 114(114): 1826-1831.
[18] Juhasz A L, Smith E, Weber J, et al. *In vitro* assessment of arsenic bioaccessibility in contaminated(anthropogenic and geogenic)soils. Chemosphere, 2007, 69(1): 69-78.
[19] Juhasz A L, Smith E, Weber J, et al. Comparison of *in vivo* and *in vitro* methodologies for the assessment of arsenic bioavailability in contaminated soils. Chemosphere, 2007, 69(6): 961-966.
[20] Wittsiepe J, Erlenkämper B, Welge P, et al. Bioavailability of PCDD/F from contaminated soil in young Goettingen minipigs. Chemosphere, 2007, 67(9): 355-364.
[21] Weis C P, Lavelle J M. Characteristics to consider when choosing an animal model for the study of lead bioavailability. Chemical Speciation & Bioavailability, 1991, 3: 3-4, 113-119.
[22] Moreda-Piñeiro J, Moreda-Piñeiro A, Romarís-Hortas V, et al. *In-vivo* and *in-vitro* testing to assess the bioaccessibility and the bioavailability of arsenic, selenium and mercury species in food samples. TrAC Trends in Analytical Chemistry, 2011, 30(2): 324-345.

[23] Reeves P G, Chaney R L. Bioavailability as an issue in risk assessment and management of food cadmium: A review. Science of the Total Environment, 2008, 398(1-3): 13-19.

[24] 吴永宁, 江桂斌. 重要有机污染物痕量与超痕量检测技术. 北京: 化学工业出版社, 2007.

[25] WHO. Fourth WHO-coordinated survey of human milk for persistent organic pollutants. In cooperation with UNEP Guidelines for Developing National Protocol. World Health Organization, 2007.

[26] JEFCA (Joint FAO/WHO Expert Committee on Food Additives). Evaluation of certain food additives and contaminants: fifty-seventh report of the Joint FAO/WHO Expert Committee on Food Additives. Rome, Italy. 2001. http://whqlibdoc.who.int/trs/WHO_TRS_909.pdf.

[27] EFSA. Perfluorooctane sulfonate (PFOS), perfluorooctanoic acid (PFOA) and their salts. EFSA Journal, 2008, 653: 1-131.

[28] BfR. High levels of perfluorinated organic surfactants in fish are likely to be harmful to human health. 2006[2018-05-08]. http://www.bfr.bund.

[29] COT. Committees on toxicity, mutagenicity, carcinogenicity of chemicals in food, consumer products and the environment. 2009[2018-05-08]. http://cot.food.gov.uk/pdfs/cotcomcocreport2009.pdf.

[30] Codex Alimentarius Commission (CAC). Principles and methods for the risk assessment of chemicals in food. Chapter 8: Maximum residue limits for pesticides and veterinary drugs.

[31] 国家卫生和计划生育委员会, 国家食品药品监督管理总局, 农业部. GB 2763—2016.食品安全国家标准 食品中农药最大残留限量. 2016.

[32] Joint FAO/WHO Food Standards Programme, Codex Alimentarius Commission (CAC/RCP 62-2006 FAO/WHO). Code of practice for the prevention and reduction of dioxin and dioxin-like PCB contamination in foods and feeds. Rome: Food and Agriculture Organization of the United Nations; and Geneva: World Health Organization. 2006.

[33] Commission Regulation (EU) No. 1259/2011 of 2 December 2011. amending Regulation (EC) No. 1881/2006 as regards maximum levels for dioxins, dioxin-like PCBs and non dioxin-like PCBs in foodstuffs. Official Journal of the European Union. 3. 12. 2011.

[34] Codex Alimentarius Commission. Codex Stan 193-1995 general standard for contaminants and toxins in food and feed. 2012.

第 2 章 食品和人体中有机氯农药

> **本章导读**
> - 介绍有机氯农药的一般背景资料,包括有机氯农药的理化性质、有机氯农药的毒性、《斯德哥尔摩公约》、有机氯农药的健康指导值和国际国内对有机氯农药残留限量的管理五个方面。
> - 介绍有机氯农药的分析方法,如前处理技术、样品提取方法、净化方法和仪器检测方法。
> - 从国家的污染监测、国内外文献报道、总膳食研究几个方面,介绍食品中有机氯农药的含量水平。
> - 有机氯农药膳食摄入情况是 2.4 节的主题,介绍各国总膳食研究对有机氯农药膳食摄入的研究结果,重点是我国第四次、第五次总膳食研究情况。
> - 有机氯农药人体负荷情况是有机氯农药人群暴露的重要内容。介绍母乳和血清中有机氯农药负荷水平,其中母乳中有机氯农药负荷是重点。

2.1 背 景 介 绍

有机氯农药(OCPs)是一类人工合成的广谱杀虫、残效期长的化学杀虫剂。OCPs 大多数属于含氯烃类、碳环或杂环化合物。根据 OCPs 的结构特点,可分为 4 类:①滴滴涕(DDT)及其同系物;②六六六(HCH);③环戊二烯类及有关化合物;④毒杀芬及有关化合物。OCPs 大多数为白色或淡黄色结晶或固体,不溶或难溶于水,易溶于脂肪及大多数有机溶剂,挥发性小,化学性质稳定。该类药物分子量为 250~545,沸点较高(270~490℃),热稳定性良好。20 世纪 40 年代,人类就开始使用滴滴涕和六六六作为杀虫剂,由于其药效好,防治面广,急性毒性低,而且当时尚未发现其残留毒性,因而被广泛应用于防治农田、森林的害虫,控制传播传染病的害虫(如疟蚊)。大部分 OCPs 的化学性质稳定,残留期长,能通过生物富集作用和食物链进入生物体内,会损害肝脏、肾脏、中枢神经等,具有一定的生殖毒性和遗传毒性。此外,有些 OCPs 还具有致畸、致癌、致突变作用。鉴于 OCPs 对环境和生物体有严重危害性,如今它们已经被禁用。2001 年《斯德哥尔摩公约》决定在全世界范围内禁用或严格限用的 12 种持久性有机污染物中 9 种为有机氯农药,包括艾氏剂(aldrin)、狄氏剂(dieldrin)、异狄氏剂(endrin)、氯丹(chlordane)、七氯(heptachlor)、六氯苯(hexachlorbenzene,HCB)、灭蚁灵(mirex)、毒杀芬(toxaphene)和滴滴涕。2009 年,六六六同分异构体包括 α-六六六(alpha hexachlorocyclohexane,α-HCH)、β-六六六(beta hexachlorocyclohexane,β-HCH)和林丹(lindane)及五氯苯(pentachlorobenzene)被增补到优先控制名单中。近年又新增五氯苯酚及其盐类和酯类(pentachlorophenol and its salts and esters)、硫丹及其异构体(technical endosulfan and its related isomers)到 POPs 清单中[1]。

FAO/WHO 农药残留联席会议规定了食品中有机氯农药的急性参考剂量(acute reference dose,ARfD)、暂定每日可耐受摄入量或每日允许摄入量,见表 2-1。

表 2-1 有机氯农药的健康指导值

序号	农药名称	ARfD/[mg/(kg·bw)]	ADI/[mg/(kg·bw)]	参考文献
1	γ-六六六	0.06	0.005	[2]
2	六六六	—	0.002	[2,3]
3	六氯苯	—	—	[2]
4	七氯或七氯环氧化物	—	0.0001 (PTDI)	[2]
5	氯丹	—	0.0005 (PTDI)	[2]
6	艾氏剂+狄氏剂	—	0.0001 (PTDI)	[2]
7	滴滴涕	无必要	0.01 (PTDI)	[2]
8	异狄氏剂	—	0.0002 (PTDI)	[2]
9	硫丹	0.02	0.006	[2]
10	杀螨酯	—	0.01	[2]
11	乙烯菌核利	—	0.01	[2]

鉴于 OCPs 的潜在危害性,各个国家都规定了其在蔬菜、谷物、水果中的最大残留限量。表 2-2 和表 2-3 分别列出了国际食品法典委员会和我国关于 OCPs 在食品中的再残留限量/最大残留限量规定。

表 2-2 国际食品法典委员会规定的部分 OCPs 在食品中的最大残留限量[4]　　　　　(单位:mg/kg)

种类	硫丹	三氯杀螨醇	五氯硝基苯
种子	1	0.05	0.1
水果或浆果	5	0.1	0.02
根或根状茎	0.5	0.1	2

表 2-3 我国食品中 OCPs 最大残留限量[3]

(单位: mg/kg)

食品类别	食物名称	滴滴涕[1]	六六六[2]	林丹[3]	七氯[3]	氯丹[4]	狄氏剂[5]	异狄氏剂	硫丹[6]	灭敌灵
谷物	稻谷	0.1	0.05	0.05 或 0.01	0.02	0.02	0.02	0.01	—	0.01
	麦类	0.1	0.05	—	0.02	0.02	0.02	0.01	—	0.01
	旱粮类	0.1	0.05	—	0.02	0.02	0.02	0.01	—	0.01
	杂粮类	0.05	0.05	0.01	0.02	0.02	0.02	—	—	0.01
	成品粮	0.05	0.05	—	0.02	0.02	0.02	—	—	—
油料和油脂	棉籽	—	—	—	0.02	—	—	—	0.05	—
	大豆	0.05	0.05	—	0.02	0.02	0.05	0.01	0.05	0.01
	植物毛油	—	—	—	0.05	0.05	—	—	0.05	—
	植物油	—	—	—	0.02	0.02	—	—	—	—
蔬菜	鳞茎类蔬菜	0.05	0.05	—	0.02	0.02	0.05	0.05	—	0.01
	芸苔属类蔬菜	0.05	0.05	—	0.02	0.02	0.05	0.05	—	0.01
	叶菜类蔬菜	0.05	0.05	—	0.02	0.02	0.05	0.05	—	0.01
	茄果类蔬菜	0.05	0.05	—	0.02	0.02	0.05	0.05	—	0.01
	瓜果类蔬菜	0.05	0.05	—	0.02	0.02	0.05	0.05	0.05	0.01
	豆类蔬菜	0.05	0.05	—	0.02	0.02	0.05	0.05	—	0.01
	茎类蔬菜	0.05	0.05	—	—	—	0.05	0.05	0.05	0.01
	根茎类和薯芋类蔬菜(胡萝卜除外)	0.05	0.05	—	0.02	0.02	0.05	0.05	—	0.01
	胡萝卜	0.2	0.05	—	0.02	0.02	0.05	0.05	—	0.01
	水生类蔬菜	0.05	0.05	—	0.02	0.02	0.05	0.05	—	0.01
	芽菜类蔬菜	0.05	0.05	—	0.02	0.02	0.05	0.05	—	0.01
	其他类蔬菜	0.05	0.05	—	0.02	0.02	0.05	0.05	—	0.01
水果	柑橘类水果	0.05	0.05	—	0.01	0.02	0.02	0.05	—	0.01

续表

食品类别	食品名称	滴滴涕[1]	六六六[2]	林丹	七氯[3]	氯丹[4]	狄氏剂[5]	异狄氏剂	硫丹[6]	灭蚊灵
水果	仁果类水果	0.05	0.05	—	0.01	0.02	0.02	0.05	—	0.01
	核果类水果	0.05	0.05	—	0.01	0.02	0.02	0.05	—	0.01
	浆果和其他小型水果	0.05	0.05	—	—	0.02	0.02	0.05	—	0.01
	热带和亚热带水果	0.05	0.05	—	—	0.02	0.02	0.05	—	0.01
	瓜果类水果	0.05	0.05	0.01	0.01	0.02	0.02	0.05	0.05	0.01
糖料	甘蔗	—	—	—	—	—	—	—	0.05	—
饮料类	茶叶	0.2	0.2	—	—	—	—	—	10	—
坚果	坚果	—	—	—	—	0.02	—	—	—	—
哺乳动物肉类及其制品（海洋哺乳动物除外）	脂肪含量10%以下的	0.2(以原样计)	0.1(以原样计)	0.1(以脂肪计)	0.2(以原样计)	0.05(以脂肪计)	0.2(以脂肪计)	0.1(以脂肪计)	—	—
	脂肪含量10%以上的	2(以脂肪计)	1(以脂肪计)	1(以脂肪计)	0.2(以原样计)	0.05(以脂肪计)	0.2(以脂肪计)	0.1(以脂肪计)	—	—
	可食用内脏(哺乳动物)	—	—	0.01	—	—	—	—	0.17[7]和0.03[8]	—
禽肉类	家禽肉	—	—	0.05(以脂肪计)	0.2	0.5(以脂肪计)	0.2(以脂肪计)	—	0.03	—
禽类内脏	可食用家禽肉脏	—	—	0.01	—	—	—	—	0.03	—
水产品	水产品	0.5	0.1	—	—	—	—	—	—	—
蛋类	蛋类	0.1	0.1	0.1	0.05	0.02	0.1[9]	—	0.03	—
生乳	生乳	0.02	0.02	0.01	0.006	0.002	0.006	—	0.01	—

注：1.滴滴涕残留物：p,p'-滴滴涕、o,p'-滴滴涕、p,p'-滴滴伊和 p,p'-滴滴滴之和；2.六六六残留物：α-六六六、β-六六六、γ-六六六和 δ-六六六之和；3.氯丹残留物：植物源食品为顺式氯丹、反式氯丹之和，动物源食品为顺式氯丹、反式氯丹与氧氯丹之和；4.七氯残留物：七氯与环氧七氯之和；5.异狄氏剂与异狄氏剂酮之和；6.硫丹残留物：α-硫丹和β-硫丹及硫丹硫酸酯之和；7.肝脏；8.肾脏；9.鲜蛋。

2.2 食品中有机氯农药分析方法

食品样品组成复杂，基质成分与目标化合物含量相差悬殊，OCPs 类农药还存在同系物、异构体、降解产物、代谢产物及轭合物的影响。食品样品中 OCPs 残留一般在纳克/千克(ng/kg)至微克/千克(μg/kg)水平，其多残留分析有其特殊性，对于不同性质样品需要采用不同的前处理技术。食品中 OCPs 残留分析样品的前处理主要包括提取、净化和浓缩。仪器检测方法主要包括气相色谱法、气相色谱-质谱检测技术。

1. 样品提取方法

在分析 OCPs 时，样品的前处理首先就是将 OCPs 从食品中提取分离出来。在样品的提取过程中，很多与目标化合物溶解性相似的干扰物或杂质被一起提取出来。在样品前处理方法中，OCPs 残留检测的提取方法主要有液-液萃取法、索氏提取法、加速溶剂微萃取法、基质固相分散法等。

1) 液-液萃取法

液-液萃取法(liquid-liquid extraction，LLE)利用待测成分与干扰物在两种不相溶的溶剂之间分配系数的差异，使待测成分从干扰物中分离，从而达到净化样品的目的。LLE 的特点是操作简单、快速，可以高度选择性地分离，但有机试剂用量大，在液-液萃取时经常出现乳化现象，将待测物包裹和吸附在玻璃表面而引起损失。目前 LLE 仍是一种有效的、常规的、通用的提取方法。一份研究用石油醚：乙酸乙酯(80∶20，$V∶V$)对蜂蜜中的 α-六六六、β-六六六及六氯苯等 11 种 OCPs 进行提取，其检测限为 0.65~2.5 μg/kg[5]。

2) 索氏提取法

采用索氏提取法时应注意目标化合物的热稳定性，保证待测组分在长时间回流过程中不分解。索氏提取法的优点是不需要转移样品，不受样品基质的影响，是一种彻底的提取法。但是该方法操作烦琐、费时、有机溶剂消耗多。近年来发展起来的全自动索氏提取仪，加热浸泡与淋洗可同时进行，加快了萃取过程。

3) 加速溶剂萃取法

加速溶剂萃取法(accelerated solvent extraction，ASE)是在提高温度(50~200℃)和压力(1000~3000 psi①)下用溶剂萃取固体或半固体样品的样品前处理方法。ASE 具有萃取时间短、溶剂消耗少、提取时间短、自动化程度高等特点，已

---

① 1 psi=6.894 76×10³ Pa。

被美国环境保护署(Environmental Protection Agency, EPA)[6]收录为处理固体和半固体样品的标准方法之一。目前,这一技术已广泛用于环境污染物分析。

4) 基质固相分散

基质固相分散(matrix solid-phase dispersion, MSPD)主要用于处理黏度大、有颗粒、不均匀的固体和半固体样品。MSPD 分离基于分散剂对样品结构和生物组织的完全破坏和高度分散,从而加大了萃取溶剂与样品中目标化合物的接触面积,达到快速溶解分离的目的。MSPD 是类似于固相萃取(solid phase extraction, SPE)的一种提取、净化、富集技术,也是色谱的一种形式,符合其一般原则。与 SPE 相比,MSPD 具有有机溶剂用量少,对样品均化、沉淀、离心、转移、乳化和浓缩等环节无目标化合物的损失,操作简单快速的优点。MSPD 技术可以与气相色谱(gas chromatography, GC)和气相色谱-质谱(GC-MS)相结合,在环境、医药和食品等方面得到了广泛的应用。

2. 净化方法

食品农药残留分析中,食品样品的净化一方面要尽可能地去除样品中的干扰杂质,以减少色谱图中的干扰峰;另一方面又要防止待测物的损失,因此样品前处理技术是农药残留分析的关键步骤之一。净化的主要目的是除去杂质的干扰,提高方法的灵敏度,减少色谱峰中的干扰峰,同时避免杂质对色谱柱和检测器的污染。净化的方法多样,可以根据待测组分、样品基质和分析的需要选择。在现代样品前处理方法中,OCPs 残留检测的净化方法主要有浓硫酸磺化法、固相萃取法、固相微萃取法、凝胶渗透色谱法等。

1) 浓硫酸磺化法

浓硫酸与样品中的脂肪、油脂和色素等干扰物反应,生成强极性的水溶性产物,再经有机溶剂分配后除去。由浓硫酸制备的酸化硅胶(30%或 40%)也可以对样品进行净化。可以将酸化硅胶直接加入到提取溶剂中,也可装柱洗脱,直到酸化硅胶不变色为止。一项研究采用硫酸磺化法净化胡萝卜、姜等蔬菜,检测六六六、DDT 等的残留量,回收率 70%~110%,RSD 1%~6%,方法检出限 0.001 mg/kg[7]。另一项研究采用浓硫酸磺化法对动物的血液和肝脏组织进行净化,检测 7 种 OCPs 化合物[8]。浓硫酸磺化法具有除脂能力较强、净化效果好、操作简单的特点。但该法仅可用于分析六六六、滴滴涕和氯苯等耐酸的 OCPs,不适用于环戊二烯类和其他对酸不稳定的化合物的分析。

2) 多固相萃取法

固相萃取法(SPE)是基于液相色谱分离机制的一种对液态或溶解后的固态样品进行萃取、富集、浓缩、净化及相转化等的样品制备方法。SPE 的基本原理与普通的柱层析相同。为了满足现代农药残留分析要求,去除样品中各类杂质和干扰化合物,采用单一种类的 SPE 吸附剂有时难以完全除去杂质干扰,因此多固相萃取技术应运而生。多固相萃取是根据样品中目标组分的不同性质,采用两种或多种 SPE 吸附剂的固相萃取柱,使两类化合物获得分离或有效地除去不同性质的杂质干扰[9]。一项研究采用氨基-石墨碳/PSA(500 mg/500 mg)小柱净化了蔬菜、谷类、豆类和鱼类样品,检测了 23 种 OCPs,其检出限(limit of detection,LOD)为 0.03~0.7 μg/kg[10]。与传统的 SPE 相比,多固相萃取技术能有效简化实验操作步骤,减少溶剂使用量,并能实现批量自动化检测,是今后固相萃取技术发展的新方向,将逐渐取代传统的 SPE 而广泛应用于农药残留检测工作。

3) 固相微萃取法

固相微萃取法(solid phase microextraction,SPME)是基于聚二甲基硅氧烷吸着而发展的微萃取方法,也是在 SPE 基础上发展起来的一种新型、高效的样品预处理技术,集采集、浓缩于一体。SPE 与 SPME 的主要区别是:SPE 是在液相中萃取目标化合物,而 SPME 是用一根外涂有吸着剂的熔融石英纤维/内涂吸着材料的小管进行萃取。一项报道审查了吸附剂富集技术 SPE 和 SPME 之间的耦合[11]。SPME 可在气相和液相样品中萃取,而 SPE 只限于液相样品的萃取。SPME 与传统的样品前处理方法相比,具有操作简便、快捷,并能排除基质对采样影响的能力,溶剂消耗少或无溶剂消耗等优点。

4) 凝胶渗透色谱法

凝胶渗透色谱法(gel permeation chromatography,GPC)是基于体积排阻的分离机理,以不同孔径的多孔凝胶柱对不同大小分子的排阻效应进行分离,柱填料与待分离试样无相互作用,主要根据组分的分子质量大小进行分离,可以分离相对分子质量 400~107 的分子[12],是食品样品分析中常用的净化手段之一,特别是用于有机污染物的痕量分析。该方法能有效去除脂肪、植物色素、蛋白质等大分子[13,14],分离效果和回收率均很好。GPC 具有自动化程度高、净化时间短、可重复使用等特点,但是 GPC 柱容量有限,对脂肪含量高的样品不能确保完全去除,可能还会有少量脂肪残存,对部分目标化合物造成干扰。一项研究采用 GPC 和 SPE 联合净化母乳样品,检测了六六六、滴滴涕和艾氏剂等 25 种 OCPs,其检测限为 0.5~3.0 μg/kg。GPC 净化技术自动化程度高、有机试剂用量小、回收率稳定,属于非破坏性净化技术,可以替代浓硫酸磺化法对部分硫酸不稳定化合物进行净化,已成为食品污染物痕量分析的常规净化手段[15]。

3. 仪器检测方法

由于食品样品基质与环境样品基质(水、大气、土壤等)相比复杂得多,而且农药残留限量一般为毫克/千克级至微克/千克级,因此食品中农药残留分析要求分析方法灵敏度高、特异性强。另外,对于未知农药施用史的食品样品,多组分残留分析方法(multi-residue analysis method)是常用的分析方法。色谱检测技术作为一种强大的分离分析手段,始终为推动生物医学、环境监测与保护、食品安全等领域的发展提供着解决问题的关键技术。

1) 气相色谱法检测技术

气相色谱法(GC)是农药残留检测中应用最广泛的方法之一,对于挥发性农药常用 GC 测定。农药残留分析中最常用的 GC 检测器为电子捕获检测器(electron capture detector,ECD)、氮磷检测器(nitrogen phosphorus detector,NPD)、火焰光度检测器(flame photometric detector,FPD)等。气相色谱-电子捕获检测器(GC-ECD)对含氯农药特有的选择性使得该技术对检测 OCPs 具有较高的灵敏度。但 ECD 只能利用保留时间定性,对于基质复杂的样品,其他干扰物有可能干扰目标物的测定,因此没办法确证,可能会得到假阳性结果,造成误判。

2) 气相色谱-质谱检测技术

与传统 GC 检测器相比,质谱检测器(mass spectrometric detector,MSD)除用保留时间定性外,还提供了目标化合物分子结构信息。气相色谱-质谱联用(GC-MS)不仅具有气相色谱的高分离性能,还具有较高的灵敏度和较强的定性能力,成为目前农药多残留同时检测的主流分析仪器[16]。气相色谱-串联质谱(GC-MS/MS)技术可以减少干扰物的影响,对一级质谱无法区分的化合物进行进一步确认。与一级质谱相比,其灵敏度更高,可对复杂基体中的微量待测物进行测定。另外,MS/MS 分析可以利用时间编程和多通道检测将在色谱上不能完全分开的共流出物分开。美国纽约州农业署食品实验室建立了利用 GC-MS/MS 检测水果、蔬菜和牛奶中 229 种农药残留的方法[17],这一方法可对 10^{-9} mg/kg 的 100 多种农药进行准确的检测和鉴定。目前,GC-MS/MS 已在食品分析和环境分析等方面得到广泛应用。

2.3 食品中有机氯农药含量水平

20 世纪 70 年代是我国使用以六六六、滴滴涕为主的有机氯农药的高峰期,导致食品中有大量的有机氯农药残留。1973～1980 年中国医学科学院卫生研究所负责,先后对全国 26 个省、自治区、直辖市进行了大规模的调查,发现我国各种食品普遍受到污染[18]。我国于 1981 年参加了联合国环境规划署(United Nations Environment Programme,UNEP)、联合国粮食及农业组织(Food and Agriculture Organization of the United Nations,FAO)和世界卫生组织自 1976 年共同组织制定的全球环境监测系统/食品污染监测与评估规划(GEMS/Food),并从 1992 年起全面实施了这一规划,对我国食品中有机氯农药残留进行监测。当时选取黑龙江省、北京市、四川省、浙江省和广东省为监测网点，代表东北、华北、西南、华东、华南地区，选择最能代表我国人群基本膳食的八大类食品：粮食、蔬菜、水果、肉禽、水产、植物油、蛋、乳，在市场上采集样品355个。其中六六六检出率为69%，滴滴涕检出率为42%。上述八大类食品中六六六全国平均含量范围为5.1~45 μg/kg，含量最高的为蛋及蛋制品，其次是植物油和乳及乳制品；滴滴涕全国平均含量范围为24~46 μg/kg，含量最高的是水产品，其次为植物油和水果[19]。总体来说，动物源性食品中六六六、滴滴涕残留显著高于植物源性食品。

有机氯农药非常难于降解，即使几十年后，在土壤中仍有残留。这种持久性会使有机氯农药积存于农作物中，并通过食物链蓄积在动物源性食品中。为获得我国食品中持久性有机氯农药的残留状况，2009年中国疾病预防控制中心营养与食品安全所在全国13个不同地区随机采集市售的禽畜肉（包括猪肉、羊肉、牛肉和鸡肉）、鱼、奶（包括鲜奶和奶粉）、蛋和食用植物油样品，采用气相色谱-电子捕获检测器（GC-ECD）测定了林丹、六六六、六氯苯、滴滴涕、五氯硝基苯、七氯、艾氏剂、狄氏剂、异狄氏剂、氯丹和硫丹11种有机氯农药平均含量水平，详见表2-4。

表2-4 我国市售动物源性食品和食用植物油中有机氯农药的平均含量水平 （单位：μg/kg）

农药	猪肉 ($n=23$)	鸡肉 ($n=22$)	牛肉 ($n=24$)	羊肉 ($n=22$)	鱼肉 ($n=28$)	牛奶 ($n=21$)	奶粉 ($n=6$)	鸡蛋 ($n=26$)	大豆油 ($n=27$)
林丹	0.22±0.15	0.18±0.22	0.13±0.09	0.42±1.32	0.32±0.29	0.25±0.29	0.60±0.12	ND	0.95±0.43
六六六	1.58±0.75	0.42±0.44	1.23±1.44	6.46±21.29	1.87±1.91	1.39±0.88	1.16±0.31	1.68±3.26	2.98±1.91
滴滴涕	0.68±0.98	0.65±0.34	1.61±0.93	4.43±9.79	39.23±87.3	1.06±1.01	1.52±2.44	3.58±5.22	6.61±5.75
六氯苯	0.49±0.45	0.17±0.13	0.30±0.15	0.49±0.22	0.90±1.63	0.30±0.34	0.75±0.21	0.52±0.47	1.93±1.86
五氯硝基苯	1.13±0.81	1.11±0.86	0.64±0.43	0.59±0.30	1.00±0.77	0.39±0.22	2.51±0.93	0.82±0.58	4.42±3.00
七氯	0.66±0.29	7.98±11.9	1.79±1.66	1.52±0.71	1.26±1.14	ND	7.52±6.15	ND	6.36±6.39
艾氏剂	ND	ND	0.40±0.30	0.72±0.30	ND	ND	0.37±0.11	ND	0.39±0.21
狄氏剂	ND	ND	ND	ND	ND	ND	ND	ND	ND
异狄氏剂	ND	ND	ND	ND	0.71±0.83	ND	ND	ND	0.52±0.16
氯丹	ND	4.97±7.20	2.38±1.40	ND	ND	ND	9.45±7.11	ND	7.03±7.00
硫丹	0.57±0.76	0.47±0.36	0.46±0.45	1.17±2.68	2.32±5.95	1.33±2.01	3.70±8.62	0.80±2.08	34.3±33.0

注：农药各组分的检出限范围为0.10~0.50 μg/kg；六六六残留物为α-六六六、β-六六六、γ-六六六、δ-六六六之和；滴滴涕为p,p'-DDE、p,p'-DDD、p,p'-DDT、o,p'-DDT之和；七氯为七氯、环氧七氯之和；异狄氏剂为异狄氏剂、异狄氏剂醛、异狄氏剂酮之和；氯丹为顺式氯丹、反式氯丹、氧氯丹之和；硫丹为α-硫丹、β-硫丹、硫丹硫酸酯之和。ND（not detected）为未检出。

由表 2-4 可见,我国肉、鱼、奶、蛋和植物油中有机氯农药残留处于较低水平。近年来,还有很多国内外科研工作者对食品中有机氯农药的含量水平进行了研究,尽管报道的有机氯农药种类略不同,但都包括最主要的有机氯农药,如 DDT 和 HCH。甘居利等在广东沿岸 15 个贝类养殖海域的近江牡蛎样品中检测 DDT、六氯苯、艾氏剂、狄氏剂、异狄氏剂、硫丹和七氯的含量,平均值范围为 0.022~2.12 μg/kg,其中 p,p'-滴滴涕的残留量最高,其次是艾氏剂,最低的是 β-六六六[20];陕西省采集的鱼类样品中 DDT 和 HCH 检出率分别为 10%和 11%,平均浓度为 1.7 μg/kg 和 6.8 μg/kg[21];舟山市场 5 种鱼类中 OCPs 浓度为 0.67~13 μg/kg[22]。耿婧婧在 2013 年和 2014 年于山东青岛、江苏连云港、浙江舟山、浙江宁波、浙江温岭、福建宁德、广东汕头和深圳 13 个沿海渔场鲈鱼体内发现 DDT 和 HCH 检出率均为 100%,表明其污染在我国沿海渔场普遍存在,但 DDT 和 HCH 含量均低于我国规定的水产品中的最大限量值[23]。Sun 等于 2005~2013 年采集了珠江三角洲的梅童鱼和鲻鱼,发现其中 DDT 和 HCH 的含量分别为 150~8100 μg/kg 和 1.4~120 μg/kg。该研究表明,鱼类中 HCH 和 DDT 残留水平明显下降[24]。邹琴等于 2008 年对湖北孝感市辖区内一定规模的粮食生产基地、蔬菜大棚进行检测分析,在粮食和蔬菜中未检出有机氯农药[25]。黄哲敏等于 2009 年对漳州市常见蔬菜、水果、茶叶有机氯农药多种残留进行了测定,只有三氯杀螨醇有检出,检出率为 0.72%(1/139)[26]。孟媛等于 2017 年对上海市稻米中有机氯农药残留水平进行了研究。研究结果表明,稻米中 OCPs 以 DDT 和 HCH 为主要残留物,含量范围分别为 0.05~6.61 μg/kg 和 0.06~2.44 μg/kg[27]。由此可见,与动物源性食品相比,植物源性食品中有机氯农药的含量水平更低一些。国外有关鱼类中 DDT 的含量水平的研究较多。美国环境保护署于 2000~2003 年监测美国 500 个湖泊中鱼类体内 DDT 含量范围为 0.008~1.76 mg/kg ww(wet weight,湿重)[28]。Jacobs 等报道不列颠群岛和挪威鲑鱼体内 DDT 含量为 5~250 μg/kg lw(lipid weight,脂重)[29]。Kipcic 等报道克罗地亚市售的 4 种进口和 33 种本国生产的鱼肉样品中 DDT 和 HCH 含量最大值分别为 0.20 μg/kg 和 0.01 μg/kg,且 10%的样品中 DDT 超标[30]。20 世纪 70 年代以来,非洲塞内-冈比亚地区鱼类、壳类和水生哺乳动物体内 DDT 的含量呈现下降的趋势[31]。El Nemr 等报道埃及市场上 4 种鱼体内 DDT 的平均浓度为 3.3~91.3 μg/kg[32]。Sanker 等报道印度卡利卡特海鱼、咸水鱼和淡水鱼体内 OCPs 含量分别为 10.47 μg/kg ww、10.57 μg/kg ww 和 28.35 μg/kg ww[33]。Moon 等报道韩国最大鱼市场的 26 种海鱼体内 DDT 的平均浓度为<0.04~37 μg/kg ww,HCH 平均浓度为<0.02~0.4 μg/kg ww[34]。Toteja 等[35]分析了 2004 年印度各种小麦混合样品中 DDT 和 HCH 的含量,中位数分别为 0.013 mg/kg 和 0.035 mg/kg。

总膳食研究,作为研究和估计某一人群通过烹调加工的、可食状态的代表性膳食(包括饮水)摄入的各种膳食化学成分(污染物、营养素)的方法,可将食物样品经过烹调加工后进行测定,还可覆盖较多的调查对象,是最经济有效的膳食暴露评估方法。许多国家都先后开展了总膳食研究。杜鹃[36]等检测了第五次中国总膳食研究的混合膳食样品。除饮料类混合样品中未检出OCPs残留外,其余各类混合膳食样品中均检出OCPs残留;检出的OCPs包括DDT(ND~47.67 µg/kg,均值25.55 µg/kg)、HCH(ND~19.47 µg/kg,均值7.15 µg/kg)、七氯(ND~11.61 µg/kg,均值1.06 µg/kg)、六氯苯(ND~6.39 µg/kg,均值1.89 µg/kg)、氯丹(ND~4.44 µg/kg,均值0.56 µg/kg)、硫丹(ND~30.08 µg/kg,均值8.78 µg/kg)、三氯杀螨醇(ND~7.73 µg/kg,均值4.24 µg/kg)。检出的OCPs残留水平均低于我国规定的限量值。其中,DDT和HCH是我国多年以来总膳食研究中OCPs污染监测最主要的监测项目,因此,将第五次总膳食研究样品中各类食品的HCH和DDT污染水平数据与前4次调查研究结果进行比较(图2-1、图2-2)。

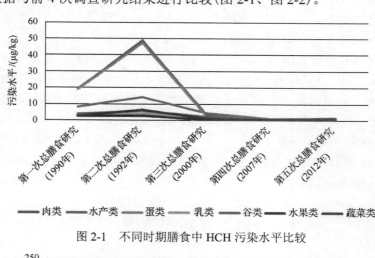

图2-1　不同时期膳食中HCH污染水平比较

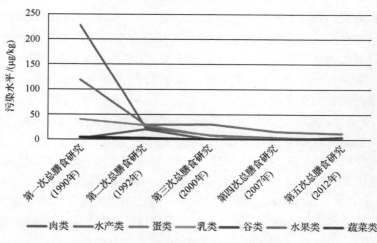

图2-2　不同时期膳食中DDT污染水平比较

如图 2-1 和图 2-2 所示，20 年来我国主要食品肉类、水产类、蛋类、乳类、谷类、水果类和蔬菜类中 HCH 和 DDT 的污染水平总体呈下降趋势，并保持在较低的污染水平。

1996 年西班牙开展了总膳食研究，Lázaro 等用气相色谱检测了六氯苯、林丹、o,p'-DDD 等 21 个组分的 OCPs[37]。其中林丹的检出率较高(21.0%)，其次为滴滴涕，检出率为 13.2%。脂肪含量较高的动物源性食品（鸡蛋、水产和肉类）污染水平较高，检出率为 90%。然而这些样品的检出水平均低于欧盟规定的最大残留限量。Schecter 等[38]于 2009 年随机采集了美国得克萨斯州的肉类、水产类、乳类、蔬菜类和蛋类五大类 31 种食品样品，检测了包括 DDT 及其代谢产物、HCH、五氯苯、六氯苯、硫丹等 31 种有机氯农药。检出率最高的是 p,p'-DDE(74.2%)，其污染水平为 0.041～9.0 μg/kg。狄氏剂和顺式环氧七氯的检出率分别为 54.8%和 38.7%，狄氏剂的污染水平为 0.028～2.3 μg/kg，顺式环氧七氯的含量明显低于狄氏剂，其污染水平为 0.021～0.38 μg/kg，反式环氧七氯均未检出。水产类样品 OCPs 的检出率最高＞10%，其中鲑鱼样品的检出率为 75%，并且污染水平均高于其他的水产品。p,p'-DDE 和狄氏剂的污染水平和检出率均高于同期我国平均污染水平和检出率。Falco 等[39]研究西班牙 7 个城市居民膳食中的六氯苯，样品包含了肉类、蔬菜类、薯类、谷类和乳类等 11 类样品。运用高分辨气相色谱质谱法进行检测。实验结果显示六氯苯的检出率为 86%；乳类样品污染水平较高，为 0.070～1.668 μg/kg，其次为水产类样品，为 0.025～0.781 μg/kg；蔬菜类、水果类和薯类样品中均未检出六氯苯。

2.4　有机氯农药膳食摄入情况

总膳食研究(TDS)也称为"市场菜篮子研究"(market basket study)，是目前国际上公认的评价一个国家或地区大规模人群膳食中化学污染物和营养素摄入量的通用、最好的方法。美国是世界上最早开展 TDS 的国家，自 1960 年以来每年开展一次。WHO 近 30 年来一直致力于 TDS 的推广应用。近年来，TDS 作为一种膳食化学污染物监测手段，已得到越来越多国家的认同；目前定期开展 TDS 的国家已达 20 多个，包括少数发展中国家。本书在此仅介绍我国及其他各国用 TDS 法获得的有机氯农药膳食摄入情况。

我国已经成功地开展了 5 次全国性 TDS，目前正在开展第六次 TDS，建立了具有中国特色的 TDS 方法和体系。第四次 TDS 中国普通居民有机氯农药平均膳食摄入量 DDT 为 0.016 μg/(kg bw·d)（下限估计）（图 2-3），HCH 为 0.002 μg/(kg bw·d)（图 2-4），六氯苯为 0.009 μg/(kg bw·d)（图 2-5），氯丹为 0.006 μg/(kg bw·d)（图 2-6），七氯为 0.001 μg/(kg bw·d)（图 2-7），硫丹为 0.018 μg/(kg bw·d)（图 2-8）。

第五次 TDS 在第四次 TDS 12 个省的基础上又增加了北京市、江苏省、浙江省和湖南省 4 个调查点。第五次 TDS 中国普通居民有机氯农药平均膳食摄入量 DDT 为 0.002 μg/(kg bw·d)（下限估计）（图 2-3），与第四次 TDS 相比，DDT 的膳食摄入量下降了 87.5%。其他有机氯农药，如 HCH、六氯苯、氯丹、七氯和硫丹的摄入量均为 0 μg/(kg bw·d)（下限估计），说明我国 POPs 减排履约成效显著。第五次 TDS 还增加了三氯杀螨醇的研究，结果表明，中国普通居民三氯杀螨醇平均膳食摄入量为 0.015 μg/(kg bw·d)（下限估计），其中三氯杀螨醇膳食摄入量河南省居民最高[0.047 μg/(kg bw·d)]，其次是湖北省居民[0.04 μg/(kg bw·d)]，宁夏回族自治区居民最低[0 μg/(kg bw·d)]（图 2-9）。中国普通居民三氯杀螨醇总体摄入水平比较低。

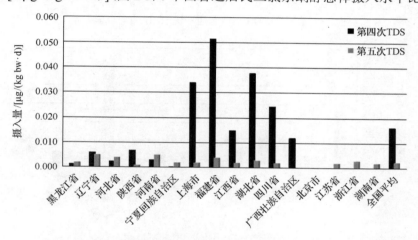

图 2-3 第四次和第五次 TDS 中国普通居民 DDT 的膳食摄入量比较

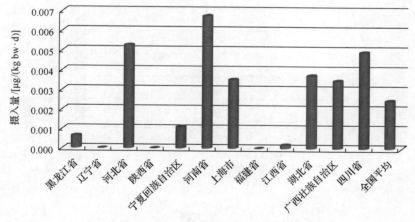

图 2-4 第四次 TDS 中国普通居民 HCH 的膳食摄入量

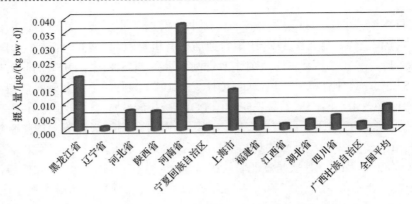

图 2-5　第四次 TDS 中国普通居民 HCB 的膳食摄入量

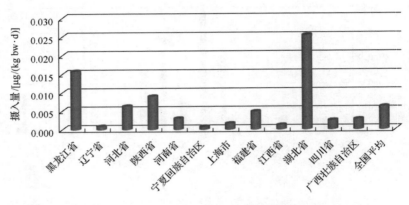

图 2-6　第四次 TDS 中国普通居民氯丹的膳食摄入量

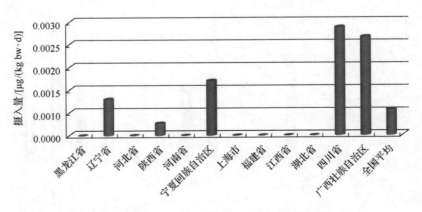

图 2-7　第四次 TDS 中国普通居民七氯的膳食摄入量

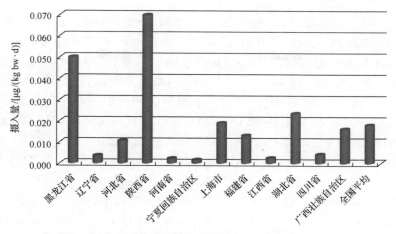

图 2-8　第四次 TDS 中国普通居民硫丹的膳食摄入量

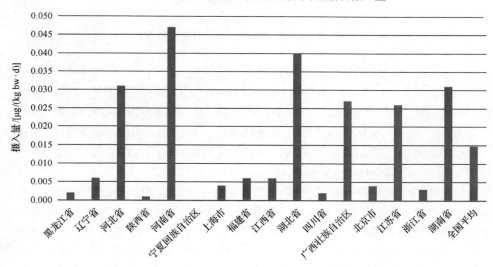

图 2-9　第五次 TDS 中国普通居民三氯杀螨醇的膳食摄入量

我国居民有机氯农药膳食摄入情况与国外报道相当。加拿大育空首府白马市 1998 年总膳食研究[41]表明，加拿大居民 DDT 膳食摄入为 0.006 μg/(kg bw·d)，HCH 为 0.004 μg/(kg bw·d)，HCB、氯丹、七氯、狄氏剂均为 0.001 μg/(kg bw·d)。波兰 2003 年总膳食研究[38]表明，p,p'-DDE 每日摄入量为 83.38 μg。西班牙加泰罗尼亚 2000 年总膳食研究表明[40]，成年男子 HCB 膳食摄入量为 0.0024 μg/(kg bw·d)。芬兰成年男子 HCB 膳食摄入量为 0.0242 μg/(kg bw·d)[40]，英国为 0.003 μg/(kg bw·d)[41]，瑞典为 0.005 μg/(kg bw·d)[42]，荷兰为 0.0014~0.0031 μg/(kg bw·d)[43]，西班牙巴斯克自治区为 0.0029 μg/(kg bw·d)[44]。1990~1991 年 Urieta 等在西班牙巴斯克自治区采用总膳食研究法将 91 项食物聚类为 16 类食物进行分析[44]，结果显示成年男子(25~60 岁)

HCB 的膳食摄入量为 0.029 μg/(kg bw·d)，α-HCH 为<0.001 μg/(kg bw·d)，β-HCH 为 0.001 μg/(kg bw·d)，γ-HCH 为 0.04 μg/(kg bw·d)，DDT 为 0.004 μg/(kg bw·d)，DDE 为 0.012 μg/(kg bw·d)，DDD 为 0.003 μg/(kg bw·d)，狄氏剂为 0.007 μg/(kg bw·d)，环氧七氯<0.001 μg/(kg bw·d)。1990 年瑞典人动物源性食品摄入量 DDT 为 0.032 μg/(kg bw·d)，HCH 为（α-HCH 和 γ-HCH 之和）0.01 μg/(kg bw·d)，狄氏剂为 0.01 μg/(kg bw·d)，HCB 为 0.005 μg/(kg bw·d)[42]。同期美国人 DDT 膳食摄入量为 0.01~0.077 μg/(kg bw·d)，β-HCH 为 0.0002~0.0007 μg/(kg bw·d)，γ-HCH 为 0.0005~0.0013 μg/(kg bw·d)，狄氏剂为 0.0014~0.0016 μg/(kg bw·d)，HCB 为 0.0002~0.0005 μg/(kg bw·d)。1992~1993 年日本福冈开展的膳食研究估计了日本人从肉类、水产、奶类等动物源性食品摄入持久性 OCPs 的情况[45]。结果显示，日本人 DDT 为 0.020 μg/(kg bw·d)，HCH 为 0.008 μg/(kg bw·d)，γ-HCH 为 0.0020 μg/(kg bw·d)，HCB 为 0.0015 μg/(kg bw·d)，狄氏剂为 0.001 μg/(kg bw·d)。

2.5　有机氯农药人体负荷情况

人类位于食物链的顶端。人体通过食物摄入的持久性 OCPs 会在体内脂肪组织、血清和母乳中富集。人体各部位脂肪组织中，OCPs 的富集量也存在一定的差异。一项在比利时开展的研究分析了人体大脑、肝、肾和肌肉中 OCPs 的含量[46]，结果发现，当地人身体各组织中含量最高的是 p,p'-DDE，且几乎在所有的器官中均有检出，肝脏中检出的浓度最高。肝脏中 p,p'-DDE 和 HCB 的含量分别是 93~1417 ng/g lw 和 14~156 ng/g lw。

《斯德哥尔摩公约》第三次缔约方大会通过了全球监测计划，将母乳和血液作为 POPs 监测的核心介质。和血液及脂肪组织相比，母乳中污染物的含量能同时提供母亲和婴儿暴露情况，是最佳生物分析基质[47]。此外，母乳的采集也比较方便，没有损害性。早在 19 世纪 70 年代就有许多国家进行母乳监测研究，以评估环境持久性 OCPs 的污染状况[48,49]。在这些持久性 OCPs 被限制使用或禁止使用后，母乳中持久性有机氯农药污染水平已有明显的下降[50]。中国的许多地区包括北京、上海、长沙等地都有相似的报道[51,52]。

在其他城市，如长春、威海、成都、南昌也都先后于 20 世纪 80 年代末和 90 年代末分别开展过母乳中有机氯农药含量的监测工作。中国疾病预防控制中心营养与食品安全所在 2007 年开展的我国首次履行《斯德哥尔摩公约》成效评估工作中对采自我国 12 个省、自治区、直辖市（江西、广西、宁夏、四川、河南、陕西、湖北、福建、上海、河北、辽宁和黑龙江）的母乳进行了 9 类 POPs 类有机氯农药含量的监测[53]。

北京市的监测工作始于 1982 年，此后至 2002 年对四城区的母乳进行连续监测工作，获得了北京市母乳中 DDT 和 HCH 含量的动态变化[54]。母乳中 DDT 含量从 1982 年的 6440 ng/g lw 下降到 2002 年的 730 ng/g lw，HCH 含量则从 6960 ng/g lw

下降到 230 ng/g lw。但是通过动态分析，20 世纪 80 年代北京市 DDT 和 HCH 的人体负荷水平变化不明显，从 90 年代开始一直呈现下降趋势。母乳中含有的 DDT 类农药主要是 p,p′-DDE，这也是影响母乳中 DDT 类含量动态变化的主要物质。与 p,p′-DDE 不同，20 年间，p,p′-DDT 的动态变化一直呈下降趋势，到 2002 年，样品中 p,p′-DDT 均已低于检出限。母乳中 HCH 类农药以 β-HCH 为主，占 99% 以上。在北京市的监测工作中还进行了城乡比较（2002 年），结果显示，农村地区母乳中 DDT 和 HCH 含量均低于城区的含量（$p<0.001$）。北京市于 1988~2002 年对 HCB 进行了 6 次监测，平均含量为 20~70 ng/g lw，变化趋势不明显。

上海市分别在 1983 年、1986 年、1988 年和 2002 年进行了母乳中 DDT 和 HCH 含量水平监测[55]。20 年间上海市母乳中 p,p′-DDE 从 13 900 ng/g lw 下降到 1159 ng/g lw，p,p′-DDT 从 2990 ng/g lw 下降到 84 ng/g lw。不过其间从 1988 年后 DDT 下降趋势更为明显，DDT 从 11 400 ng/g lw 下降到 1287 ng/g lw。而 HCH 的下降趋势与 DDT 不同，以母乳中 β-HCH 为例，1983 年和 1986 年含量分别为 22 500 ng/g lw 和 20 000 ng/g lw，1988 年和 2002 年分别为 2030 ng/g lw 和 173 ng/g lw，即 1988 年后上海地区 HCH 人体负荷水平变化幅度不大。1979 年湖南省有机氯农药残留科研协作组报告了长沙市母乳中有机氯农药的含量。母乳中 DDT 含量均值为 23 460 ng/g lw，HCH 含量均值为 54 620 ng/g lw。这次监测在我国决定停用或限制使用有机氯农药之前，p,p′-DDT 的含量占总 DDT 的 29.77%，表明当时仍在使用 DDT。这个比例在以后进行的监测中逐步下降，体现了停用或限制使用的效果。1988 年和 1998 年又进行了两次母乳监测，这两次监测将 HCB 也纳入了监测范围[56]。从母乳中有机氯农药含量的动态变化看，长沙的 DDT、HCH 人体负荷水平在 20 年间显著下降，1979~1988 年、1988~1998 年分别下降了 62% 和 82%。1998 年 DDT 含量已经下降到 2830 ng/g lw，HCH 下降到 2490 ng/g lw。但是从 1988 年和 1998 年的监测看，10 年间长沙市母乳中 HCB 的含量上升了 60%，从 1988 年的 60 ng/g lw 上升到了 1998 年的 190 ng/g lw。从这些监测结果看，1983 年我国停用或限制使用 DDT 和 HCH 后，人体负荷水平均显著下降。这一趋势在其他城市的监测工作中同样得到体现[57-60]，详见表 2-5。

表 2-5 我国部分城市母乳 DDT、HCH 和 HCB 含量变化

城市	年份	DDT/(ng/g lw)	HCH/(ng/g lw)	HCB/(ng/g lw)	城市	年份	DDT/(ng/g lw)	HCH/(ng/g lw)	HCB/(ng/g lw)
长春	1987	8 520	12 900	220	南昌	1988	15 000	15 000	—
	1998	526	363	60		1998	1 460	810	—
	下降率/%	93.8	97.2	72.7		下降率/%	90.3	94.6	—
成都	1986	14 229	6 380	—	威海	1988	11 320	11 730	—
	1998	3 690	1 040	—		1998	2 330	2 290	—
	下降率/%	74.1	83.7	—		下降率/%	79.4	80.5	—

较早开展的母乳监测中只涉及了 DDT、HCH 和 HCB，没有包括其他有机氯农药。中国疾病预防控制中心营养与食品安全所于 2008 年完成履行《斯德哥尔摩公约》成效评估的母乳监测工作，分析 12 省（自治区、直辖市）的母乳中 23 个持久性有机氯农药组分，包括 α-六六六、β-六六六、γ-六六六、δ-六六六、六氯苯、艾氏剂、狄氏剂、异狄氏剂、七氯、顺式环氧七氯、反式环氧七氯、顺式氯丹、反式氯丹、氧氯丹、顺式九氯、反式九氯、p,p'-DDT、o,p'-DDT、p,p'-DDE、o,p'-DDE、p,p'-DDD、o,p'-DDD 和灭蚁灵（表 2-6）。如表 2-6 所示，DDT 的全国平均污染水平

表 2-6　2007 年我国母乳中持久性有机氯农药平均负荷水平　　　　　（单位：ng/g lw）

化合物	平均值±标准差	中位数	含量范围
α-HCH	3.1±3.4	2.1	ND~8.0
β-HCH	220.4±123.1	166.6	42~522.9
γ-HCH	4.4±4.1	3.0	ND~21.6
δ-HCH	3.8±1.3	ND	ND~7.9
总 HCH	231.8±123.4	177.6	55.8~536.4
HCB	33.1±11.1	32.8	18.4~56.8
艾氏剂	2.6±1.8	ND	ND~10.6
狄氏剂	ND	ND	ND
异狄氏剂	3.5±2.4	ND	ND~15.0
狄氏剂类化合物	9.1±3.3	7.9	7.9~21.8
反式氯丹	0.5±0.1	ND	ND~1.1
顺式氯丹	ND	ND	ND
反式九氯	1.2±0.7	ND	ND~3.5
顺式九氯	ND	ND	ND
氧氯丹	1.7±1.5	ND	ND~7.5
七氯	1.5±3.5	ND	ND~17.8
顺式环氧七氯	ND	ND	ND
反式环氧七氯	ND	ND	ND
氯丹类化合物	9.8±3.9	8.8	6.1~25.2
p,p'-DDT	32.8±24.3	26.3	ND~110.5
o,p'-DDT	6.0±5.2	5.0	ND~25.9
p,p'-DDE	537.7±347.7	475.4	140.2~1660.4
o,p'-DDE	2.5±1.6	1.9	ND~6.8
p,p'-DDD	4.3±2.0	3.7	ND~8.9
o,p'-DDD	1.0±0.1	ND	ND~1.7
总 DDT	584.3±362.3	527.2	153.6~1756.3
灭蚁灵	2.4±1.6	ND	ND~8.1

注：方法检出限（LOD）的范围为 0.003~1.544 05 ng/g lw，ND 以 LOD 估计；将氯丹和与其化学结构相似的七氯归类为氯丹类化合物。

最高,为 584.3 ng/g lw,其次是 HCH 和 HCB,分别为 231.8 ng/g lw 和 33.1 ng/g lw。23 个组分的浓度范围为 LOD～1660.4ng/g lw。p,p'-DDE、β-HCH 和 HCB 在所有的 24 个混合母乳样品中全部检出,且污染水平也位居前三(依顺序排列)。α-HCH、γ-HCH、δ-HCH、艾氏剂、异狄氏剂、反式氯丹、氧氯丹、七氯、反式九氯、p,p'-DDT、o,p'-DDT、o,p'-DDE、p,p'-DDD、o,p'-DDD 及灭蚁灵在所有样品中均低于检出限。狄氏剂、顺式氯丹、顺式九氯、顺式环氧七氯及反式环氧七氯均未检出。

24 个混合母乳样品均有 HCH 检出。湖北城市母乳 HCH 的污染水平最高(536.4 ng/g lw),其次为辽宁农村(440.5 ng/g lw)和上海城市(424.9 ng/g lw)。而陕西农村和城市母乳 HCH 的污染水平最低(图 2-10)。城市居民的 HCH 母乳负荷水平总体高于农村居民。

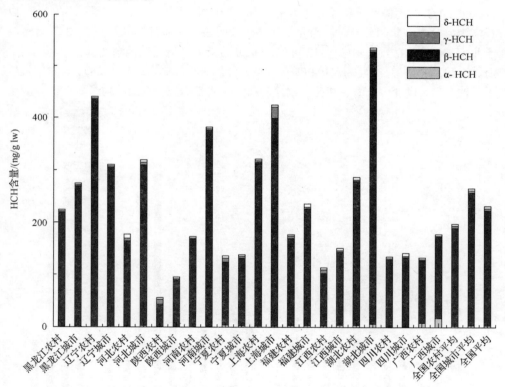

图 2-10 2007 年 12 省(自治区、直辖市)城市和农村母乳样品中 HCH 含量比较

β-HCH 是母乳样品中 HCH 最主要的同分异构体,全国平均污染水平为 220.4 ng/g lw,占总 HCH 的 95.08%。其他的同分异构体,包括 α-HCH、γ-HCH 和 δ-HCH 大部分低于检出限或仅为痕量检出(图 2-11)。

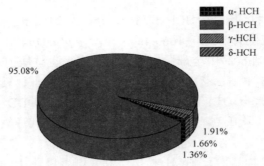

图 2-11　我国母乳样品中 HCH 各组分的贡献率

24 份混合母乳样品中 DDT 的污染水平为 153.6～1756.3 ng/g lw。随着我国城市化、工业化快速发展，农村和城市的差别逐渐缩小。因此，2007 年农村和城市母乳样品中 DDT 的污染水平未见显著性差异（$p>0.05$）。而将 12 省（自治区、直辖市）以长江为界分为南北两部分时，南北差异还比较明显，南部省份母乳中 DDT 的含量高于北部省份（$p<0.05$）。由图 2-12 可见，DDT 污染水平最高的是湖北农村，其次为上海城市和湖北城市。宁夏的农村和城市及黑龙江的农村和城市样品中 DDT 含量明显低于其他省份。湖北、上海、江西、福建、河南和河北均高于全国平均污染水平。

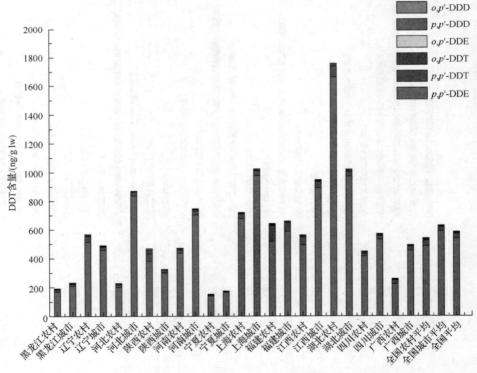

图 2-12　2007 年 12 省（自治区、直辖市）城市和农村母乳样品中 DDT 含量的比较

DDT 在所有 24 份混合母乳样品中的污染概况都是相似的。p,p'-DDE 平均污染水平最高,为 537.7 ng/g lw,占总 DDT 的 92.02%,p,p'-DDT 占总 DDT 的 5.61%,而其他的 DDT 代谢产物含量极低(图 2-13)。p,p'-DDE 和 p,p'-DDT 的比值可以显示 p,p'-DDT 的蓄积情况。当 p,p'-DDE/p,p'-DDT 的比值低于 5 时,表示新近发生过工业级 DDT 污染。除福建农村样品外,其他地区的 p,p'-DDE/p,p'-DDT 比值为 7.3~56.0。从这一结果可以看出,我国没有新的 DDT 使用污染。

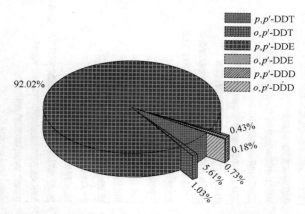

图 2-13 我国母乳中 DDT 各组分的贡献率

24 份混合母乳样品中均检出 HCB,污染水平为 18.4~56.8 ng/g lw。HCB 含量最高的样品来自辽宁农村,其次为湖北农村和河北城市。宁夏样品中 HCB 含量最低(图 2-14)。农村与城市的 HCB 污染未见显著性差异($p>0.05$),同样不存在南北区域差异($p>0.05$)。

艾氏剂、狄氏剂和异狄氏剂在 24 份母乳样品中大部分未检出。即使河北城市和陕西农村母乳样品中有狄氏剂类化合物检出,也是较低水平,低于 3 倍检出限。母乳中氯丹平均污染水平为 4.7 ng/g lw。尽管母乳氯丹污染水平非常低,但是包括辽宁省、上海市、福建省、陕西城市、江西城市、湖北城市、广西城市和河北农村的母乳样品在内的近半数样品检出了氯丹。其中环氧氯丹和反式九氯是母乳中氯丹可以检出的主要污染物。母乳中七氯平均水平为 5.2 ng/g lw。黑龙江省、上海市、河南省、辽宁城市、福建城市、湖北城市、陕西农村、宁夏农村和广西农村母乳样品均有七氯检出。我国母乳灭蚁灵的平均污染水平为 2.4 ng/g lw,仅广西壮族自治区、福建省和上海农村母乳检出灭蚁灵。我国城市和农村母乳中狄氏剂类、氯丹类化合物和灭蚁灵平均污染水平均未见显著性差异($p>0.05$)。

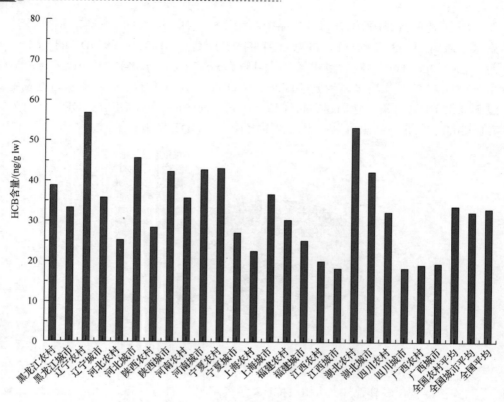

图 2-14　2007 年 12 省(自治区、直辖市)城市和农村母乳样品中 HCB 含量的比较

对比上海地区不同年份的监测结果与 2002 年的监测结果可知，POPs 类有机氯农药的人体负荷水平进一步下降。例如，上海母乳中 DDT 含量 2007 年比 2002 年下降了 45.3%，上海母乳中 HCH 含量 2008 年比 2002 年下降了 80.7%。

中国疾病预防控制中心营养与食品安全所在 2009~2012 年开展了第二次全国性的母乳调查，调查省份扩展到 16 个，调查的持久性有机氯农药组分也增加到 27 个。在 2009~2012 年的调查中，DDT 仍为母乳中含量最高的有机氯农药，其次为 HCH 及 HCB。而在 DDT 的各构型中，p,p'-DDE 及 p,p'-DDT 仍为主要检出的两种组分。两次调查相比，中国人群母乳中 OCPs 的负荷量及 DDE/DDT 的比例均呈下降趋势。而在中国省份间 OCPs 的暴露量比较中，沿海地区和长江流域 DDT 的暴露量显著高于内陆省份，这可能与当地的饮食习惯密切相关。

与其他国家近年来母乳中有机氯农药监测结果相比，我国居民有机氯农药类 POPs 人体负荷水平处于中间水平(图 2-15)，低于一些发展中国家，高于欧洲的发达国家以及美国和日本[61-75]。

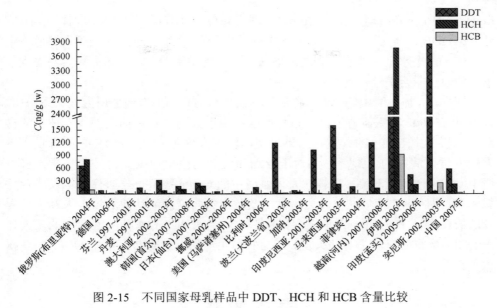

图 2-15　不同国家母乳样品中 DDT、HCH 和 HCB 含量比较

影响人体中 OCPs 负荷水平的因素较多,母乳中 OCPs 的污染水平与产妇的年龄、身体质量指数(body mass index,BMI)、生产方式、居住地及饮食习惯等关系密切。一项调查对韩国 4 个城市 87 名产妇母乳中的 OCPs 污染水平进行研究[76],结果发现母乳中 OCPs 含量水平在<LOQ～559(中位数:144)µg/kg lw,通常在哺乳期第七天后,母乳中的 OCPs 含量水平会显著上升。母乳中 OCPs 的含量与母亲的年龄、BMI、分娩次数及分娩类型有关。产妇的饮食习惯,如海产品及面条的摄入同样与 OCPs 体内暴露相关。在一项 2007～2010 年对 39 名分别来自新西兰城市和农村的产妇母乳中 OCPs 的调查中[77],发现其狄氏剂和 p,p'-DDE 的平均浓度分别为 10 ng/g lw 和 379 ng/g lw。而农村居民母乳中 OCPs 的含量显著高于城市居民,孕妇体内 OCPs 的暴露水平会随着其年龄增长而增加。另一项研究调查了西澳大利亚地区孕妇 OCPs 暴露与其居住环境、生活方式及日常活动的关系[78],结果表明,怀孕期间食用过海鲜的妇女体内 HCB 暴露水平更高。

在我国也有部分研究开展了母亲血及脐带血中 OCPs 的检测,一项调查研究了我国广州地区母亲血及脐带血中 OCPs 的含量,并用以评估乳母和新生儿的 OCPs 暴露水平。母亲血中 HCH 和 DDT 的含量范围分别为 1.9～386.6 ng/g lw 及 283.4～6167.7 ng/g lw,而脐带血中 HCH 和 DDT 的含量范围则分别为 4.0～103.2 ng/g lw 及 189.6～3296.0 ng/g lw。同样,β-HCH 和 p,p'-DDE 为血液中 HCH 及 DDT 中主要检出的污染物,均占总量的 80%以上[79]。另一项研究调查了 2014～2015 年我国武汉市居民 1046 份脐带血中 OCPs 的暴露水平,以评价婴幼儿 OCPs 的产前暴露,结果表明,脐带血中 HCH 和 DDT 的中位数分别为 10.1 ng/g lw(范围为<

LOD～1910 ng/g lw）和 35.5 ng/g lw（范围为 0.18～11 100 ng/g lw）。同样，β-HCH 和 p,p'-DDE 是脐带血清样品中主要的 OCPs[80]。一项研究表明，我国人群血液中的 OCPs 污染水平远低于一些高污染国家[81]，但由于胎儿比成年人更容易受到危害，所以应重点关注产前暴露。

同样，人体血清中 OCPs 的含量与其饮食结构和当地农药使用方式关系密切。2001 年和 2002 年在葡萄牙科英布拉市区和两个农场中随机抽取健康人体血清样品，分析其中 OCPs 的含量。结果表明，城市人群血清中 p,p'-DDE 的含量高于农场人群血清中的含量[82]。相对于亚洲和美洲的检出数据而言，葡萄牙人群血清中 OCPs 残留量较高。同样，人体血清中的 OCPs 残留也与居住区域及职业关系明显，对巴基斯坦 56 位儿童、女工及参与农药喷洒活动的农场工人及远离农场的居民血液中 OCPs 含量进行分析[83]，结果表明参与农药喷洒活动的工人体内 OCPs 暴露明显高于其他人群，而与农田距离的远近也与血液中 OCPs 的暴露水平相关。

参 考 文 献

[1] Secretariat of the Stockholm Convention, United Nations Environment Programme. The 16 New POPs. 2017 [2018-05-08]. http://www.pops.int/TheConvention/ThePOPs/TheNewPOPs/tabid/2511/Default.aspx.

[2] The Joint FAO/WHO Meeting on Pesticide Residues（JMPR）. Inventory of evaluations performed by the Joint Meeting on Pesticide Residues（JMPR）. [2018-05-08]. http://apps.who.int/pesticide-qresidues-jmpr-database.

[3] 国家卫生和计划生育委员会，国家食品药品监督管理总局，农业部. GB 2763—2016. 食品安全国家标准 食品中农药最大残留限量. 北京：中国标准出版社, 2016.

[4] FAO, WHO. Principles and methods for the risk assessment of chemicals in food Environmental Health Criteria 240. Switzerland: Geneva, 2009[2017-05-10]. http://www.who.int/foodsafety/publications/chemical-food/en/.

[5] Tahboub Y R, Zaater M F, Barri T A. Simultaneous identification and quantitation of selected organochlorine pesticide residues in honey by full-scan gas chromatography-mass spectrometry. Analytica Chimica Acta, 2006, 558（1-2）: 62-68.

[6] USEPA. Method 3545A（SW-846）: Pressurized Fluid Extraction. 2000.

[7] 朱莉萍, 朱涛, 孙军. 磺化法-气相色谱测定蔬菜中六六六、DDT 残留量. 中国卫生检验杂志, 2007, 17（11）: 2009-2021.

[8] Mateo R, Millan J, Rodriguez-Estival J. Levels of organochlorine pesticides and polychlorinated biphenyls. Chemosphere, 2012, 86（7）: 691-700.

[9] 朱盼, 苗虹, 杜娟. 食品中农药多残留检测新技术研究进展. 食品安全质量检测学报, 2013, 4（1）: 3-10.

[10] Shoiful A. Concentrations of organochlorine pesticides（OCPs）residues in foodstuffs collected from traditional markets in Indonesia. Chemosphere, 2013, 90（5）: 1742-1750.

[11] Puig P. Sorbent preconcentration procedures coupled to capillary electrophoresis for environmental and biological applications. Analytica Chimica Acta, 2008, 616(1): 1-18.

[12] 刘咏梅, 王志华, 储晓刚. 凝胶渗透色谱净化-气相色谱分离同时测定糙米中 50 种有机磷农药残留. 分析化学研究简报, 2005, 2(24): 808-810.

[13] Van der Lee M K. Qualitative screening and quantitative determination of pesticides and contaminants in animal feed using comprehensive two-dimensional gas chromatography with time-of-flight mass spectrometry. Journal of Chromatography A, 2008, 1186(1-2): 325-339.

[14] Saito K. Development of an accelerated solvent extraction and gel permeation chromatography analytical method for measuring persistent organohalogen compounds in adipose and organ tissue analysis. Chemosphere, 2004, 57(5): 373-381.

[15] Zhou P, Wu Y, Yin S. National survey of the levels of persistent organochlorine pesticides. Environmental Pollution, 2011, 2(159): 524-531.

[16] 林姗姗, 孙广大. 固相萃取-气相色谱-质谱联用同时测定河水和海水中 87 种农药. 色谱, 2012, 30(3): 318-326.

[17] Lehotay S J. Validation of a fast and easy method for the determination of residues from 229 pesticides in fruits and vegetables using gas and liquid chromatography and mass spectrometric detection. Journal of AOAC International, 2005, 88(2): 595-613.

[18] 中国预防医学中心卫生研究所. 食物中有机氯农药残留及其毒性研究. 医学研究通讯, 1984, (5): 16-17.

[19] 张莹, 杨大进, 方从容, 等. 我国食品中有机氯农药残留水平分析. 农药科学与管理, 1996, (1): 20-22.

[20] 甘居利, 林钦, 贾晓平, 等. 广东近江牡蛎(*Crassostrea rivularis*)有机氯农药残留与健康风险评估. 农业环境科学学报, 2007, 26(6): 2323-2328.

[21] Jiang Q T, Lee T K, Chen K, et al. Human health risk assessment of organochlorines associated with fish consumption in a coastal city in China. Environmental Pollution, 2005, 136(1): 155-165.

[22] Bai Y, Zhou L, Li J. Organochlorine pesticide(HCH and DDT) residues in dietary products from Shaanxi Province, People's Republic of China. Bulletin of Environmental Contamination and Toxicology, 2006, 76(3): 422-428.

[23] 耿婧婧. 中国沿海地区鱼体中持久性有机氯污染物的分布特征及健康风险评估. 上海: 华东师范大学, 2015.

[24] Sun R X Luo X J, Tan X X, et al. An eight year(2005~2013)temporal trend of halogenated organic pollutants in fish from the Pearl River Estuary, South China. Marine Pollution Bulletin, 2015, 93(1-2): 61-67.

[25] 邹琴, 刘守亮, 秦启发, 等. 环境与食品中有机氯农药残留及降解的调查分析. 公共卫生与预防医学, 2010, 21(1): 37-39.

[26] 黄哲敏, 郑如聪. 2009 年漳州市常见蔬菜、水果、茶叶农药残留调查. 预防医学论坛, 2011, (2): 155-156.

[27] 孟媛, 刘翠翠, 仇雁翎, 等. 上海市稻米中有机氯农药残留水平及健康风险评价. 环境科学, 2018, 39(2): 927-934.

[28] Beckvar N, Lotufo G R. DDT and Other Organohalogen Pesticides in Aquatic Organisms U.S. Environmental Protection Agency Papers. 248. 2011[2018-07-10]. http://digitalcommons.unl.edu/usepapapers/248.

[29] Jacobs M N Covaci A, Schepens P. Investigation of selected persistent organic pollutants in farmed Atlantic salmon(*Salmo salar*), salmon aquaculture feed, and fish oil components of the feed. Environmental Science & Technology, 2002, 36(13): 2797-2805.

[30] Kip D, Vuku J, Kova A. Monitoring of chlorinated hydrocarbon pollution of meat and fish in Croatia. Food Technology & Biotechnology, 2002, 40(1): 39-47.

[31] Manirakiza P, Akimbamijo O, Covaci A, et al. Persistent chlorinated pesticides in fish and cattle fat and their implications for human serum concentrations from the Sene-Gambian region. Journal of Environmental Monitoring, 2002, 4(4): 609-617.

[32] El Nemr A, Abd-Allah A M. Organochlorine contamination in some marketable fish in Egypt. Chemosphere, 2004, 54(10): 1401-1406.

[33] Sankar T V, Zynudheen A A, Anandan R, et al. Distribution of organochlorine pesticides and heavy metal residues in fish and shellfish from Calicut region, Kerala, India. Chemosphere, 2006, 65: 583-590.

[34] Moon H B, Kim H S, Choi M, et al. Human health risk of polychlorinated biphenyls and organochlorine pesticides resulting from seafood consumption in South Korea, 2005~2007. Food and Chemical Toxicology, 2009, 47(8): 1819-1825.

[35] Toteja G S, Diwakar S, Mukherjee A, et al. Residues of DDT and HCH in wheat samples collected from different states of India and their dietary exposure: A multicentre study. Food Additives & Contaminants, 2006, 23(3): 281-288.

[36] 杜娟. 中国居民膳食中有机氯农药残留的污染水平研究. 武汉: 武汉轻工大学, 2013.

[37] Lázaro R, Herrera A, Ariño A, et al. Organochlorine pesticide residues in total diet samples from Aragón(Northeastern Spain). Journal of Agricultural and Food Chemistry, 1996, 44(9): 2742-2747.

[38] Schecter A, Colacino J, Haffner D. Perfluorinated compounds, polychlorinated biphenyls, and organochlorine pesticide contamination in composite food samples perfluorinated compounds, polychlorinated biphenyls, and organochlorine pesticide contamination in composite food samples from Dallas, Texas, USA. Environmental Health Perspectives, 2010, 118(6): 796-802.

[39] Falco G, Bocio A, Llobet J M, et al. Dietary intake of hexachlorobenzene in Catalonia, Spain. Science of the Total Environment, 2004, 322(1-3): 63-70.

[40] Rawn D F, Cao X L, Doucet J, et al. Canadian Total Diet Study in 1998: Pesticide levels in foods from Whitehorse, Yukon, Canada, and corresponding dietary intake estimates. Food Additives & Contaminants, 2004, 21(3): 232-250.

[41] Burton M A, Bennett B G. Exposure of man to environmental hexachlorobenzene(HCB): An exposure commitment assessment. Science of the Total Environment, 1987, 66: 137-146.

[42] Vaz R. Average Swedish dietary intakes of organochlorine contaminants via foods of animal origin and their relation to levels in human milk, 1975-1990. Food Additives & Contaminants, 1995, 12(4): 543-558.

[43] Brussaard J H, Van Dokkum W, Van der Paauw C G, et al. Dietary intake of food contaminants in The Netherlands(Dutch Nutrition Surveillance System). Food Additives & Contaminants, 1996, 13(5): 561-573.

[44] Urieta I, Jalon M, Eguilero I. Food surveillance in the Basque Country(Spain). II. Estimation of the dietary intake of organochlorine pesticides, heavy metals, arsenic, aflatoxin M1, iron and zinc through the Total Diet Study, 1990/91. Food Additives & Contaminants, 1996, 13(1): 29-52.

[45] Nakagawa R, Hirakawa H, Hori T. Estimation of 1992～1993 dietary intake of organochlorine and organophosphorus pesticides in Fukuoka, Japan. Journal of AOAC International, 1995, 78(4): 921-929.

[46] Chu S, Covaci A, Schepens P. Levels and chiral signatures of persistent organochlorine pollutants in human tissues from Belgium. Environmental Research, 2003, 93(2): 167-176.

[47] WHO. Fourth WHO-Coordinated Survey of Human Milk for Persistent Organic Pollutants in Cooperation with UNEP. [2018-07-10]. http://www.who.int/foodsafety/chem/POPprotocol.pdf?ua=1.

[48] Smith D. Worldwide trends in DDT levels in human breast milk. Journal of Epidemiology, 1999, 28(2): 179-188.

[49] Zietz B P, Hoopmann M, Funcke M, et al. Long-term biomonitoring of polychlorinated biphenyls and organochlorine pesticides in human milk from mothers living in northern Germany. Journal of Hygiene and Environmental Health, 2008, 211(5-6): 624-638.

[50] Johnson-Restrepo B, Addink R, Wong C, et al. Polybrominated diphenyl ethers and organochlorine pesticides in human breast milk from Massachusetts, USA. Journal of Environmental Monitoring, 2007, 9(11): 1205-1212.

[51] 曹华娟, 曹朝晖, 胡小湖, 等. 湖南省长沙地区人乳中有机氯化合物蓄积水平的动态研究. 实用预防医学, 2007, (3): 172-174.

[52] 苏敬武, 丛庆美, 张吉芬, 等. 威海市农产品及人乳中有机氯农药残留量的调查. 环境与健康杂志, 2001, 18(1): 29-31.

[53] 李敬光, 赵云峰, 吴永宁. 我国持久性有机污染物人体负荷研究进展. 环境化学. 2011, 30(1): 6-18.

[54] 于慧芳, 赵旭东, 张晓鸣, 等. 1982 年至 2002 年北京地区人乳中有机氯农药水平监测. 中华预防医学杂志, 2005, 39(1): 22-25.

[55] 李延红, 郭常义, 汪国权, 等. 上海地区人乳中六六六、滴滴涕蓄积水平的动态研究. 环境与职业医学, 2003, 20(3): 181-185.

[56] 曹华娟, 曹朝晖, 胡小湖, 等. 湖南省长沙地区人乳中有机氯化合物蓄积水平的动态研究. 实用预防医学, 2007, (3): 172-174.

[57] 李延红, 王岙, 朱颖俐, 等. 长春市哺乳期妇女有机氯农药蓄积水平的研究. 环境与健康杂志, 2000, 17(1): 18-20.

[58] 谭代荣, 胡彬, 罗彦, 等. 成都市人奶中有机氯化合物监测. 预防医学情报杂志, 2001, 17(2): 70-71.

[59] 何加芬, 万勇, 李志龙, 等. 南昌市人奶中有机氯农药残留量调查. 湖北预防医学杂志, 2001, 12(2): 22.

[60] 苏敬武, 丛庆美, 张吉芬, 等. 威海市农产品及人乳中有机氯农药残留量的调查. 环境与健康杂志, 2001, 18(1): 29-31.

[61] Tsydenova O V, Sudaryanto A, Kajiwara N, et al. Organohalogen compounds in human breast milk from Republic of Buryatia, Russia. Environmental Pollution, 2007, 146(1): 225-232.

[62] Zietz B P, Hoopmann M, Funcke M, et al. Long-term biomonitoring of polychlorinated biphenyls and organochlorine pesticides in human milk from others living in northern Germany. Journal of Hygiene and Environmental Health, 2008, 211(5-6): 624-638.

[63] Shen H, Main K M, Virtanen H E, et al. From mother to child: investigation of prenatal and postnatal exposure to persistent bioaccumulating toxicants using breast milk and placenta biomonitoring. Chemosphere, 2007, 67(9): S256-262.

[64] Mueller J F, Harden F, Toms L M, et al. Persistent organochlorine pesticides in human milk samples from Australia. Chemosphere, 2008, 70(4): 712-720.

[65] araguchi K, Koizumi A, Inoue K, et al. Levels and regional trends of persistent organochlorines and polybrominated diphenyl ethers in Asian breast milk demonstrate POPs signatures unique to individual countries. Environment International, 2009, 35(7): 1072-1079.

[66] Polder A, Skaare J U, Skjerve E, et al. Levels of chlorinated pesticides and polychlorinated biphenyls in Norwegian breast milk (2002~2006), and factors that may predict the level of contamination. Science of the Total Environment, 2009, 407(16): 4584-4590.

[67] Johnson-Restrepo B, Addink R, Wong C, et al. Polybrominated diphenylethers and organochlorine pesticides in human breast milk from Massachusetts, USA. Journal of Environmental Monitoring, 2007, 9(11): 1205-1212.

[68] Colles A, Koppen G, Hanot V, et al. Fourth WHO-coordinated survey of human milk for persistent organic pollutants (POPs): Belgian results. Chemosphere, 2008, 73(6): 907-914.

[69] Szyrwinska K, Lulek J. Exposure to specific polychlorinated biphenyls and some chlorinated pesticides via breast milk in Poland. Chemosphere, 2007, 66(10): 1895-1903.

[70] Jaga K, Dharmani C. Global surveillance of DDT and DDE levels in human tissues. Journal of Occupational Medicine and Environmental Health, 2003, 16(1): 7-20.

[71] Sudaryanto A, Kunisue T, Kajiwara N, et al. Specific accumulation of organochlorines in human breast milk from Indonesia: Levels, distribution, accumulation kinetics and infant health risk. Environmental Pollution, 2006, 139(1): 107-117.

[72] Sudaryanto A, Kunisue T, Tanabe S, et al. Persistent organochlorine compounds in human breast milk from mothers living in Penang and Kedah, Malaysia. Archives of Environmental Contamination and Toxicology, 2005, 49(3): 429-437.

[73] Haraguchi K, Koizumi A, Inoue K, et al. Levels and regional trends of persistent organochlorines and polybrominated diphenylethers in Asian breast milk demonstrate POPs signatures unique to individual countries. Environ International, 2009, 35(7): 1072-1079.

[74] Behrooz R D, Sari A E, Bahramifar N, et al. Organochlorine pesticide and polychlorinated biphenyl residues in human milk from the Southern Coast of Caspian Sea, Iran. Chemosphere, 2009, 74(7): 931-937.

[75] Ennaceur S, Gandoura N, Driss M R. Organochlorine pesticide residues in human milk of mothers living in northern Tunisia. Bulletin of Environmental Contamination and Toxicology, 2007, 78(5): 325-329.

[76] Lee S, Kim S, Lee H, et al. 2013. Contamination of polychlorinated biphenyls and organochlorine pesticides in breast milk in Korea: Time-course variation, influencing factors, and exposure assessment. Chemosphere, 93(8): 1578-1585.

[77] Mannetje A, Coakley J, Bridgen P, et al. Current concentrations, temporal trends and determinants of persistent organic pollutants in breast milk of New Zealand women. Science of the Total Environment, 2013, 458-460(1): 399-407.
[78] Reid A, Callan A, Stasinska A, et al. Maternal exposure to organochlorine pesticides in Western Australia. Science of the Total Environment, 2013, 449(1): 208-213.
[79] Qu W, Suri R, Bi X, et al. Exposure of young mothers and newborns to organochlorine pesticides(OCPs) in Guangzhou, China. Science of the Total Environment, 2010, 408(16): 3133-3138.
[80] Fang J, Liu H, Zhao H, et al. Concentrations of organochlorine pesticides in cord serum of newborns in Wuhan, China. Science of the Total Environment, 2018, 636(1): 761-766.
[81] Wang Q, Yuan H, Jin J, et al. Organochlorine pesticide concentrations in pooled serum of people in different age groups from five Chinese cities. Science of the Total Environment, 2017, 586(1): 1012-1019.
[82] Cruz S, Lino C, Silveira M I. Evaluation of organochlorine pesticide residues in human serum from an urban and two rural populations in Portugal. Science of the Total Environment, 2003, 317(1-3): 23-35.
[83] Saeed M F, Shaheen M, Ahmad I, et al. 2017. Pesticide exposure in the local community of Vehari District in Pakistan: An assessment of knowledge and residues in human blood. Science of the Total Environment, 587-588(1): 137-144.

第3章 食品和人体中二噁英及其类似物

本章导读

- 介绍多氯代二苯并二噁英及呋喃(PCDD/Fs)和类二噁英多氯联苯(DL-PCBs)的定义、结构、理化性质、毒性、全球的使用情况及禁用情况。
- 介绍食品中 PCDD/Fs 和 DL-PCBs 的提取技术、净化技术以及测定技术,重点介绍高分辨气相色谱/高分辨质谱法。
- 介绍国内外水产品、动物源性食品、植物源性食品中二噁英及其类似物含量水平。
- 从膳食摄入情况方面,进行不同国家膳食消费量中二噁英及其类似物的摄入水平比较,显示我国成人膳食二噁英类物质摄入的平均水平普遍低于其他发达国家和地区。
- 母乳是理想的生物标志物。在二噁英及其类似物等持久性有机污染物的人体监测中推荐使用母乳,并由此介绍国内外普通人群机体二噁英及其类似物负荷水平。

3.1 背景介绍

二噁英及其类似物是典型的持久性有机污染物,通常意义上包含两大类物质:多氯代二苯并二噁英及呋喃(PCDD/Fs)和具有与二噁英相似毒性的类二噁英多氯联苯(DL-PCBs)。其中,PCDDs 和 PCDFs 是两组由两个苯环组成的三环平面芳香化合物,具有相似的结构和特性,而 PCBs 则为 C—C 键相连的双环结构(图 3-1)。芳香环上的位置即氯原子的取代位置,PCDD/Fs 中最多可有 8 个氯原子,而 PCBs 中最多可以有 10 个氯原子。根据氯原子取代数目及位置的不同,PCDDs 共有 75 种同类物,PCDFs 有 135 种同类物,PCBs 则有 209 种同类物。PCBs 的空间结构取决于氯原子的取代位置,当 2,6,2′,6′位(邻位)未被氯原子取代时,PCBs 就会呈现如 PCDD/Fs 类似的平面对称结构,否则,就会发生位阻现象,呈现为非平面结构[1,2]。

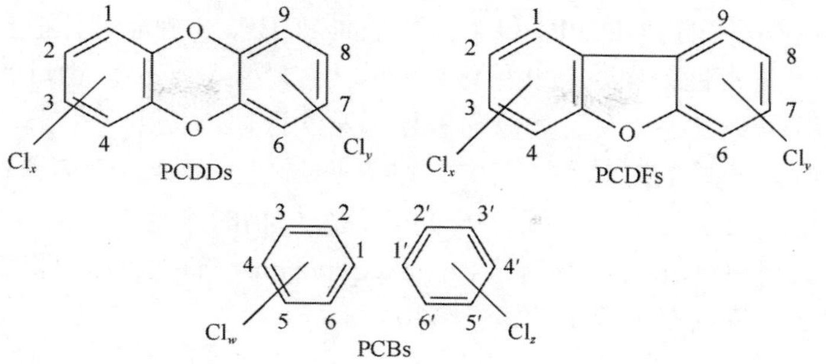

图 3-1　PCDD/Fs 和 PCBs 的化学结构($0 \leqslant x$、$y \leqslant 4$；$0 \leqslant w$、$z \leqslant 5$)

PCDD/Fs 不是人类有目的生产的化学品，而是在如农药或 PCBs 合成等化学过程中产生的副产品，而燃烧过程则被认为是 PCDD/Fs 的主要来源，绝大多数热反应过程只要涉及含氯有机化合物或无机化合物都会导致 PCDD/Fs 的生成[1,2]。此外，来自于垃圾(特别是城市生活垃圾、医疗垃圾和有害垃圾)焚烧炉、钢铁及有色金属冶炼业、化石燃料冶炼、家庭燃煤或木柴等的排放物中都检出 PCDD/Fs[1-5]。而我国相关研究显示，二噁英类排放主要来源于金属冶炼，占总排放量的 46.5%，其次为发电和供热、废弃物焚烧，这三者合计占总排放量的 81%[6]。而 PCBs 则属于人工合成精细化工产品，自 1881 年首次合成，截至 20 世纪 80 年代全球禁用前，因化学反应活性小、密度大、电阻率低、热稳定性好，曾经大规模工业生产数百万吨，按其使用方式主要分为三种：封闭式使用(电容器、变压器和照明稳流器等)、半封闭式使用(导热油、液压油、真空泵油等)和开放式使用(油墨、涂料、防火漆等)。我国 PCBs 生产始于 1965 年，1974 年至 20 世纪 80 年代初逐步停止生产，其产量为 7000~10 000 t，其中约 1000 t 用于油漆添加剂等开放性用途，约 6000 t 用作电力电容器的浸渍剂。

二噁英及其类似物是高度稳定的有机化合物，很难通过热降解或生物代谢的方式降解，具有半挥发性，可通过大气环境长距离传输，在环境中普遍存在，在环境中半衰期为 10~12 年[1]；具有强脂溶性，难溶于水，$\log K_{ow}$ 为 5.6~8.2，易透过细胞磷脂膜并在生物脂肪组织中蓄积，可通过食物链蓄积，产生生物放大效应，普通人的二噁英及其类似物暴露绝大部分来源于膳食摄入[2]。

二噁英及其类似物具有较强的毒性，国际癌症研究机构(International Agency for Research on Cancer，IARC)将其定位为人类致癌物。此外，大量流行病学研究和实验室研究表明，二噁英及其类似物可能具有免疫毒性、生殖毒性、神经发育毒性，并会产生内分泌干扰作用，甚至可能对糖尿病、肥胖的发生产生贡献[1]。PCDD/Fs 和 PCBs 的毒理学特性与其各自的化学结构，即氯原子的取代个数和位置息息相关。二噁英及其类似物的绝大部分毒性都是通过与芳香烃受体(aryl hydrocarbon receptor，AhR)结合而表现出来的。在理论上的 419 种同类物中，有

17 种 2,3,7,8 位取代的 PCDD/Fs 和 4 种共平面 PCBs、8 种非邻位取代 PCBs 能够与 AhR 结合产生毒性效应，这 29 种化合物称为二噁英及其类似物。1998 年和 2006 年世界卫生组织对二噁英及其类似物进行了两次评估，提出了用于评价二噁英及其类似物毒性大小的 TEF 体系，其中 2,3,7,8-四氯代二苯并二噁英（TCDD）毒性最强，TEF 值为 1（表 3-1）。实际测定中，每一种分析物的测定浓度乘以相应的 TEF，然后加和，就可以转化为毒性当量（toxic equivalent，TEQ）值，即表示需要多少 2,3,7,8-TCDD 才可以产生等量的毒性效应。

表 3-1　二噁英及其类似物的 TEF 值列表

PCDD/Fs	WHO-TEF 1998 年	WHO-TEF 2006 年	PCBs	WHO-TEF 1998 年	WHO-TEF 2006 年
PCDDs			共平面 PCBs		
2,3,7,8-TCDD	1	1	PCB77（3,3′,4,4′-TCB）	0.000 1	0.000 1
1,2,3,7,8-PeCDD	1	1	PCB81（3,4,4′,5-TCB）	0.000 1	0.000 3
1,2,3,4,7,8-HxCDD	0.1	0.1	PCB126（3,3′,4,4′,5-PeCB）	0.1	0.1
1,2,3,6,7,8-HxCDD	0.1	0.1	PCB169（3,3′,4,4′,5,5′-HxCB）	0.01	0.03
1,2,3,7,8,9-HxCDD	0.1	0.1	非邻位 PCBs		
1,2,3,4,6,7,8-HpCDD	0.01	0.01	PCB105（2,3,3′,4,4′-PeCB）	0.000 1	0.000 03
OCDD	0.000 1	0.000 3	PCB114（2,3,4,4′,5-PeCB）	0.000 5	0.000 03
PCDFs			PCB118（2,3′,4,4′,5-PeCB）	0.000 1	0.000 03
2,3,7,8-TCDF	0.1	0.1	PCB123（2′,3,4,4′,5-PeCB）	0.000 1	0.000 03
1,2,3,7,8-PeCDF	0.05	0.03	PCB156（2,3,3′,4,4′,5-HxCB）	0.000 5	0.000 03
2,3,4,7,8-PeCDF	0.5	0.3	PCB157（2,3,3′,4,4′,5′-HxCB）	0.000 5	0.000 03
1,2,3,4,7,8-HxCDF	0.1	0.1	PCB167（2,3′,4,4′,5,′-HxCB）	0.000 01	0.000 03
1,2,3,6,7,8-HxCDF	0.1	0.1	PCB189（2,3,3′,4,4′,5,5′,-HpCB）	0.000 1	0.000 03
1,2,3,7,8,9-HxCDF	0.1	0.1			
2,3,4,6,7,8-HxCDF	0.1	0.1			
1,2,3,4,6,7,8-HpCDF	0.01	0.01			
1,2,3,4,7,8,9-HpCDF	0.01	0.01			
OCDF	0.000 1	0.000 3			

20 世纪 90 年代初，有关具有环境持久性的化学物质对于生态系统及人类健康的负面影响日益引起人们的关注。1995 年 5 月召开的联合国环境规划署理事会对 POPs 进行了定义，并通过了关于 POPs 的 18/32 号决议，强调减少或消除包括 PCDDs、PCDFs 和 PCBs 在内的 12 种典型 POPs 的必要性。经过各方努力，2001 年 5 月达成《斯德哥尔摩公约》并供开放签署，于 2004 年 5 月在国际上生效，我国为首批签约方之一。该公约经全国人民代表大会常务委员会批准后于 2004 年 11 月 11 日在我国正式生效。截至 2017 年 4 月，除美国、以色列等极少数国家外，《斯德哥尔摩公约》已获得绝大多数国家或地区的批准并正式生效，从而成为具有

全球约束力的国际公约。根据《斯德哥尔摩公约》规定，缔约方应自《斯德哥尔摩公约》生效之日起 4 年内并嗣后按照缔约方大会所确定的时间间隔定期对其成效进行评估[116]。目前，我国已完成 2007 年和 2011 年两轮母乳监测工作。

基于动物实验获得的可观察到有害作用的最低剂量(lowest observed adverse effect level，LOAEL)，WHO 确立了人类二噁英及其类似物的每日可耐受摄入量为 1~4 pg TEQ/kg bw。考虑到二噁英及其类似物的持久性和蓄积性，联合国粮农组织/世界卫生组织食品添加剂联合专家委员会设立了二噁英及其类似物长期慢性暴露的暂定每月可耐受摄入量(PTMI)为 70 pg TEQ/kg bw。

3.2　食品中二噁英及其类似物分析方法

食品中 PCDD/Fs 和 DL-PCBs 水平较低，多在皮克/克(pg/g)水平，甚至飞克/克(fg/g)水平，对分析实验室能力是一个巨大挑战。目前，普遍采用的测定方法为国际认可的高分辨气相色谱-高分辨质谱(high resolution gas chromatography-high resolution mass spectrometry，HRGC-HRMS)法。国家食品安全风险评估中心(原中国疾病预防控制中心营养与食品安全所)修改采用美国环境保护署的多氯代二苯并二噁英及多氯代二苯并呋喃(PCDD/Fs)高分辨气相色谱-高分辨质谱法(EPA1613B-1997)和多氯联苯(PCBs)的高分辨气相色谱-高分辨质谱法(EPA1668A)，建立了针对世界卫生组织规定毒性当量因子(TEF)的 17 个 2,3,7,8 位氯取代的 PCDD/Fs 和 12 个类二噁英多氯联苯(DL-PCBs)同时测定的方法(GB/T 5009.205—2007《国家食品安全标准　食品中二噁英及其类似物毒性当量的测定》)，并进一步修订为 GB 5009.205—2013《国家食品安全标准　食品中二噁英及其类似物毒性当量的测定》。其测定原理是应用高分辨气相色谱-高分辨质谱联用技术，在质谱分辨率大于 10 000 的条件下，通过监测目标化合物两个精确质量数离子，获得目标化合物的特异性响应。以目标化合物的同位素标记化合物为定量内标，采用内标法考察方法的性能参数；采用稳定性同位素稀释法准确测定食品中 2,3,7,8 位氯取代的 PCDD/Fs 和 DL-PCBs 的含量；并以各目标化合物的毒性当量因子与所测得的含量相乘后累加，得到样品中二噁英及其类似物的毒性当量。该方法对多种食品基质中 PCDD/Fs 和 DL-PCBs 的提取、净化、测定和质控措施分别进行了规定。

3.2.1　提取

GB 5009.205—2013 中规定了 3 种备选提取方法：索氏提取法、液-液萃取法(LLE)、加速溶剂萃取法(ASE)或加压液体提取法(pressurized liquid extraction，PLE)。索氏提取法使溶剂反复循环浸泡样品，循环速度为 3~4 次/h，适用于固体样品，但耗时较长，为 18~24 h。液体样品如液体奶可以采用 LLE，操作较为简单,但可能发生乳化现象及需要烦琐的手动操作。ASE/PLE 则是在高温高压下对样品进行提取,虽然仪器成本相对较高,但可实现自动化操作并节省时间和溶剂用量。此外,在样品提取前,也可以先用冻干法去除样品中的水分然后采用索氏提取法或 ASE/PLE 进行提取。

3.2.2 净化

在二噁英及其类似物测定中,基质干扰往往比目标分析物的浓度高出几个数量级。在样品最终检测和定量分析前,需要经过多步净化。在 GB 5009.205—2013 中规定了多种传统柱色谱净化方法和全自动净化方法供选择。

(1) 食品样品尤其是动物源性食品中通常含有较高含量的脂肪,提取液中的脂肪可通过硫酸或 44%(质量分数)硫酸硅胶或凝胶渗透色谱予以去除。

(2) 应用硫酸硅胶、NaOH 硅胶、硝酸银硅胶及中性硅胶对提取液做进一步净化后,应用碱性氧化铝吸附提取液中 PCDD/Fs 和 DL-PCB 后,再分别以甲苯和正己烷:二氯甲烷(1:1,体积比)混合液进行洗脱并收集,随后,含有 PCDD/Fs 和 DL-PCBs 的组分用碱性氧化铝做进一步净化后,待测。

(3) 也可以采用其他备选方法对除脂后的提取液进行净化,如活性炭柱可用于对提取液中 PCDD/Fs 和共平面 PCBs 进行净化,弗洛里硅土柱可用于 PCDD/Fs 的净化。

(4) 也可采用全自动净化系统进行自动净化分离,提高重现性和准确度。全自动样品净化系统的自动净化分离原理与传统的柱色谱方法相同,该系统使用三根一次性商业化净化柱,依次为多层硅胶柱、碱性氧化铝柱和活性炭柱,整个净化过程通过计算机按设定程序控制往复泵和阀门进行。

3.2.3 测定

当样品提取完成并且去除干扰成分后,先经气相色谱法色谱分离后再由高灵敏度质谱(mass spectrum,MS)进行特异性检测。GB 5009.205—2013 中规定了采用不分流进样后用非极性色谱柱(含 5%苯基的甲基硅氧烷,如 DB-5MS 柱等)分离,以高分辨质谱(HRMS)进行精确质量数测定,然后采用同位素稀释技术进行准确定量。在二噁英及其类似物的分析测定中,即使样品净化得较为彻底,并在高效气相色谱上完成分离后,仍存在较高的基质干扰风险,因此质谱分辨率的最低限应该设在 10 000(峰谷的 10%),可以满足 4~8 个取代基的同类物中 0.03~0.05 Da 的分辨能力。此外,HRMS 也具有在目标化合物的质谱中监测其特征离子的能力且具备高灵敏度,可定量检测飞克数量级的 2,3,7,8-TCDD。这些性能是其他方法无法比拟的,所以高分辨气相色谱-高分辨质谱(HRGC-HRMS)方法被称作二噁英及其类似物检测的参考方法或"黄金标准方法"。另外,为了保证质谱检测时质量数的准确性,每次分析时都需要测定参考气[全氟煤油(PFK)或全氟三丁胺(FC43)]中特定锁定质量并进行锁定质量的校正,锁定质量应在测量质量的范围内。考虑到单位时间内测定的离子数目是有限的,若要得到准确的定量结果,每个色谱峰上至少要分布10个采样点,只有这样才能得到呈高斯分布的峰形,因此,要将选择的所有离子分散在几个扫描时间段内。

二噁英及其类似物的同分异构体的分离是依靠高分辨气相色谱(HRGC)来实现的,目标物和其所对应的同位素标记的内标的保留时间之差要在 2 s 之内。为准确定性,无论是目标物还是同位素标记化合物,监测离子中 2 个最大响应离子的同位素组成必须在理论丰度比的±15%范围内(具体数值参见 GB 5009.205—2013)。同位素稀释技术的应用增强了 MS 定量分析的准确性。该技术利用同位素标记的化合物与天然未标记的化合物的特性几乎完全相同且在 MS 测定中又可以通过标记化合物和天然化合物分子质量的差距加以区分的特点,对 PCDD/Fs 和 DL-PCBs 的定量过程进行校正。

上述测定方法也是目前国际认可的食品中 PCDD/Fs 和 DL-PCBs 的测定方法,如美国环境保护署方法(EPA 1613 方法和 EPA 1668A 方法)和欧盟方法(EN 16215)。近来,随着技术进步,文献中报道的一些其他气相色谱-质谱联用方法也可用于食品中二噁英及其类似物的分析测定,如气相色谱-离子阱质谱联用方法、气相色谱-三重四极杆串联质谱联用方法等。2014 年欧盟发布法规认为随着技术发展和进步,与 HRGC-HRMS 方法一样,气相色谱-串联质谱(GC-MS/MS)方法也可作为确认方法用于食品中二噁英及其类似物的分析测定。另外,二噁英及其类似物的测定还可以通过多种生物分析方法进行,其中化学激活萤光素酶基因表达(chemical activated luciferase gene expression,CALUX)法广泛用于食品样品的筛查。在进行食品样品中二噁英及其类似物的官方监测时,如果某个样品用筛查方法测出阳性结果,则需要用 HRGC-HRMS 方法来进行验证。

3.3　食品中二噁英类物质含量水平

由于二噁英类物质可以通过食物链富集,因此通过膳食摄入是一般人群摄入二噁英物质的主要途径。二噁英类物质具有强脂溶性,由摄食动物源性食品而导致的二噁英类物质摄入在膳食暴露中具有突出地位。食品尤其是动物源性食品中二噁英类物质污染水平以及膳食暴露水平受到社会的广泛关注。为此,国内外相继开展了一系列针对各种食品基质(主要是动物源性食品)中二噁英类物质污染状况及居民经由膳食摄入二噁英类物质情况的研究工作,为正确了解二噁英类物质环境污染状况、人体暴露来源及相关政策法规的制定提供了重要科学依据。

鉴于技术和历史原因,西方发达国家较早地开展了食品中二噁英类物质的检测工作。来自比利时、加拿大、日本、美国、德国、法国、英国等的数据显示,截至20世纪末多种食品中二噁英类物质的污染水平呈下降趋势,但少数国家可能由于饲料污染导致某些食物种类中二噁英类物质的下降趋势变缓甚至逆转[7]。总体而言,鱼类中二噁英含量最高,蛋类、肉类和乳制品次之,动物源性食品中污染水平远高于植物源性食品,此外,脂肪及油(植物油)中也检出较高含量的二噁英[7]。1999年比利时发生震惊世界的二噁英污染事件,此后,二噁英污染问题引起了整个国际社会的广泛关注,国际上相继开展了一系列研究对食品中二噁英污染情况进行监测。

3.3.1 鱼、贝等水产品

水产品中二噁英类物质污染水平因其产地和种类不同而存在极大差异[8]。Taioli 等[9]对意大利多种鱼中的 PCDD/Fs 进行了测定,结果显示鳗鱼中含量最高而鲑鱼中含量最低,分别为 1.11 pg TEQ/g fw(fresh weight,鲜重)和 0.18 pg TEQ/g fw。Karl 等[10]对德国多种市售海产鱼类及其制品(罐装)中 PCDD/Fs 进行了测定,结果显示污染水平最高的是捕自波罗的海的鲱鱼和北海的大比目鱼,分别为 1.91 pg TEQ/g fw 和 1.49 pg TEQ/g fw,最低的为无须鳕鱼和明太鱼,分别为 0.005～0.0006 pg TEQ/g fw 和 0.007 pg TEQ/g fw。Knutzen 等[11]测定了挪威多种海产品中 PCDD/Fs 和 DL-PCBs 的含量,海产品可食部分中 PCDD/Fs 含量为 0.85 pg TEQ/g fw(鳕鱼)至 28.0 pg TEQ/g fw(小比目鱼),此外,鳕鱼肝中检出高含量 PCDD/Fs,达 587 pg TEQ/g fw。当将 DL-PCBs 包括在内时,可食部分中含量最高的为小比目鱼和牡蛎,分别为 33.5 pg TEQ/g fw 和 1.6 pg TEQ/g fw。Bocio 等[12]于 2005 年 3～4 月从西班牙加泰罗尼亚地区多个城市市场上随机采集了 14 种可食海产品,包括沙丁鱼、金枪鱼、凤尾鱼、鲭鱼、刀鱼、鲑鱼、无须鳕鱼、红鲣、鲽鱼、墨鱼、鱿鱼、蛤类、牡蛎和虾等,以测定二噁英类物质,结果显示含量最高的为红鲣(4.65 pg TEQ/g fw),其他海产品中二噁英类物质含量范围为 0.05 pg TEQ/g fw(墨鱼)至 1.42 pg TEQ/g fw(沙丁鱼)。Llobet 等[13]对 2006 年重新采集上述 14 种水产品种的二噁英类物质进行测定,结果显示污染水平最高的仍为红鲣(4.18 pg TEQ/g fw),其他海产品中二噁英类物质含量范围为 0.047 pg TEQ/g fw(墨鱼)至 1.34 pg TEQ/g fw(凤尾鱼)。绝大多数鱼类中总 TEQ 的贡献主要来自于 DL-PCBs,墨鱼和虾则主要来自 PCDD/Fs[13, 14]。此外,Hites 等[15]对欧洲和北美洲饲养的鲑鱼中的二噁英类物质污染水平作了比较研究,结果显示不同产地的鲑鱼中二噁英类物质污染水平存在明显差别,大体上,饲养的鲑鱼中污染水平高于野生鲑鱼,而欧洲的饲养鲑鱼中污染水平要显著高于北美洲的饲养鲑鱼。Munschy 等[16]则对 1981～2005 年在法国沿海多个采样点采集的牡蛎样品中二噁英类物质含量进行了测定,结果显示重污染地区牡蛎中污染水平显著高于其他地区,绝大多数采样点的牡蛎样品中二噁英污染呈明显下降趋势。

在多项以评价膳食暴露为目的的市场菜篮子研究或总膳食研究中,鱼或水产品及其制品都作为一类重要食品而包含在内。在芬兰,Kiviranta 等[17]对由大马哈鱼、虹鳟鱼、金枪鱼、绿青鳕、波罗的海鲱鱼和白鲑鱼构成的混样进行了测定,鱼中二噁英类物质含量明显高于其他样品,达 3.5 pg TEQ/g fw。Focant 等[18]对 2000~2001 年比利时包括鱼类在内的多种市售食品中二噁英类物质进行测定,结果显示海产鱼,如鲭鱼(6.2 pg TEQ/g fw)中污染水平显著高于淡水鱼。就其二噁英类物质同系物构成而言,水生生物中同系物构成与乳、肉类和蛋类等陆地生物(不包括植物)样品存在明显差别,此外,对总 TEQ 的贡献也存在差别,陆生生物主要来自 1,2,3,7,8-PeCDD 和 2,3,4,7,8-PeCDF,约占 74%,而在水生生物中 2,3,7,8-TCDD/F 则占到较大比重(49%)。近来,Windal 等[19]对 2008 年比利时多种鱼类混样中二噁英类物质进行了测定,含量范围为 0.01 pg TEQ/g fw(鳕鱼和金枪鱼)至 1.35 pg TEQ/g fw(鲱鱼),脂肪含量高的鱼(如鲱鱼)污染水平明显要高于脂肪含量少的鱼(如鳕鱼和金枪鱼),贝类也具有较高污染水平。荷兰相关研究显示,荷兰多种市售水产品二噁英类物质含量均数范围为 0.02~2.50 pg TEQ/g fw,污染水平最高的为虾、鳗鱼和鲱鱼,最低的为含脂肪少的鱼[20]。在希腊,Papadopoulous 等[21]分别测定了野生和饲养鱼中二噁英污染水平,结果显示野生鱼和饲养鱼中 PCDD/Fs 含量分别为 0.12 pg TEQ/g fw 和 0.47 pg TEQ/g fw,而 DL-PCBs 的含量则为 0.33 pg TEQ/g fw 和 1.19 pg TEQ/g fw。法国国家监测数据显示水产品中海鱼和淡水鱼中污染水平最高,均数分别为 2.72~2.89 pg TEQ/g fw 和 2.73 pg TEQ/g fw,鱿鱼等头足类和饲养鳟鱼中最低,分别为 0.73 pg TEQ/g fw 和 0.75 pg TEQ/g fw[22]。随后,法国第二次总膳食研究数据显示鱼类和虾蟹贝等其他水产品中二噁英类物质的平均含量分别为 0.652 pg TEQ/g fw 和 0.480 pg TEQ/g fw,鱼类是所有食品种类中污染水平最高的[23]。在加拿大,Rawn 等[24]对零售市场水产品中的 PCDD/Fs 和 PCBs 进行了测定,总 TEQ 的几何均数范围为 0.06 pg TEQ/g fw(饲养虾)至 1.1 pg TEQ/g fw(饲养鲑鱼),水产品的脂肪含量与 PCBs 总量呈正相关,但与 PCDD/Fs 之间无相关性。Godliauskiene 等[25]发现 2005~2011 年捕获自波罗的海的鲱鱼、鲑鱼和黍鲱中污染水平与捕获地区密切有关,未见明显时间变化趋势,此外,波罗的海鳕鱼肝中污染水平显著高于其他鱼肉中水平(51.64~82.67 pg TEQ/g fw vs. 3.4~11.96 pg TEQ/g fw)。在日本,Sasamoto 等[26]对 1999~2004 年日本市售水产品中二噁英物质进行了测定,污染物水平由 1999 年的 0.99 pg TEQ/g fw 降至 2001 年的 0.44 pg TEQ/g fw,随后又升至 2004 年的 0.91 pg TEQ/g fw。各同系物中总 TEQ 贡献主要来自于 DL-PCBs,其中 PCB-126 贡献最大,约占总 TEQ 的 50%,且 DL-PCBs 的贡献每年都在增加[26]。捕获自韩国沿岸的海产品中 PCDD/Fs 含量为 0.02~4.39 pg TEQ/g fw,DL-PCBs 含量为 0.008~0.6 pg TEQ/g fw,污染水平最高的为螃蟹等甲壳类[27]。

我国开展相关研究相对较晚且数据比较有限。Li 等[28]对 2000 年第三次中国 TDS 的混合膳食样品中二噁英类物质进行了测定,水产品中污染水平显著高于其他动物源性食品,含量范围为 0.23～0.44 pg TEQ/g fw,北方水产样品中总 TEQ 主要来自 DL-PCBs,而南方水产样品中总 TEQ 则主要来自 PCDD/Fs。Zhang 等[29]对深圳市售多种食品中二噁英类物质含量进行了测定,水产品中二噁英类物质含量范围为 0.098～2.81 pg TEQ/g fw,中位数为 0.34 pg TEQ/g fw,与 2000 年第三次 TDS 结果相近。

3.3.2 肉类、蛋类和乳制品等其他动物源性食品

肉类、蛋类等动物源性食品源于陆生动物,因其生长环境的不同,通常与水产品相比在污染水平、同系物特征等方面存在较大差异。此外,因这些样品中脂肪含量较高,有些研究中以脂肪量来对二噁英类物质含量数据进行校正,导致不同研究之间数据可比性较差。比利时一项较早的研究发现不同种类肉中污染水平差异较大,最高为马肉(均值为 19.38 pg TEQ/g 脂肪),猪肉中最低(0.19 pg TEQ/g 脂肪),这可能与马的生命较长有关[18]。随后,Windal 等[19]对 2008 年比利时市售肉类及其制品中二噁英类物质污染水平进行了分析,结果显示马肉中污染水平仍为最高,为 6.0 pg TEQ/g 脂肪,鸡肉和鸭肉中最低,为 0.26 pg TEQ/g 脂肪,此外,该研究还发现蛋类中污染水平会受到饲养方式的影响。Baars 等[30]对 1999 年荷兰食品样品中二噁英污染水平进行分析,肉类中猪肉样品也处在最低水平(0.47 pg TEQ/g 脂肪),最高为禽肉(2.78 pg TEQ/g 脂肪),而蛋类也处在较高水平(2.39 pg TEQ/g 脂肪),与禽肉接近,可能与饲料来源有关。De Mul 等[20]对 2004 年荷兰市售多种肉类食品进行分析,按鲜重计范围为 0.04 pg TEQ/g fw(禽肉)至 0.18 pg TEQ/g fw(牛肉),经脂肪校正后则为 0.27 pg TEQ/g fw(混合肉类)至 1.125 pg TEQ/g 脂肪(牛肉),猪肉和禽肉分别为 0.35 pg TEQ/g 脂肪和 0.44 pg TEQ/g 脂肪,蛋类仍处于较高污染水平,为 1.2 pg TEQ/g 脂肪,但与前述研究比有一定下降。芬兰一项市场菜篮子研究中,肉类和蛋类为一个市场菜篮子,二噁英类物质含量为 0.03 pg TEQ/g fw(0.26 pg TEQ/g 脂肪)[17]。瑞典市售肉类制品中二噁英类物质的平均含量为 0.022 pg TEQ/g fw[31]。法国第二次总膳食研究结果显示,肉、禽、内脏、肉制品中二噁英类物质含量分别为 0.055 pg TEQ/g fw、0.027 pg TEQ/g fw、0.159 pg TEQ/g fw、0.050 pg TEQ/g fw,经脂肪校正后为 0.44 pg TEQ/g 脂肪、0.29 pg TEQ/g 脂肪、2.1 pg TEQ/g 脂肪、0.19 pg TEQ/g 脂肪,蛋类及其制品中污染水平与禽肉接近(0.031 pg TEQ/g fw,0.27 pg TEQ/g 脂肪)[23]。希腊市售牛肉、羊肉和猪肉中污染水平接近,均数分别为 0.96 pg TEQ/g 脂肪、0.84 pg TEQ/g 脂肪和 1.08 pg TEQ/g 脂肪,禽肉中污染水平较低,为 0.36 pg TEQ/g 脂肪,此外,牛肝中检出较高含量二噁英,达 1.64 pg TEQ/g 脂肪,且主要来自于 PCDD/Fs 的贡献(98%),这与牛肉

存在较大差别。Taioli 等[9]发现意大利市售牛肉、猪肉和禽肉中 PCDD/Fs 平均含量接近，但同类肉类样品中污染水平差异巨大，分别为 (0.16 ± 0.26)（均数±标准差，下同）pg TEQ/g fw、(0.11 ± 0.19) pg TEQ/g fw、(0.13 ± 0.26) pg TEQ/g fw。在另一项意大利的研究中，禽肉、牛肉、猪肉中二噁英类物质平均含量分别为 1.45 pg TEQ/g 脂肪、1.68 pg TEQ/g 脂肪和 0.44 pg TEQ/g 脂肪（0.087 pg TEQ/g fw、0.084 pg TEQ/g fw、0.03 pg TEQ/g fw），蛋类高于禽类，为 1.83 pg TEQ/g 脂肪，内脏中污染水平最高，达 6.0 pg TEQ/g 脂肪[32]。在西班牙加泰罗尼亚地区，Llobet 等[13]将肉类食品按种类制成 9 个混合样品后测定 PCDD/Fs 和 DL-PCBs 的含量，含量范围为 0.014 pg TEQ/g fw（牛扒）至 0.104 pg TEQ/g fw（汉堡），平均水平为 0.036 pg TEQ/g fw。在西班牙瓦伦西亚地区，Marin 等[33]也对 4 种 40 个市售肉制品进行了分析测定，二噁英类物质平均含量为 0.63 pg TEQ/g 脂肪，范围为 0.14~6.60 pg TEQ/g 脂肪，蛋类平均水平与之接近，为 0.75 pg TEQ/g 脂肪。Fernandes 等[34]对英国市售动物内脏及其制品中二噁英污染水平进行了分析，肝脏中污染水平远高于肾、心等内脏及其制品，肝中二噁英类物质含量范围为 2.83 pg TEQ/g 脂肪（猪肝）至 68.2 pg TEQ/g 脂肪（鹿肝）。总体上来说，欧洲国家肉类制品中二噁英污染水平自 20 世纪末以来发生较大下降，除少数样品，如马肉外，肉制品（不包括内脏）的污染水平主要受产地影响，内脏及其制品中二噁英污染水平明显高于牛肉、猪肉、羊肉和禽肉等，而脂肪校正后的蛋类制品中污染水平则与禽肉接近，通常处于较高水平。

美国于 20 世纪 90 年代中期、2002~2003 年和 2007~2008 年分别开展了肉类和禽类中二噁英类物质污染水平的国家监测，最近一次的监测结果显示牛肉、火鸡、鸡肉和猪肉中二噁英类物质平均含量分别为 0.66 pg TEQ/g 脂肪、0.61 pg TEQ/g 脂肪、0.17 pg TEQ/g 脂肪和 0.16 pg TEQ/g 脂肪，与前两次结果相比，污染水平呈现缓慢下降趋势，并且 2002~2008 年肉类样品中二噁英类物质污染的同系物轮廓基本保持稳定，表明在此期间全美动物受到相似暴露[35, 36]。

乳及乳类制品中二噁英类物质污染水平同样受产地影响，同时不同形态乳制品之间污染水平也存在差别，通常固态乳制品，如黄油、乳酪等污染水平要高于液态乳。De Mul 等[20]发现比利时市售黄油中二噁英类物质高达 1.50 pg TEQ/g fw，乳酪和液态乳中分别为 0.28 pg TEQ/g fw 和 0.01pg TEQ/g fw，以脂肪校正后含量分别为 1.85 pg TEQ/g 脂肪、0.9 pg TEQ/g 脂肪、1.0pg TEQ/g 脂肪。芬兰市场菜篮子研究结果显示液态乳制品和固态乳制品中二噁英类物质含量分别为 0.0049 pg TEQ/g fw 和 0.042 pg TEQ/g fw，但经过脂肪校正后含量接近，分别为 0.25 pg TEQ/g 脂肪和 0.2 pg TEQ/g 脂肪[17]。但希腊市售乳制品中黄油和乳酪污染水平最高，分别为 1.11 pg TEQ/g 脂肪和 1.16 pg TEQ/g 脂肪，液态乳如酸奶和牛乳中为 0.85 pg TEQ/g 脂肪和 0.57 pg TEQ/g 脂肪，乳粉中最低，为 0.44 pg TEQ/g 脂肪[21]。Llobet 等[13]也发现西班牙加泰罗尼亚市售固态乳制品，如乳酪中污染水平比其他液态乳或乳制品高约一个数量级（0.18 pg TEQ/g fw *vs.* 0.01~0.032 pg TEQ/g fw），但未给出脂肪校正后结果。瑞典一项市场菜篮子研究中乳制品中二噁英类物质平均含量为 0.015 pg TEQ/g fw[31]。但在 2008 年，Windal 等[19]则发现比利时市售液态乳中含量最高，为 1.99 pg TEQ/g 脂肪。法国第二次总膳食研究结果也表明脂肪校正后液态乳中二噁英含量高于乳酪等（1.25 pg TEQ/g 脂肪 *vs.* 0.67 pg TEQ/g 脂肪）[23]。此外，不同液态乳中含量也可能存在差别，Taioli 等[9]研究发现牛乳中污染水平高于其他乳（均值：0.071 pg TEQ/g fw *vs.* 0.02 pg TEQ/g fw），但其他乳样品较少，可能会导致代表性较差。

3.3.3 植物源性食品

植物源性食品因其处于食物链底层，其污染水平通常较低，考虑到二噁英类物质的强脂溶性，早期研究很少对其污染水平进行关注，但随着检测能力的提高，又加上较高的消费量，植物源性食品中二噁英类物质污染对人体暴露贡献也越来越受到科学界的重视。荷兰膳食研究中发现谷物制品、水果制品中二噁英类物质含量为 0.01 pg TEQ/g fw，蔬菜中含量范围为 0.000 03~0.003 pg TEQ/g fw，最高为甘蓝（0.09 pg TEQ/g fw），需要注意的是，因为植物源性食品中二噁英类物质检出率很低，未检出（ND）同系物的处理方式将极大影响样品中二噁英类物质含量数值，将 ND 规定为"1/2LOD"时可能会比 ND 规定为"0"时高 1~3 个数量级[20]。本文中默认 ND 规定为"0"，防止过高地估计植物源性食品中二噁英污染水平。芬兰一项市场菜篮子研究表明，谷物制品、薯类制品、蔬菜、水果、饮料和调料以及糖等植物性食品中二噁英类物质的含量分别为 0.01 pg TEQ/g fw、0.0006 pg TEQ/g fw、0.0078 pg TEQ/g fw、0.0025 pg TEQ/g fw、0.000 58 pg TEQ/g fw，谷物制品和蔬菜中污染水平要高于液态奶中污染水平（按鲜重计）[17]。此外，西班牙、法国、意大利的一些研究也对植物源性食品中二噁英类物质污染水平进行了分析[23,37,38]。

3.3.4 我国食品中二噁英及其类似物含量水平

自 20 世纪 90 年代以来，我国连续开展了多次全国总膳食研究，即通过测定经过烹调加工的、可食状态的代表性膳食中的各种化学成分（污染物和营养素）的含量水平，结合膳食消费量来研究和估计某一人群的经膳食暴露水平，该方法既能较好地解决人群针对性，又能将样品经过烹调加工后进行测定，还可覆盖较多的调查对象。其中 2007 年第四次全国总膳食研究和 2009~2011 年第五次全国总膳食研究中分别测定了 8 类膳食样品：水产食品、肉类及其制品、蛋类及其制品、乳及乳制品、谷类及其制品、豆类及其制品、薯类及其制品、蔬菜样品中的二噁英及其类似物，结果见表 3-2。我国动物源性食品中二噁英类化合物污染水平明显高于植物源性食品，其中，水产食品中含量最高，而乳及乳制品次之，肉类和蛋类污染水平相当。总体上，我国人群代表性膳食中二噁英及其类似物含量水平呈现下降趋势。

表 3-2 总膳食研究膳食样品中二噁英及其类似物含量（中位数，单位：pg TEQ/g 烹调后样品）

样品来源	2007 年样品中的含量	2009~2011 年样品中的含量
水产食品	0.32（0.21~0.38）	0.17（0.12~0.36）
肉类及其制品	0.12（0.10~0.14）	0.10（0.06~0.13）
蛋类及其制品	0.14（0.10~0.16）	0.07（0.05~0.10）
乳及乳制品	0.12（0.09~0.15）	0.11（0.06~0.13）
谷类及其制品	0.003（0.001~0.005）	0.005（0.005~0.006）
豆类及其制品	0.008（0.007~0.010）	0.006（0.005~0.009）
薯类及其制品	0.009（0.007~0.014）	0.020（0.015~0.027）
蔬菜	0.010（0.006~0.021）	0.012（0.009~0.022）

注：括号中为四分位数间距；采用 WHO-TEF 1998 计算总 TEQ；未检出的同类物的值设为该物质的检出限。

3.4 二噁英类物质膳食摄入情况

经由膳食摄入导致二噁英类物质暴露是非职业暴露人群的主要暴露来源，一些国家和地区相继开展相关研究对当地居民膳食暴露进行估计并评估潜在健康风险（表 3-3）。从不同国家和地区的数据来看，二噁英类物质的膳食摄入水平和主要膳食来源各有不同。

表 3-3 当前二噁英类化合物膳食暴露评估相关研究比较

国家/地区	采样年份	膳食摄入/[pg TEQ /(kg bw·d)]	WHO-TEF	研究方法	参考文献
瑞典	2005	0.7	TEF1998	市场菜篮子/单个样品/ND=$\frac{1}{2}$LOD	[31]
比利时	2008	0.72	TEF1998	总膳食研究/混合膳食样品/ND=$\frac{1}{2}$LOD	[19]
荷兰	2001~2004	0.8	TEF1998	市场菜篮子/鱼和蔬菜为单个样品，其余为混样/ND=0	[20]
法国	2006~2007	0.57	TEF1998	总膳食研究/单个样品/ND=$\frac{1}{2}$LOD	[23]
西班牙加泰罗尼亚	2008	0.75	TEF2005	市场菜篮子/混合膳食样品/ND=$\frac{1}{2}$LOD	[38]
西班牙瓦伦西亚	2006~2008	2.86	TEF1998	监测数据/单个样品/ND=LOD	[33]
意大利		2.28	TEF1998	总膳食研究/ND=LOD	[32]
日本大阪	2002	2.68	TEF1998	市场菜篮子/混合膳食样品/ND=$\frac{1}{2}$LOD	[41]
日本东京	2004	2.20	TEF1998	市场菜篮子/混合膳食样品/ND=$\frac{1}{2}$LOD	[26]
日本	2006	0.65	TFP1998	双份饭/ND=0	[42]

续表

国家/地区	采样年份	膳食摄入/[pg TEQ/(kg bw·d)]	WHO-TEF	研究方法	参考文献
中国深圳	2004～2006	1.36	TEF1998	市场菜篮子/单个样品/ND=$\frac{1}{2}$LOD	[29]
中国香港	2010	0.73	TEF2005	总膳食研究/混合膳食样品/ND=$\frac{1}{2}$LOD	[43]
中国台湾	2003	1.49(男)/1.32(女)	TEF1998	总膳食研究/混合膳食样品/ND=LOD	[44]
中国	2007	0.71	TEF1998	总膳食研究/混合膳食样品/ND=LOD	[45]

2010年法国第二次总膳食研究分别评估了成年人和青少年的二噁英类物质膳食摄入量[23]。以毒性当量计，成年人平均摄入量为 0.57 pg TEQ/(kg bw·d)，青少年平均摄入量为 0.89 pg TEQ/(kg bw·d)。总体上，研究获得的一般人群的摄入量比法国食品卫生安全局（Agence Française de Sécurité Sanitaire des Aliments，AFSSA）于 2005 年进行的暴露评估研究结果的数值低 2.9～3.2 倍，表明法国居民的二噁英类物质膳食摄入量呈明显下降趋势[23]。成人和青少年二噁英类物质膳食暴露都主要来自于鱼以及乳酪、黄油等乳制品的食用，总贡献率>50%，此外，从整个人群考虑，约 4%的法国人口的膳食暴露量超过联合国粮农组织/世界卫生组织下的食品添加剂联合专家委员会规定的暂定每月可耐受摄入量[23]。Perelló等[38]对 2008 年西班牙加泰罗尼亚地区的居民通过不同食品摄入 PCDD/Fs 和 DL-PCBs 的水平进行了评估。结果显示，当地居民二噁英类物质的膳食摄入量为 0.60 pg TEQ/(kg bw·d)。这一数值明显低于 2006年 1.12 pg TEQ/(kg bw·d) 和2000 年 3.51 pg TEQ/(kg bw·d) 的摄入水平。该地区 PCDD/Fs 的膳食来源主要是鱼和海鲜类食品(28.0%)、乳制品(15.4%)和油及脂肪类食品(10.6%)。DL-PCBs 有着相似的来源，主要是鱼和海鲜类(58.6%)及乳类食品(8.9%)。通过蔬菜、水果、豆类食品摄入的水平较低。在另外一个关于加泰罗尼亚地区有害物质焚烧炉周边居民二噁英类物质膳食摄入的研究中，尽管当地居民对二噁英有更高的膳食摄入水平，但也同样发现随着年份增加，当地居民的二噁英经膳食摄入水平也有明显下降[39]。芬兰居民的二噁英膳食摄入量在 20 世纪 90 年代平均每年下降 6%，在 2000 年左右下降到 1.5 pg TEQ/(kg bw·d)，鱼类和鱼类制品是主要膳食来源(60%～95%)[40]。比较不同时期开展的关于比利时居民二噁英类物质膳食摄入的数据，2002～2008 年，下降趋势也很明显，从 2.53 pg TEQ/(kg bw·d) 下降到 0.72 pg TEQ/(kg bw·d)[18, 19]。比利时居民摄入这类物质的来源与西班牙居民稍有不同。对于成年人群，奶制品的贡献率接近 50%，显著超过了鱼类约 20%的贡献率，体现了不同膳食结构对膳食暴露的影响。Törnkvist 等[31]通过测定动物源性食品和脂肪/油等食品中二噁英类化合物对 2008 年瑞典普通人群膳食暴露情况进行了估计，为 0.7 pg TEQ/(kg bw·d)，主要来自于鱼和乳制品，贡献率分别为 49%和 22%。

在发达国家中，日本的二噁英类物质的污染比较严重，其居民对这类物质的膳食摄入水平较高。Nakatani 等[41]调查了大阪市居民 2000～2002 年二噁英类物质的膳食摄入水平，分别为 2.79 pg TEQ/(kg bw·d)、2.24 pg TEQ/(kg bw·d) 和 2.68 pg TEQ/(kg bw·d) (ND=$\frac{1}{2}$LOD)。与其他研究结果不同，该研究中并未发现明显的下降趋势。鱼肉和鱼肉制品是主要来源(77%～92%)，其次是肉类和蛋类。此外，此研究受未检出同系物影响较大，当进行下限估计时(ND=0)，2002 年膳食暴露结果为 1.75 pg TEQ/(kg bw·d)，下降 34.7%[41]。Sasamoto 等[26]调查了东京市民 1999～2004 年二噁英类物质的摄入水平，分别为 2.66 pg TEQ/(kg bw·d)、2.35 pg TEQ/(kg bw·d)、1.76 pg TEQ/(kg bw·d)、2.22 pg TEQ/(kg bw·d)、2.25 pg TEQ/(kg bw·d)、2.20 pg TEQ/(kg bw·d) (ND=1/2LOD)，也未见明显的下降趋势。Arisawa 等[42]则采用双份研究方法对日本 2002～2006 年膳食暴露水平进行了研究，分别为 1.27 pg TEQ/(kg bw·d)、1.32 pg TEQ/(kg bw·d)、1.02 pg TEQ/(kg bw·d)、1.01 pg TEQ/(kg bw·d)、0.65 pg TEQ/(kg bw·d)，存在明显的下降趋势，但此结果为下限估计结果，可能存在一定程度的过低估计。

二噁英类物质膳食摄入量受到食品污染水平和食物消费量两个方面的影响。因此获得食品中这些物质的含量并不意味着了解了膳食摄入情况。Son 等[46]开展了有关韩国居民二噁英类化合物膳食摄入的研究。在对 40 种不同食品中 PCBs 进行检测后发现，它们在大米中含量最低，鱼中含量最高。但是，经过计算后得到的大米和鱼类的 PCBs 膳食摄入量分别为 3.008 ng/(kg bw·d) 和 0.175 ng/(kg bw·d)。其主要原因是被调查人群膳食结构中大米消费量远远高于鱼类食品。在同一个地区，不同人群的二噁英类物质膳食摄入量也会因消费量的差别存在明显不同。最近，奥地利完成了首次居民二噁英类物质膳食摄入水平监测，该项监测(2005～2011 年)分析了 235 份动物源性食品的二噁英类物质含量[47]。据此获得的奥地利儿童、成年女性和成年男性的摄入量分别是 0.77 pg TEQ/(kg bw·d)、0.75 pg TEQ/(kg bw·d) 和 0.61 pg TEQ/(kg bw·d)。乳和乳制品、鱼肉和鱼肉制品是儿童(65%和 15%)和成年女性(67%和 14%)的主要摄入来源，成年男性的主要摄入来源是肉类和内脏(63%和 19%)。不同人群对这些食品消费量的差别是造成差异的主要原因。

我国针对居民膳食二噁英类物质暴露及健康风险评估开展的相关研究相对缺乏，少数研究也主要集中于某几个地区或城市，数据缺乏代表性[48,49]。近年来，随着我国 TDS 的开展，我们才能对我国的相关基本情况有所了解和认识。Li 等[28]通过对 2000 年第三次中国总膳食研究中动物源性膳食样品中的二噁英类物质进行测定，结合膳食消费量数据，首次获得了具有代表性的我国居民二噁英类物质膳食摄入量，远低于 JECFA 推荐的暂定每月可耐受摄入量(PTMI)[pg TEQ/(kg bw·月)][7]。最近，根据 2009～2011 年第五次全国总膳食研究结果，我国成人经动物源性膳食的二噁英及其类似物的摄入水平的中位数为 10.5 pg TEQ/(kg bw·月)[IQR：5.9～23.9 pg TEQ/(kg bw·月)]，具体数据见图 3-2。总体上，东部沿海省份经膳食摄入水平较高，而西北内陆地区则较低。这种差异性还表现在不同类别食品对二噁英及其类似物膳食暴露的贡献率上，不同地区不同种类食品对二噁英及其类似物摄入的贡献存在较大差异。在平均水平上，水产食品和肉类及其制品是我国成人二噁英及其类似物暴露的主要膳食来源。

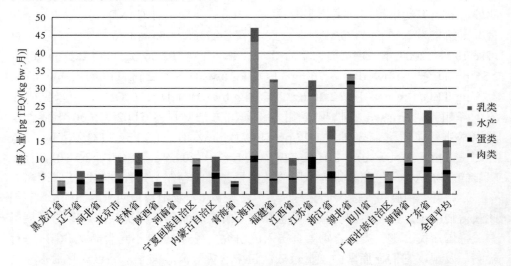

图 3-2　我国不同地区成人经膳食摄入二噁英及其类似物水平及全国平均情况

与其他国家或地区相比，我国成人膳食二噁英类物质摄入的平均水平普遍低于其他发达国家和地区(参见表 3-3)，说明我国当前膳食二噁英类物质摄入量仍处于较低水平。但我国幅员辽阔、经济发展极不平衡以及饮食习惯的极大差异，导致我国不同地区间膳食暴露水平存在较大差别，一些经济发达和高度工业化地区膳食暴露量已经高于大多数发达国家。但需要注意的是，在将不同膳食暴露研究结果进行比较时要对数据结果谨慎对待，因为不同的研究之间往往存在一些差异，如样品采集时间、方法学差异如市场菜篮子研究还是 TDS、食品样品烹饪与否、未检出结果如何处理、食品种类选择等都会对最终的评估结果产生影响。

3.5　二噁英类物质人体负荷情况

机体负荷水平反映了机体体内暴露水平，是产生健康效应的有效暴露剂量，乳汁、血液和脂肪组织等人体生物样品都可作为表征机体负荷水平的基质而用于二噁英类物质的分析测定。其中，母乳具有以下优点：脂肪含量高、易于获得、不会对提供者造成损伤、易于储存、可用于评价哺乳期婴幼儿膳食暴露水平等，所以世界卫生组织认为母乳是理想的生物标志物,并在二噁英类物质等持久性有机污染物的人体监测中推荐使用母乳[50]。人体负荷水平监测是了解二噁英类物质环境污染和健康影响状况的有效手段,为此,一些国家和地区相继开展了以母乳为基质的二噁英类物质机体负荷研究,Ulaszewska 等就相关研究及可能影响母乳中二噁英类物质含量的相关因素作了综述[51]。

瑞典开展了系列研究,对母乳中二噁英类物质含量进行了长期连续监测,1972~1997 年,母乳中二噁英类物质含量(总 TEQ)约每 15 年下降一半,至 1996~1997 年,瑞典母乳中 PCDD/Fs 和 PCBs 的含量分别为 14.66 pg TEQ/g 脂肪和 14.76 pg TEQ/g 脂肪,对 TEQ 贡献主要是 PCB-126 和 2,3,4,7,8-PeCDF、1,2,3,7,8-PeCDD[52]。随后,Lignell 等[53]对 1996~2006 年瑞典母乳样品进行了测定,二噁英水平持续下降,PCDD/Fs 和 PCBs 的平均含量分别为 8.2 pg TEQ/g 脂肪和 8.1 pg TEQ/g 脂肪[53]。瑞典母乳中二噁英类物质含量平均每年下降 6.5%,2011 年时母乳中 PCDD/Fs 和 PCBs 平均含量分别为 3.5 pg TEQ/g 脂肪和 3.5 pg TEQ/g 脂肪[54]。在西班牙,Bordajandi 等[55]对采集自马德里的母乳样品二噁英进行了测定,平均含量为 10.9 pg TEQ/g 脂肪。Schuhmacher 等[56]还对 2007 年加泰罗尼亚地区医疗垃圾焚烧炉附近居民母乳中的 PCDD/Fs 和 DL-PCBs 进行了测定,平均含量为 16.6 pg TEQ/g 脂肪,与 1998 年和 2002 年该地区监测数据相比呈现明显下降趋势,但要高于马德里母乳中的水平。在希腊,母乳中 PCDD、PCDF、DL-PCBs 含量分别为 3.66 pg TEQ/g 脂肪、3.61 pg TEQ/g 脂肪、6.56 pg TEQ/g 脂肪[57]。在意大利,Abballe 等[58]对 1999~2001 年采集自罗马和威尼斯的母乳样品中的 PCDD/Fs 和 DL-PCBs 进行了测定,含量为 20.4~34.2 pg TEQ/g 脂肪,远高于同时期其他研究。随后,Ulaszewska 等[59]对 2008~2009 年采集自皮亚琴察、米兰和坎帕尼亚区朱利亚诺的母乳样品进行分析,平均含量分别为 9.94 pg TEQ/g 脂肪、10.98 pg TEQ/g 脂肪和 8.65 pg TEQ/g 脂肪,Giovannini 等[60]对 2007~2008 年卡塞塔和那不勒斯的母乳样品进行了测定,含量为 8.47 pg TEQ/g 脂肪,高于北欧国家。在斯洛伐克,来自工业地区的母乳样品中二噁英类化合物的平均含量为 18.0 pg TEQ/g 脂肪[61]。比利时农村地区母乳样品中 PCDD/Fs 和 DL-PCBs 含量分别为 8.4 pg TEQ/g 脂肪和 5.9 pg TEQ/g 脂肪[62]。在 2008 年发生二噁英污染事故后,Pratt 等[63]对 2010 年爱尔兰母乳中二噁英类化合物进行了测定,含量为 9.33 pg TEQ/g 脂肪,低于 2002 年监测数据,表明二噁英污染事件可能未增加人体暴露水平,此外,主要贡献组分为 2,3,4,7,8-PeCDF。法国一项研究数据则表明母乳中二噁英类物质平均含量高达 27.51 pg TEQ/g 脂肪[64]。德国巴伐利亚母乳样品中 PCDD/Fs 和 DL-PCBs 的含量(中位数)分别为 5.7 pg TEQ/g 脂肪和 6.4 pg TEQ/g 脂肪,合计 13.0 pg TEQ/g 脂肪(均数)[65]。匈牙利母乳样品中二噁英类物质含量则处于较低水平,为 2.41~3.17 pg TEQ/g 脂肪[66]。此外,Çok 等[67]对土耳其包括伊斯坦布尔、安卡拉在内 5 个城市的母乳样品进行分析测定，二噁英类物质的平均含量范围为 6.81～15.63 pg TEQ/g 脂肪。Ryan 等[68]对 1992～2005 年加拿大母乳样品中 PCDD/Fs 和 DL-PCBs 进行了分析测定，结果显示母乳中二噁英类物质含量呈现显著下降，约下降 50%，2005 年时母乳中二噁英类物质含量（几何均数）为 11.0 pg TEQ/g 脂肪。有关美国母乳中二噁英含量的新文献非常稀少，Van Leeuwen 和 Malisch[69]研究指出 2001 年美国母乳样品中 PCDD/Fs 和 DL-PCBs 含量分别为 7.18 pg TEQ/g 脂肪和 4.61 pg TEQ/g 脂肪。Harden 等[70]对 2002～2003 年来自于澳大利亚 12 个地区的母乳样品中 PCDD/Fs 和 DL-PCBs 进行了测定，平均含量分别为 5.7 pg TEQ/g 脂肪和 3.1 pg TEQ/g 脂肪。Mannetje 等[71]对 2007～2010 年采集的新西兰母乳进行了分析测定，PCDD/Fs 和 DL-PCBs 的含量分别为 3.54 pg TEQ/g 脂肪和 1.29 pg TEQ/g 脂肪，在过去 10 年间母乳中二噁英类物质含量约下降一半[72]。

Tadaka 等[73, 74]对 2002～2005 年日本札幌 97 位二胎母亲的母乳样品中二噁英类物质进行了测定，平均含量为 8.6 pg TEQ/g 脂肪，范围为 2.7～20.0 pg TEQ/g 脂肪，对总 TEQ 贡献最高的为 1,2,3,7,8-PeCDD、1,2,3,6,7,8-HxCDD、2,3,4,7,8-PeCDF 和 PCB-126，合计占总 TEQ 的约 80%，母乳中二噁英类物质含量与母亲静脉血中二噁英类物质含量存在强相关（相关系数 $\rho=0.76$，$p<0.01$）。在日本另一项研究中，Nakamura 等[75]对 2001～2003 年日本东北城市地区母乳样品中二噁英进行了测定，平均含量为 18.8 pg TEQ/g 脂肪，范围为 4.5～45.6 pg TEQ/g 脂肪，并且也发现母乳中二噁英含量与血中二噁英含量高度相关（$r=0.94$）。进一步表明母乳也是表征机体负荷水平的有效基质。Guan 等[76]测定了东京母乳样品中二噁英类物质含量，平均水平为 25.49 pg TEQ/g 脂肪，对总 TEQ 贡献最大的组分依次为 PCB-126、1,2,3,7,8-PeCDD、1,2,3,7,8-PeCDD。

自 1999 年比利时二噁英污染事件以来，我国二噁英污染情况开始受到广泛关注，于 2007 年开始首次全国母乳监测，对包括二噁英类物质在内的多种持久性有机污染物进行测定，评估了我国普通人群机体负荷水平，获得了背景资料，从而为有关政策法规的制定提供重要科学依据，这也是我国履行《斯德哥尔摩公约》首次成效评估的重要内容。2007 年全国母乳监测结果显示，我国母乳中二噁英类物质含量为 5.42 pg TEQ/g 脂肪，我国各地人体负荷水平差异较大，上海地区的人体负荷水平最高，黑龙江的人体负荷水平最低[77]。虽然样品中 DL-PCBs 的浓度比 PCDD/Fs 高很多，但以 TEQ 表示时，PCDD/Fs 在该类物质的人体负荷中占主要地位。从全国范围看，农村与城市的人体负荷没有统计学上的差异，但在个别省份，农村和城市有一定差异。分析这些省份的结果可以注意到各地人体负荷水平与当地经济发展水平和工业化程度有关，经济发达、工业化程度较高的地区，如上海的人体负荷水平明显高于经济欠发达且以农牧业为主的地区。与欧美发达国家相比，我国母乳中二噁英类物质含量仍处于较低水平。此外，香港[78, 79]、台湾[80]、浙江[81]、深圳[82]、天津[83]等也开展了各自针对本地区的监测研究。截至目前，已对我国二噁英污染的基础情况有所了解，但持续的人体负荷水平监测是了解二噁英类物质环境污染和健康影响状况的有效手段，将有助于评价我国居民二噁英类物质人体负荷的整体变化和趋势，因此持续的全国范围内的这类POPs 的监测十分必要。

参 考 文 献

[1] Scippo M-L, Eppe G, Saegerman C, et al. Chapter 14 Persistent Organochlorine Pollutants Dioxins and Polychlorinated Biphenyls. *In*: Yolanda P. Comprehensive Analytical Chemistry. Amsterdam: Elsevier, 2008, 51: 457-506.

[2] Fiedler H. Dioxins and Furans（PCDD/PCDF）. *In*: Fiedler H. Persistent Organic Pollutants. Berlin: Springer, 2003, 30: 123-201.

[3] Van den Berg M, Birnbaum L, Bosveld A T, et al. Toxic equivalency factors（TEFs）for PCBs, PCDDs, PCDFs for humans and wildlife. Environment Health Perspectives, 1998, 106: 775.

[4] UNEP Chemicals. Dioxin and furan inventories: National and regional emissions of PCDD/PCDF. 1999.

[5] USEPA. An inventory of sources and environmental releases of dioxin-like compounds in the United States for the years 1987, 1995, and 2000. 2006.

[6] 郑明辉, 孙阳昭, 刘文彬. 中国二噁英类持久性有机污染物排放清单研究. 北京: 中国环境科学出版社, 2008.

[7] JECFA. Evaluation of certain food additives and contaminants（Fifty-Seventh Report of the Joint FAO/WHO Expert Committee on Food Additives）. WHO Technical Report Series, 2001, 909: 139-146.

[8] Domingo J L, Bocio A. Levels of PCDD/PCDFs and PCBs in edible marine species and human intake: A literature review. Environment International, 2007, 33: 397-405.

[9] Taioli E, Marabelli R, Scortichini G, et al. Human exposure to dioxins through diet in Italy. Chemosphere, 2005, 61: 1672-1676.

[10] Karl H, Ruoff U, Blüthgen A. Levels of dioxins in fish and fishery products on the German market. Chemosphere, 2002, 49: 765-773.

[11] Knutzen J, Bjerkeng B, Næs K, et al. Polychlorinated dibenzofurans/dibenzo-*p*-dioxins （PCDF/PCDDs）and other dioxin-like substances in marine organisms from the Grenland fjords, S. Norway, 1975—2001: Present contamination levels trends and species specific accumulation of PCDF/PCD congeners. Chemosphere, 2003, 52: 745-760.

[12] Bocio A, Domingo J L, Falcó G, et al. Concentrations of PCDD/PCDFs and PCBs in fish and seafood from the Catalan（Spain）market: Estimated human intake. Environment International, 2007, 33: 170-175.

[13] Llobet J M, Martí-Cid R, Castell V, et al. Significant decreasing trend in human dietary exposure to PCDD/PCDFs and PCBs in Catalonia, Spain. Toxicology Letters, 2008, 178: 117-126.

[14] Bordajandi L R, Martin I, Abad E, et al. Organochlorine compounds (PCBs, PCDDs and PCDFs) in seafish and seafood from the Spanish Atlantic Southwest Coast. Chemosphere, 2006, 64: 1450-1457.

[15] Hites R A, Foran J A, Carpenter D O, et al. Global assessment of organic contaminants in farmed salmon. Science, 2004, 303: 226-229.

[16] Munschy C, Guiot N, Héas-Moisan K, et al. Polychlorinated dibenzo-*p*-dioxins and dibenzofurans (PCDD/Fs) in marine mussels from French coasts: Levels, patterns and temporal trends from 1981 to 2005. Chemosphere, 2008, 73: 945-953.

[17] Kiviranta H, Ovaskainen M-L, Vartiainen T. Market basket study on dietary intake of PCDD/Fs, PCBs, and PBDEs in Finland. Environment International, 2004, 30: 923-932.

[18] Focant J F, Eppe G, Pirard C, et al. Levels and congener distributions of PCDDs, PCDFs and non-ortho PCBs in Belgian foodstuffs: Assessment of dietary intake. Chemosphere, 2002, 48: 167-179.

[19] Windal I, Vandevijvere S, Maleki M, et al. Dietary intake of PCDD/Fs and dioxin-like PCBs of the Belgian population. Chemosphere, 2010, 79: 334-340.

[20] De Mul A, Bakker M I, Zeilmaker M J, et al. Dietary exposure to dioxins and dioxin-like PCBs in the Netherlands anno 2004. Regulatory Toxicology and Pharmacology, 2008, 51: 278-287.

[21] Papadopoulos A, Vassiliadou I, Costopoulou D, et al. Levels of dioxins and dioxin-like PCBs in food samples on the Greek market. Chemosphere, 2004, 57: 413-419.

[22] Tard A, Gallotti S, Leblanc J C, et al. Dioxins, furans and dioxin-like PCBs: Occurrence in food and dietary intake in France. Food Additives and Contaminants, 2007.

[23] Sirot V, Tard A, Venisseau A, et al. Dietary exposure to polychlorinated dibenzo-*p*-dioxins, polychlorinated dibenzofurans and polychlorinated biphenyls of the French population: Results of the second French Total Diet Study. Chemosphere, 2012, 88: 492-500.

[24] Rawn D F, Forsyth D S, Ryan J J, et al. PCB, PCDD and PCDF residues in fin and non-fin fish products from the Canadian retail market 2002. Science of the Total Environment, 2006, 359: 101-110.

[25] Godliauskienė R, Petraitis J, Jarmalaitė I, et al. Analysis of dioxins, furans and DL-PCBs in food and feed samples from Lithuania and estimation of human intake. Food and Chemical Toxicology, 2012, 50: 4169-4174.

[26] Sasamoto T, Ushio F, Kikutani N, et al. Estimation of 1999~2004 dietary daily intake of PCDDs, PCDFs and dioxin-like PCBs by a total diet study in metropolitan Tokyo, Japan. Chemosphere, 2006, 64: 634-641.

[27] Moon H-B, Ok G. Dietary intake of PCDDs, PCDFs and dioxin-like PCBs, due to the consumption of various marine organisms from Korea. Chemosphere, 2006, 62: 1142-1152.

[28] Li J G, Wu Y N, Zhang L, et al. Dietary intake of polychlorinated dioxins, furans and dioxin-like polychlorinated biphenyls from foods of animal origin in China. Food Additives and Contaminants, 2007, 24: 186-193.

[29] Zhang J, Jiang Y, Zhou J, et al. Concentrations of PCDD/PCDFs and PCBs in retail foods and an assessment of dietary intake for local population of Shenzhen in China. Environment International, 2008, 34: 799-803.

[30] Baars A J, Bakker M I, Baumann R A, et al. Dioxins, dioxin-like PCBs and non-dioxin-like PCBs in foodstuffs: Occurrence and dietary intake in the Netherlands. Toxicology Letters, 2004, 151: 51-61.

[31] Törnkvist A, Glynn A, Aune M, et al. PCDD/F, PCB, PBDE, HBCD and chlorinated pesticides in a Swedish market basket from 2005: Levels and dietary intake estimations. Chemosphere, 2011, 83: 193-199.

[32] Fattore E, Fanelli R, Turrini A, et al. Current dietary exposure to polychlorodibenzo-*p*-dioxins, polychlorodibenzofurans, and dioxin-like polychlorobiphenyls in Italy. Molecular Nutrition & Food Research, 2006, 50: 915-921.

[33] Marin S, Villalba P, Diaz-Ferrero J, et al. Congener profile occurrence and estimated dietary intake of dioxins and dioxin-like PCBs in foods marketed in the Region of Valencia (Spain). Chemosphere, 2011, 82: 1253-1261.

[34] Fernandes A, Mortimer D, Rose M, et al. Dioxins (PCDD/Fs) and PCBs in offal: Occurrence and dietary exposure. Chemosphere, 2010, 81: 536-540.

[35] Hoffman M K, Huwe J, Deyrup C L, et al. Statistically designed survey of polychlorinated dibenzo-*p*-dioxins, polychlorinated dibenzofurans, and co-planar polychlorinated biphenyls in U. S. meat and poultry 2002-2003: Results, trends, and implications. Environmental Science & Technology, 2006, 40: 5340-5346.

[36] Huwe J, Pagan-Rodriguez D, Abdelmajid N, et al. Survey of polychlorinated dibenzo-*p*-dioxins, polychlorinated dibenzofurans, and non-ortho-polychlorinated biphenyls in U.S. meat and poultry 2007—2008: Effect of new toxic equivalency factors on toxic equivalency levels, patterns, and temporal trends. Journal of Agricultural and Food Chemistry, 2009, 57: 11194-11200.

[37] Grassi P, Fattore E, Generoso C, et al. Polychlorobiphenyls (PCBs), polychlorinated dibenzo-*p*-dioxins (PCDDs) and dibenzofurans (PCDFs) in fruit and vegetables from an industrial area in northern Italy. Chemosphere, 2010, 79: 292-298.

[38] Perelló G, Gómez-Catalán J, Castell V, et al. Assessment of the temporal trend of the dietary exposure to PCDD/Fs and PCBs in Catalonia, Spain: Health risks. Food and Chemical Toxicology, 2012, 50: 399-408.

[39] Martí-Cid R, Bocio A, Domingo J L. Dietary exposure to PCDD/PCDFs by individuals living near a hazardous waste incinerator in Catalonia, Spain: Temporal trend. Chemosphere, 2008, 70: 1588-1595.

[40] Kiviranta H. Exposure and human PCDD/F and PCB body burden in Finland. National Public Health Institute, 2005, 14.

[41] Nakatani T, Yamamoto A, Ogaki S. A survey of dietary intake of polychlorinated dibenzo-*p*-dioxins, polychlorinated dibenzofurans, and dioxin-like coplanar polychlorinated biphenyls from food during 2000—2002 in Osaka city, Japan. Archives of Environmental Contamination and Toxicology, 2011, 60: 543-555.

[42] Arisawa K, Uemura H, Hiyoshi M, S et al. Dietary intake of PCDDs/PCDFs and coplanar PCBs among the Japanese population estimated by duplicate portion analysis: A low proportion of adults exceed the tolerable daily intake. Environmental Research, 2008, 108: 252-259.

[43] FEHD. The First Hong Kong Total Diet Study Report No. 1: The First Hong Kong Total Diet Study: Dioxins and Dioxin-like Polychlorinated Biphenyls (PCBs). Centre for Food Safety, Food and Environmental Hygiene Department (FEHD), The Government of the Hong Kong Special Administrative Region. 2011.

[44] Hsu M-S, Hsu K-Y, Wang S-M, et al. A total diet study to estimate PCDD/Fs and dioxin-like PCBs intake from food in Taiwan. Chemosphere, 2007, 67: S65-S70.

[45] Zhang L, Li J, Liu X, et al. Dietary intake of PCDD/Fs and dioxin-like PCBs from the Chinese total diet study in 2007. Chemosphere, 2013, 90: 1625-1630.

[46] Son M-H, Kim J-T, Park H, et al. Assessment of the daily intake of 62 polychlorinated biphenyls from dietary exposure in South Korea. Chemosphere, 2012, 89: 957-963.

[47] Rauscher-Gabernig E, Mischek D, Moche W, et al. Dietary intake of dioxins, furans and dioxin-like PCBs in Austria. Food Additives & Contaminants: Part A, 2013, 30: 1770-1779.

[48] Zhu J, Hirai Y, Sakai S-i, et al. Potential source and emission analysis of polychlorinated dibenzo-*p*-dioxins and polychlorinated dibenzofurans in China. Chemosphere, 2008, 73: S72-S77.

[49] 沈海涛, 韩见龙, 任一平. 农产品中二噁英类似物含量及人体摄入量的初步评估. 环境化学, 2007, 26: 269-270.

[50] WHO. Fourth WHO-coordinated Survey of Human Milk for Persistent Organic Pollutants in Cooperation with UNEP. Guidelines for Developing a National Protocol, World Health Organization. 2007.

[51] Ulaszewska M M, Zuccato E, Davoli E. PCDD/Fs and dioxin-like PCBs in human milk and estimation of infants' daily intake: A review. Chemosphere, 2011, 83: 774-782.

[52] Norén K, Meironyté D. Certain organochlorine and organobromine contaminants in Swedish human milk in perspective of past 20~30 years. Chemosphere, 2000, 40: 1111-1123.

[53] Lignell S, Aune M, Darnerud P O, et al. Persistent organochlorine and organobromine compounds in mother's milk from Sweden 1996—2006: Compound-specific temporal trends. Environmental Research, 2009, 109: 760-767.

[54] Fång J, Nyberg E, Bignert A, et al. Temporal trends of polychlorinated dibenzo-*p*-dioxins and dibenzofurans and dioxin-like polychlorinated biphenyls in mothers' milk from Sweden 1972—2011. Environment International, 2013, 60: 224-231.

[55] Bordajandi L R, Abad E, González M J. Occurrence of PCBs, PCDD/Fs, PBDEs and DDTs in Spanish breast milk: Enantiomeric fraction of chiral PCBs. Chemosphere, 2008, 70: 567-575.

[56] Schuhmacher M, Kiviranta H, Ruokojärvi P, et al. Concentrations of PCDD/Fs, PCBs and PBDEs in breast milk of women from Catalonia, Spain: A follow-up study. Environment International, 2009, 35: 607-613.

[57] Costopoulou D, Vassiliadou I, Papadopoulos A, et al. Levels of dioxins, furans and PCBs in human serum and milk of people living in Greece. Chemosphere, 2006, 65: 1462-1469.

[58] Abballe A, Ballard T J, Dellatte E, et al. Persistent environmental contaminants in human milk: Concentrations and time trends in Italy. Chemosphere, 2008, 73: S220-S227.

[59] Ulaszewska M M, Zuccato E, Capri E, et al. The effect of waste combustion on the occurrence of polychlorinated dibenzo-*p*-dioxins (PCDDs), polychlorinated dibenzofurans (PCDFs) and polychlorinated biphenyls (PCBs) in breast milk in Italy. Chemosphere, 2011, 82: 1-8.

[60] Giovannini A, Rivezzi G, Carideo P, et al. Dioxins levels in breast milk of women living in Caserta and Naples: Assessment of environmental risk factors. Chemosphere, 2014, 94: 76-84.

[61] Chovancová J, Čonka K, Kočan A, et al. PCDD, PCDF, PCB and PBDE concentrations in breast milk of mothers residing in selected areas of Slovakia. Chemosphere, 2011, 83: 1383-1390.

[62] Croes K, Colles A, Koppen G, et al. Persistent organic pollutants (POPs) in human milk: A biomonitoring study in rural areas of Flanders (Belgium). Chemosphere, 2012, 89: 988-994.

[63] Pratt I S, Anderson W A, Crowley D, et al. Polychlorinated dibenzo-*p*-dioxins (PCDDs), polychlorinated dibenzofurans (PCDFs) and polychlorinated biphenyls (PCBs) in breast milk of first-time Irish mothers: Impact of the 2008 dioxin incident in Ireland. Chemosphere, 2012, 88: 865-872.

[64] Focant J-F, Fréry N, Bidondo M-L, et al. Levels of polychlorinated dibenzo-*p*-dioxins, polychlorinated dibenzofurans and polychlorinated biphenyls in human milk from different regions of France. Science of the Total Environment, 2013, 452-453: 155-162.

[65] Raab U, Albrecht M, Preiss U, et al. Organochlorine compounds, nitro musks and perfluorinated substances in breast milk: Results from Bavarian monitoring of breast milk 2007/8. Chemosphere, 2013, 93: 461-467.

[66] Vigh É, Colombo A, Benfenati E, et al. Individual breast milk consumption and exposure to PCBs and PCDD/Fs in Hungarian infants: A time-course analysis of the first three months of lactation. Science of the Total Environment, 2013, 449: 336-344.

[67] Çok I, Donmez M K, Uner M, et al. Polychlorinated dibenzo-*p*-dioxins, dibenzofurans and polychlorinated biphenyls levels in human breast milk from different regions of Turkey. Chemosphere, 2009, 76: 1563-1571.

[68] Ryan J J, Rawn D F K. Polychlorinated dioxins furans (PCDD/Fs) and polychlorinated biphenyls (PCBs) and their trends in Canadian human milk from 1992 to 2005. Chemosphere, 2014, 102: 76-86.

[69] Van Leeuwen F X R, Malisch R. Results of the third round of the WHO coordinated exposure study on the level of PCBs, PCDDs, and PCFDs in human milk. Organohalogen Compounds, 2002, 56: 311-316.

[70] Harden F, Toms L, Symons R, et al. Evaluation of dioxin-like chemicals in pooled human milk samples collected in Australia. Chemosphere, 2007, 67: S325-S333.

[71] Mannetje A T, Coakley J, Bridgen P, et al. Current concentrations temporal trends and determinants of persistent organic pollutants in breast milk of New Zealand women. Science of the Total Environment, 2013, 458-460: 399-407.

[72] Bates M N, Thomson B, Garrett N. Reduction in organochlorine levels in the milk of New Zealand women. Archives of Environmental Health: An International Journal, 2002, 57: 591-597.

[73] Todaka T, Hirakawa H, Kajiwara J, et al. Relationship between the concentrations of polychlorinated dibenzo-*p*-dioxins, polychlorinated dibenzofurans, and polychlorinated biphenyls in maternal blood and those in breast milk. Chemosphere, 2010, 78: 185-192.

[74] Todaka T, Hirakawa H, Kajiwara J, et al. Concentrations of polychlorinated dibenzo-*p*-dioxins, polychlorinated dibenzofurans, and polychlorinated biphenyls in blood and breast milk collected from pregnant women in Sapporo city, Japan. Chemosphere, 2011, 85: 1694-1700.

[75] Nakamura T, Nakai K, Matsumura T, et al. Determination of dioxins and polychlorinated biphenyls in breast milk, maternal blood and cord blood from residents of Tohoku, Japan. Science of the Total Environment, 2008, 394: 39-51.

[76] Guan P, Tajimi M, Uehara R, et al. Congener profiles of PCDDs, PCDFs, and dioxin-like PCBs in the breast milk samples in Tokyo, Japan. Chemosphere, 2006, 62: 1161-1166.

[77] Haraguchi K, Koizumi A, Inoue K, et al. Levels and regional trends of persistent organochlorines and polybrominated diphenyl ethers in Asian breast milk demonstrate POPs signatures unique to individual countries. Environment International, 2009, 35: 1072-1079.

[78] Hedley A J, Hui L L, Kypke K, et al. Residues of persistent organic pollutants (POPs) in human milk in Hong Kong. Chemosphere, 2010, 79: 259-265.

[79] Wong T W, Wong A H S, Nelson E A S, et al. Levels of PCDDs, PCDFs, and dioxin-like PCBs in human milk among Hong Kong mothers. Science of the Total Environment, 2013, 463-464: 1230-1238.

[80] Hsu J-F, Guo Y L, Liu C-H, et al. A comparison of PCDD/PCDFs exposure in infants via formula milk or breast milk feeding. Chemosphere, 2007, 66: 311-319.

[81] Shen H, Ding G, Wu Y, et al. Polychlorinated dibenzo-p-dioxins/furans (PCDD/Fs), polychlorinated biphenyls (PCBs), and polybrominated diphenyl ethers (PBDEs) in breast milk from Zhejiang, China. Environment International, 2012, 42: 84-90.

[82] Deng B, Zhang J, Zhang L, et al. Levels and profiles of PCDD/Fs, PCBs in mothers' milk in Shenzhen of China: Estimation of breast-fed infants' intakes. Environment International, 2012, 42: 47-52.

[83] Sun S, Zhao J, Leng J, et al. Levels of dioxins and polybrominated diphenyl ethers in human milk from three regions of northern China and potential dietary risk factors. Chemosphere, 2010, 80: 1151-1159.

第4章 食品和人体中的多氯联苯

> **本章导读**
> - 介绍多氯联苯生产和使用历史、命名原则、理化特性以及生物毒性等内容。
> - 介绍 PCBs 的分析方法,重点介绍色谱分析法。
> - 介绍国内外动物源性食品(鱼、肉、蛋、奶等)和植物源性食品中 PCBs 的含量水平。
> - 以我国近年来总膳食研究的成果为资料,介绍我国居民 PCBs 膳食摄入情况。
> - 从母乳、脂肪和血液三个方面,介绍 PCBs 的人体负荷情况。

4.1 背景介绍

多氯联苯(polychlorinated biphenyls, PCBs)是联苯苯环上的氢原子被氯原子所取代的化合物的总称,结构式为 $C_{12}H_{10-x}Cl_x$,共有 10 组 209 种同类物(congener)。PCBs 是《斯德哥尔摩公约》中优先控制的 12 类持久性有机污染物之一。

1865 年,人们从煤焦油的副产物中发现了类似 PCBs 的化合物;1881 年,德国科学家 H. 施米特和 G. 舒尔茨首次合成了 PCBs;1929 年,美国 Swann Chemical Company 开始商品化生产 PCBs,后由孟山都公司(Monsanto Chemical Company)接手生产[1]。PCBs 曾被广泛地应用在工业上,商品 PCBs 中鉴定出来的同类物有 130 种,文献中报道最广泛的 PCBs 包括 6 种指示性多氯联苯和 12 种类二噁英多氯联苯(表 4-1)。PCBs 开放使用的领域包括油漆、油墨、复写纸、胶黏剂、封闭剂和润滑油等;封闭使用的领域包括作为变压器、电容的绝缘流体,在热传导和水利系统中的介质等。20 世纪 60 年代中期,全世界 PCBs 的产量达到高峰,年产量约为 10 万 t。到 80 年代末,全世界生产了 100 万~200 万 t 的 PCBs。据估计,其中已有 1/4~1/3 进入环境中。我国也有十多年的

表 4-1 常见的 PCBs 同类物

名称	CAS 登记号	IUPAC 编号	简称	结构式	精确质量数	WHO-TEF$_{1998年}$*	WHO-TEF$_{2005年}$*
非邻位取代多氯联苯 (non-ortho PCBs)							
3,3',4,4'-四氯联苯	32598-13-3	77	PCB77		289.922 3	0.000 1	0.000 1
3,4,4',5-四氯联苯	70362-50-4	81	PCB81		289.922 3	0.000 1	0.000 3
3,3',4,4',5-五氯联苯	57465-28-8	126	PCB126		323.883 4	0.1	0.1
3,3',4,4',5,5'-六氯联苯	32774-16-6	169	PCB169		357.844 4	0.01	0.03
单邻位取代多氯联苯 (mono-ortho PCBs)							
2,3,3',4,4'-五氯联苯	32598-14-4	105	PCB105		323.883 4	0.000 1	0.000 03

续表

名称	CAS 登记号	IUPAC 编号	简称	结构式	精确质量数	WHO-TEF$_{1998}$[a]*	WHO-TEF$_{2005}$[a]*
单邻位取代多氯联苯（mono-ortho PCBs）							
2,3,4,4',5-五氯联苯	74472-37-0	114	PCB114		323.883 4	0.000 5	0.000 03
2,3',4,4',5-五氯联苯	31508-00-6	118	PCB118		323.883 4	0.000 1	0.000 03
2',3,4,4',5-五氯联苯	65510-44-3	123	PCB123		323.883 4	0.000 1	0.000 03
2,3,3',4,4',5-六氯联苯	38380-08-4	156	PCB156		357.844 4	0.000 5	0.000 03
2,3,3',4,4',5'-六氯联苯	69782-90-7	157	PCB157		357.844 4	0.000 5	0.000 03

续表

名称	CAS 登记号	IUPAC 编号	简称	结构式	精确质量数	WHO-TEF$_{1998}$*	WHO-TEF$_{2005}$*
单邻位取代多氯联苯（mono-ortho PCBs）							
2,3',4,4',5,5'-六氯联苯	52663-72-6	167	PCB167		357.844 4	0.000 01	0.000 03
2,3,3',4,4',5,5'-七氯联苯	39635-31-9	189	PCB189		391.805 4	0.000 1	0.000 03
指示性多氯联苯（indicator PCBs）							
2,4,4'-三氯联苯	7012-37-5	28	PCB28		255.961 3	—	—
2,2',5,5'-四氯联苯	35693-99-3	52	PCB52		289.922 3	—	—
2,2',4,5,5'-五氯联苯	37680-73-2	101	PCB101		323.883 4	—	—

续表

名称	CAS 登记号	IUPAC 编号	简称	结构式	精确质量数	WHO-TEF$_{1998}$*	WHO-TEF$_{2005}$*
指示性多氯联苯（indicator PCBs）							
2,2',3,4,4',5'-六氯联苯	35065-28-2	138	PCB138		357.844 4	—	—
2,2',4,4',5,5'-六氯联苯	35065-27-1	153	PCB153		357.844 4	—	—
2,2',3,4,4',5,5'-七氯联苯	35065-29-3	180	PCB180		391.805 4	—	—

注：— 表示无 TEF 值。

*多氯联苯共有 209 种同类物。为评价这些同类物对健康影响的潜在效应，世界卫生组织提出了毒性当量的概念，通过毒性当量因子来折算。1998 年和 2005 年表示 WHO 对 TEF 进行两次修订的年份。

PCBs生产历史,从1965年我国开始生产PCBs(主要包括三氯联苯和五氯联苯),到1974年大多数工厂停止生产,80年代初全部停止生产。期间,我国生产了大约1万t的PCBs,其中9000 t(三氯联苯)用作电力电容器的浸渍剂,另有约1000 t(五氯联苯)用于油漆添加剂[2]。

工业上生产的和应用的PCBs均为混合物,不同国家使用不同的商品名,如Aroclor(美国)、Kanechlor(德国)、Clophen(法国)、Kenechlor(日本)、Sovol(苏联)。美国还用数字表示特定的产品,如Aroclor 1254是较常用的一种产品,1254表示该产品含54%的氯。为便于书写和记忆,目前多以"PCB+其对应的国际纯粹与应用化学联合会(IUPAC)编号"来表示某一PCBs单体,如以"PCB77"来表示"3,3′,4,4′-tetrachlorobiphenyl"。

PCBs的理化性质高度稳定,耐酸、耐碱、耐热、抗氧化并且对金属无腐蚀,绝缘性能非常好;基本不溶于水,但溶于多种有机溶剂,有很高的亲脂性;在环境中很难降解,具有很高的持久性,可以通过食物链被生物高度富集。PCBs对皮肤、肝脏、胃肠系统、神经系统、生殖系统、免疫系统的病变甚至癌变都有诱导效应,具有潜在致癌性。PCBs容易累积在脂肪组织,造成脑部、皮肤及内脏等疾病,并影响神经、生殖及免疫系统。归纳起来,其生物毒性主要包括以下四个方面。

(1)生殖毒性:PCBs混合物表现出生殖毒性作用,对人类生殖周期以及生殖功能都有不利的影响,雄性尤为敏感。PCBs可引起雄性生殖器官形态改变和功能异常[3]。

(2)神经发育毒性:PCBs为脂溶性物质,可以通过胎盘和乳汁进入胎儿或婴儿体内,导致早期流产、畸胎、婴儿中毒。主要表现为致畸、上腭裂、智力损伤以及生殖力下降。日本和中国台湾发生的米糠油中毒事件中,中毒新生儿表现为体重降低、皮肤黏膜色素沉着、眶周水肿、颅骨异常钙化等,追踪研究发现,他们生长发育迟缓、肌张力过低、痉挛、行动笨拙、智力商数(IQ)值偏低[4,5]。

(3)致癌性:目前致癌试验表明PCBs为肿瘤引发剂,小鼠暴露于PCBs环境中可引发肿瘤,国际癌症研究机构已将其定为可能令人类致癌的物质[6]。

(4)干扰内分泌系统:PCBs可使儿童的行为怪异,使水生动物雌性化。某些PCBs混合物性质类似于二噁英(PCDD/Fs),其毒性通过芳烃受体依赖机制介导;某些PCBs异构体为雌激素受体(ER)的配体,通过ER依赖机制介导;某些PCBs能改变第二信使在体内的平衡,进而影响神经递质合成、损害大脑发育及神经内分泌;另一些PCBs的羟化代谢物能抑制雌激素转硫酶,提高内源性雌激素的活性,表现出类雌激素样活性[7,8]。

4.2 多氯联苯分析方法

膳食摄入是普通人群 POPs 暴露的主要途径。食品种类繁多,基质复杂,其中脂肪含量高低、含水量多少不同,导致食品样品前处理技术也各不相同。目前 PCBs 分析方法中最常用的是色谱分析法,其中,高分辨气相色谱-高分辨质谱法(HRGC-HRMS)因其极高的分辨率和灵敏度,一直被认为是 PCBs 分析的仲裁法。另外,生物分析法和免疫分析法,因具有成本低廉、简便快速的特点,作为色谱法的补充,也一直备受关注。

4.2.1 色谱分析法

主要的分析程序包括萃取、净化、仪器检测、数据处理、质量控制和质量保证。不同样品 PCBs 萃取过程有一些差异,常见的样品萃取方法如表 4-2 所示,包括液-液萃取法、索氏提取法、超声波萃取法、固相萃取法、超临界流体萃取法、微波辅助萃取法、加压液体提取法和固相微萃取法等。

表 4-2　PCBs 常用萃取技术

	溶剂	条件	参考文献
固态样品			
索氏抽提	甲苯:环境样品 正己烷:二氯甲烷:生物样品、食品	萃取 16~24 h	[9]
微波辅助萃取	同索氏抽提	100~115℃;50~150 psi;10~20 min	[10]
加压溶剂萃取	同索氏抽提	100~180℃;1500~2000 psi;5~10 min;3 次循环	[11,12]
超声波辅助萃取	丙酮:二氯甲烷(1:1,体积比)	3 min;300 W;3 次循环	[13]
超临界流体萃取	CO_2 超临界流体	40~150℃;4000 psi;40 min	[14]
液态样品			
液-液萃取	二氯甲烷	振摇三次,每次 2 min	[15]
固相萃取	5 mL 丙酮淋洗;20 mL 乙腈洗脱 PCBs	20 mL 二氯甲烷、10 mL 丙酮、20 mL 甲醇和 20 mL 水活化 C_{18} 小柱	[16]
固相微萃取	—	萃取 3~5 mL 样品后,直接进样	[17]

样品提取完毕后,需要去除杂质以降低干扰,提高分析的灵敏度。对于食品来说,脂肪是干扰 PCBs 测定的主要来源。除脂方式可选用破坏性的方式,如浓硫酸磺化法;也可采取非破坏性的方式,如凝胶渗透色谱法。除脂肪外,食品中还含有其他一些极性、弱极性的物质,如色素类、酯类、酮类等杂质。一般多采用复合硅胶柱、氧化铝柱或弗罗里硅土柱,经一步或多步可有效去除这

些干扰物质。而活性炭柱可被用来分离二噁英和多氯联苯，先用正己烷∶二氯甲烷或同类别试剂洗脱，收集 PCBs 组分；再用甲苯反方向冲洗同一根炭柱，收集得到 PCDD/Fs 组分。由于共平面的多氯联苯与二噁英类同类物的理化性质比较接近，有些多氯联苯（如 PCB169）常常和 PCDD/Fs 共流出，造成该 PCBs 同类物回收率较低。

提取净化浓缩后的 PCBs 样品可以进行仪器分析。气相色谱法适合分析极性小、易挥发、分子量较小的化合物，这些特点使其在 PCBs 分析方面有着广泛的应用。由于使用的检测器灵敏度不同，不同气相色谱法的灵敏度也有很大差别。火焰离子检测器（flame ionization detector，FID）是使用较早的一种检测技术。采用该技术，可以检测到环境中纳克级的多氯联苯。电子捕获检测器是一种比 FID 更灵敏的检测技术，由于其能够对氯离子进行定量测定，因此广泛应用于 PCBs 的分析。20 世纪 80 年代随着质谱技术的普及，气相色谱-质谱联用技术被广泛地用于 PCBs 的检测。质谱增加了 PCBs 的特征离子及氯原子同位素峰丰度信息，可提供更可信的结果，同时也使识别 PCBs 的同系物成为可能。高分辨质谱或质谱/质谱（MS/MS）与高分辨气相色谱的联用方法是目前最佳的 PCBs 异构体分离和定性手段。目前国际认可的食品中 PCDD/Fs 和 DL-PCBs 测定方法包括美国环境保护署方法（EPA 1613 方法和 EPA 1668A 方法）和欧盟方法（EN 16215 方法），这些方法均基于上述基础建立。表 4-3 简要对比了各种仪器分析手段的技术特点。在我国，国家食品安全风

表 4-3 PCBs 分析常用仪器及其技术参数[18]

分析对象	GC 参数	检测器	检测限（LOD）	优缺点
邻位取代 PCBs，除毒杀芬外的有机氯农药	DB-1,DB-5（30 m, 60 m）	电子捕获	0.1～1 pg/g	成本低、灵敏度好，但不能鉴别共流出单体
PCBs 和有机氯农药	30 m 低流失柱，SIM 模式	低分辨质谱	10～150 pg/g	误识别率低，灵敏度好
除毒杀芬外所有的 POPs	30 m 低流失柱，60 m（PCDD/Fs），SIM 模式	高分辨质谱	0.01～0.16 pg/g	极高的灵敏度，可靠性高，但价格昂贵
除毒杀芬外的高氯代 POPs	30 m 低流失柱，SIM 模式	负化学源-低分辨质谱	有机氯：0.1～1 pg/g 毒杀芬：10 pg/g	误识别率低，选择性和灵敏度好
POPs	30 m 低流失柱，SIM 模式	离子阱串联质谱	同低分辨质谱；配合大体积进样技术，LOD 可达 2 pg/g	灵敏度同低分辨质谱
PCBs、PBDEs	GC×GC 一级柱：30 m×0.25 mm×0.25 μm（BPX5, BPX50, Rxi-17Sil-MS）；二级柱：1 m×0.1 mm×0.1 μm（BPX50, Rt-LC35, HT8, BPX5）	飞行时间质谱	PCBs：0.01～0.25 μg/kg PBDEs：0.025～5 μg/kg	误识别率低，灵敏度好

注：SIM 表示选择离子监测（selected ion monitoring）。

险评估中心在 EPA 1613B-1997 方法和 EPA 1668A 方法的基础上,建立了对具有毒性当量因子的 17 种 2,3,7,8 位氯取代 PCDD/Fs 和 12 种类二噁英多氯联苯同时测定的方法(GB/T 5009.205—2007《食品中二噁英及其类似物毒性当量的测定》),并进一步修订为 GB 5009.205—2013《国家食品安全标准 食品中二噁英及其类似物毒性当量的测定》。该方法的原理和具体内容在 3.2 节已有详述,本节不再赘述。

总之,PCBs 的分析从过去的总量分析、同系物分析,已发展到近年的有毒同类物分析。随着分析方法的不断更新,精密度也在不断提高。

4.2.2 生物分析法

色谱法虽然可以分离多种 PCBs 的异构体,并能进行准确的定量,但这种方法需要复杂的样品前处理过程,而且要求有精密的分离检测仪器、良好的实验环境和训练有素的操作人员,因此其应用受到了限制。为了克服色谱分析方法的缺点,人们开始寻求成本低廉且简便快速的检测方法,以便及时准确地对它进行监测。近年来有关 PCBs 的生物快速检测技术得到了快速发展,如利用重组有绿色荧光蛋白(green fluorescent protein,GFP)和萤光素酶(luciferase,Luc)报告基因的 2 个细胞系,检测从野外环境中所采集的水、底泥和生物样品中的 PCBs 的含量,研究结果表明,GFP 和 Luc 的荧光强度与 PCBs 标样浓度的相关系数分别达到 0.99 和 0.98[19]。与 GC-ECD 的仪器分析比较,GFP 和 Luc 的荧光强度与环境样品中的 PCBs 含量具有很好的相关性。但目前这方面的技术大多仍处于实验室的研究过程,用于环境样品测试则少见报道。

4.2.3 免疫分析法

免疫分析法是根据免疫细胞化学中抗原与抗体之间高度特异的反应原理而设计的方法,具有选择性好、灵敏度高、检测速度快等特点[20,21]。现阶段已有一些商品化的 PCBs 免疫分析试剂盒通过了美国 EPA 认证,用于土壤、水和油状物的提取液中 PCBs 的残留分析。国内虽然有兽药和农药等有毒残留物免疫分析法的研究,但至今还未见 PCBs 免疫分析法研究的相关报道。免疫分析法在 PCBs 检测方面的主要优势在于:所需时间较短,通常检测过程仅需 1~2 h;操作较简单,包括样品前处理和检测过程;检测样品的费用也较便宜,适合于大量样品的快速筛选,可定量或半定量。不足之处在于:第一,分析灵敏度和特异性有限。因为常规多克隆抗体或单克隆抗体的亲和力与特异性取决于半抗原的设计，理想的半抗原应该最大限度地保留目标分析物的分子结构特性，但是很多 PCBs 同系物的结构非常类似，要突出某一个同系物的抗原决定簇非常困难；第二，分析条件复杂。免疫分析中抗原抗体的反应一般在水溶液中进行，但是 PCBs 为脂溶性物质，分析时容易吸附于固相载体上，造成分析误差，所以 PCBs 的分析液中必须含一定剂量的有机溶剂，但不同浓度和种类的有机溶剂可能会对此方法产生干扰。

4.3 食品中多氯联苯含量水平

多氯联苯具有持久性、难溶于水的特点，它们在自然界中难以降解，能通过食物链进行富集放大，研究表明，普通人群 90%的 PCBs 暴露来源于膳食摄入，尤其是动物源性食品的摄入[22]。TDS 是分析食物中污染物含量及人群暴露水平的最佳方法。除 TDS 外，收集代表性食物样品测定污染物含量的方法，也是评估食物中 POPs 污染水平的方法之一，该方法因操作简单而被普遍采用。本节介绍了我国 TDS 和国内外食品污染物监测对多氯联苯含量水平的研究情况。

4.3.1 动物源性食品

2011 年我国完成了第五次总膳食研究(TDS)，该研究涵盖全国 20 个省级行政区，共调查了 152 份混合食品中的污染物[23]。该次调查水产品结果显示，DL-PCBs 的毒性当量均值为 0.11 pg TEQ/g 湿重，低于国外报道的水平。有研究人员对我国北京、上海、广州、南京和大连 5 个城市市售 24 种水产品(淡水鱼、海鱼各 12 种)指示性 PCBs 调查显示，淡水鱼中指示性 PCBs(7 种 PCBs，含 PCB118)均值为 0.19 ng/g 湿重，海鱼中指示性 PCBs(7 种 PCBs，含 PCB118)均值为 2.17 ng/g 湿重[24]。Shen 等[25]对 2006~2015 年采自浙江省 11 个地市的水产品进行检测后发现，杂食性淡水鱼(n=81)中指示性 PCBs 含量为 232 pg/g 湿重，DL-PCBs 的毒性当量为 0.10 pg TEQ/g 湿重；草食性淡水鱼(n=18)中指示性 PCBs 含量为 77.9 pg/g 湿重，DL-PCBs 的毒性当量为 0.05 pg TEQ/g 湿重；海鱼(n=7)中指示性 PCBs 含量为 630 pg/g 湿重，DL-PCBs 的毒性当量为 0.09 pg TEQ/g 湿重；深海鱼油(n=12)中指示性 PCBs 含量为 12.7 ng/g 湿重，DL-PCBs 的毒性当量为 0.26 pg TEQ/g 湿重。

鱼类对多氯联苯的蓄积能力很强，相较于水体中皮克/升的浓度水平，鱼体内 PCBs 的浓度可达 1~100 ng/g。Costopoulou 等[26]报道了地中海水域人工养殖的海鲷(sea bream)、海鲈鱼(sea bass)和彩虹鳟鱼(rainbow trout)中 PCBs 的污染情况，指示性 PCBs 含量分别为 8.02 ng/g 湿重、5.24 ng/g 湿重和 2.90 ng/g 湿重；DL-PCBs 的毒性当量分别为 0.66 pg TEQ/g 湿重、0.55 pg TEQ/g 湿重和 0.33 pg TEQ/g 湿重。该研究的三种鱼类中，DL-PCBs 对总毒性当量(PCDD/Fs+DL-PCBs 的毒性当量之和)的贡献达 75%。Godliauskienė 等[27]报道了波罗的海水域 2011 年所产海鱼的多氯联苯污染水平，其中鲱鱼(herring)、三文鱼(salmon)、小鲱(sprats)以及鳕鱼肝(cod liver)中 DL-PCBs 的毒性当量分别达 2.02 pg TEQ/g 湿重、7.57 pg TEQ/g 湿重、2.97 pg TEQ/g 湿重和 59.7 pg TEQ/g 湿重。Shaw 等[28]报道了北美洲、加拿大东部和挪威三文鱼体内 DL-PCBs 的毒性当量，分别为：0.57 pg TEQ/g 湿重、0.66 pg TEQ/g 湿重、2.85 pg TEQ/g 湿重。Phua 等[29]报道显示，澳大利亚蓝鳍金枪鱼 DL-PCBs 的毒性当量为 0.67～1.18 pg TEQ/g 湿重，该国其他海产品中指示性 PCBs 均值为 3.89 ng/g 湿重[30]。

一般来说，不同鱼类体内的 PCBs 含量不同，这与鱼的品种及其在食物链中的位置、代谢特点、生活习性和水域受污染程度有关，淡水鱼体内 PCBs 的含量一般比海鱼的低。从现有文献数据来看，对比发达国家，我国海产品中多氯联苯污染状况相对较轻[25-31]。

牛肉、猪肉、鸡肉、牛奶和鸡蛋等畜禽产品在全球范围内消费量巨大，1999 年比利时鸡饲料二噁英污染事件后，人们对动物源性食品中 POPs 污染状况持续关注，一些国家或组织，如欧盟(European Union, EU)，对食品和饲料中 POPs 的限量制定了标准(如 EU 1259/2011)，并不断修订。

2011 年我国第五次 TDS 结果显示，肉及肉制品中 DL-PCBs 的 TEQ 为 0.04 pg TEQ/g 湿重，蛋及其制品中为 0.03 pg TEQ/g 湿重，乳及其制品中为 0.03 pg TEQ/g 湿重[23]。对比 2007 年完成的我国第四次 TDS 结果：肉及肉制品中 DL-PCBs 的 TEQ 为 0.05 pg TEQ/g 湿重，蛋及其制品中为 0.04 pg TEQ/g 湿重，乳及其制品中为 0.04 pg TEQ/g 湿重[31]，整体呈下降趋势。

Shen[25]等报道了 2012～2015 年对我国乳及乳制品的监测结果。鲜牛乳(n=83)中类二噁英多氯联苯毒性当量中位值为 0.02 pg TEQ/g 湿重(0.59 pg TEQ/g 脂肪计)，指示性多氯联苯的中位值为 0.5 ng/g 脂肪，均低于欧盟法规有关限量，PCB138 (0.05 pg/g 湿重)检出浓度最高，占 PCBs 总浓度的 16.9%。奶粉(n=35)中 DL-PCBs 毒性当量中位值为 0.11 pg TEQ/g 湿重(0.58 pg TEQ/g 脂肪计)，指示性多氯联苯的中位值为 0.3 ng/g 脂肪，均低于欧盟法规有关限量。PCB153(15.5 pg/g 湿重)检出浓度最高，占 PCBs 总浓度的 19.7%。婴幼儿配方奶粉(n=102)中 DL-PCBs 毒性当量中位值为 0.03 pg TEQ/g 湿重（0.13 pg TEQ/g 脂肪），指示性多氯联苯的中位值为 33.9 pg/g 脂肪，均低于欧盟法规有关限量。

动物肝脏是许多污染物的储存场所。Shen[25]等对采自浙江市场的猪肝（n=20）的检测结果表明，猪肝中 PCDD/Fs 的总浓度在所有被检食品中最高(7.8 pg TEQ/g 湿重)，但其毒性当量(0.16 pg TEQ/g 湿重)低于杂食性淡水鱼(0.18 pg TEQ/g 湿重)。猪肝中的 PCBs 总浓度的中位值为 7.8 pg/g 湿重(PCB-TEQ 为 0.02 pg TEQ/g 湿重)，是所有被检食物中最低的。PCB28 是检出浓度最高的单体(1.88 pg/g 湿重)，占 PCBs 总浓度的 17.6%。

动物源性食品在西方居民膳食结构中占比较大。澳大利亚全国食品消费调查数据显示，157 份市售食品中，指示性多氯联苯污染最严重的依次是畜肉、禽肉、狩猎野味和动物内脏，指示性多氯联苯的平均浓度为 5.20 ng/g 脂肪；其次是鸡蛋(4.00 ng/g 脂肪)和乳及乳制品(3.07～4.44 ng/g 脂肪)[30]。据 Shen[25]等报道，斯洛文尼亚猪肉中 PCBs 含量均值为 0.15 pg TEQ/g 脂肪，西班牙猪肉中 PCBs 含量均值为 0.005 pg TEQ/g 湿重。

4.3.2 植物源性食品

由于多氯联苯具有脂溶性特性，使得它们主要蓄积在动物源性食品中，以往的研究报道也多聚焦于此。然而鉴于植物源性食品消费量巨大，由 POPs 污染造成的潜在风险同样不容忽视。

2007 年我国第四次 TDS 结果显示[31]，谷物类 7 种指示性 PCBs 的均值为 46.9 pg/g 湿重、坚果/豆类均值为 60.9 pg/g 湿重、薯类均值为 45.7 pg/g 湿重、蔬菜类均值为 46.7 pg/g 湿重；上述 4 类食品其 DL-PCBs 的毒性当量分别为 0.0018 pg TEQ/g 湿重、0.0017 pg TEQ/g 湿重、0.0015 pg TEQ/g 湿重和 0.0036 pg TEQ/g 湿重。2011 年我国第五次 TDS 结果显示，各类别植物源性食品的 PCBs 比 2007 年均有一定程度的下降[23]，详见表 4-4 和表 4-5。

据 Lü 等[32]的总结，1993 年在威尔士和英格兰城乡区域采集的莴苣和马铃薯中，18 种 PCBs(12 种 DL-PCBs 和 6 种指示性 PCBs)的浓度为 1～23 ng/g 干重，南威尔士靠近工业区的蔬菜中 6 种指示性 PCBs 的浓度为 13～23 ng/g 干重；西班牙加泰罗尼亚地区 2006 年采集的蔬菜中，18 种上述 PCBs 平均浓度为 0.24 ng/g 干重；芬兰 1997～1999 年调查数据显示，番茄、洋葱、胡萝卜和黄瓜中 34 种 PCBs(含 18 种上述 PCBs)的平均浓度为 2.6 ng/g 干重；日本市场 1999 年数据显示，12 种 DL-PCBs 的平均浓度为 0.041 ng/g 干重。

表 4-4 全国第四次总膳食研究（2007年）和第五次总膳食研究（2011年）所涉及省份的 PCBs 毒性当量数据（均值，单位：pg TEQ/g 湿重）

	黑龙江	辽宁	河北	山西	宁夏	河南	上海	福建	江西	广西	四川	湖北	全国均值
2007年													
水产	0.07	0.18	0.14	0.09	0.05	0.07	0.25	0.19	0.42	0.18	0.09	0.15	0.16
肉及肉制品	0.03	0.09	0.12	0.03	0.05	0.04	0.02	0.06	0.05	0.06	0.04	0.02	0.05
蛋及蛋制品	0.04	0.02	0.03	0.02	0.03	0.05	0.04	0.09	0.05	0.01	0.06	0.04	0.04
乳及乳制品	0.03	0.02	0.05	0.02	0.03	0.04	0.001	0.01	0.12	0.06	0.01	0.12	0.04
谷物	0.002	0.00001	0.005	0.00002	0.00004	0.001	0.001	0.009	0.00001	0.0001	0.0004	0.003	0.0018
豆类	0.001	0.0005	0.001	0.00003	0.0002	0.0005	0.0003	0.015	0.0004	0.0005	0.0003	0.0001	0.0017
薯类	0.001	0.001	0.0004	0.0001	0.0001	0.0001	0.002	0.001	0.011	0.001	0.0005	0.0002	0.0015
蔬菜类	0.002	0.02	0.001	0.0002	0.0002	0.0001	0.0003	0.001	0.0004	0.017	0.001	0.0003	0.00036
2011年													
水产													0.11
肉及肉制品													0.04
蛋及蛋制品													0.03
乳及乳制品													0.03
谷物													0.0001
豆类													0.0003
薯类													0.001
蔬菜类													0.002

表 4-5 全国第五次总膳食研究(2011 年)所涉及省份的食品中指示性 PCBs 的含量

(单位: ng/kg)

食物类别	黑龙江	辽宁	河北	北京	吉林	陕西	河南	宁夏	内蒙古	青海	上海	福建	江西	江苏	浙江	湖北	四川	广西	湖南	广东	全国平均
谷物	8.3	32.6	0.8	2.7	1.3	3.5	1.5	2.6	3.6	4.3	2.9	1.6	7.2	2.3	5.3	3.7	3.6	3.6	1.6	3.9	4.8
豆类	10.8	7.3	26.9	3.0	1.4	11.9	13.1	4.4	3.8	11.7	2.9	5.7	9.7	8.8	10.2	12.1	7.1	6.1	8.3	6.8	8.6
薯类	13.3	10.2	20.8	9.6	2.3	7.9	3.5	10.6	2.0	14.2	5.9	2.5	22.4	8.1	12.0	7.1	6.6	9.3	6.5	1.0	8.8
肉类	59.2	72.7	242.2	79.2	22.9	28.3	40.4	37.8	40.2	155.2	33.2	52.0	27.9	34.5	133.7	20.6	26.8	43.0	57.9	51.1	62.9
蛋类	73.7	93.4	4.7	34.9	55.3	14.7	9.9	105.5	15.5	68.1	80.5	113.2	34.2	221.4	49.0	21.6	407.0	39.1	38.5	51.5	76.6
水产	211.2	162.6	274.9	301.7	153.4	270.0	179.6	97.4	216.4	229.4	1001.4	1300.1	117.9	382.3	229.0	184.9	60.5	213.5	228.7	339.0	307.7
乳类	25.4	32.5	50.9	26.2	37.3	11.9	27.2	13.0	22.6	13.3	13.1	12.6	11.3	25.1	17.6	15.0	31.9	37.4	16.3	22.2	23.1
蔬菜	23.1	22.4	53.0	12.9	10.5	10.2	7.5	7.1	11.8	19.1	20.6	11.3	10.1	12.2	64.2	9.3	12.7	13.3	12.8	11.3	17.8

4.4 多氯联苯膳食摄入情况

我国自 20 世纪 90 年代初期以来，共完成了 5 次全国性的 TDS。2011 年第五次 TDS 对采自 20 个省（自治区、直辖市）共计 152 份食材混样进行了检测。经 Zhang 等估算[23]，我国 6～15 岁人群指示性 PCBs 的摄入量为 3.37 ng/(kg bw·d)，19～65 岁女性指示性 PCBs 的摄入量为 3.19 ng/(kg bw·d)，19～65 岁男性指示性 PCBs 的摄入量为 2.64 ng/(kg bw·d)。膳食中指示性 PCBs 暴露的 50%～55% 来源于乳及乳制品摄入，其次是水产类摄入（23%～27%）。居民污染物（含 PCDD/Fs）TEQ 月摄入均值和中位值分别为 20.1 pg TEQ/kg bw 和 12.9 pg TEQ/kg bw，大大低于 JECFA 的暂定每月可耐受摄入量（70 pg TEQ/kg bw）。Zhang 等还发现，TEQ 摄入水平高低区域差异显著，如上海市居民的摄入量［53.7 pg TEQ/(kg bw·月)］大约是河南省居民摄入量［4.2 pg TEQ/(kg bw·月)］的 13 倍。据报道，国外居民 PCBs 等的膳食摄入近年来呈递减趋势。我国 2007 年第四次 TDS 调查结果［15.6 pg TEQ/(kg bw·月)］比 2000 年［16.6 pg TEQ/(kg bw·月)］约上升了 6%，2011 年第五次 TDS 调查的结果降至 13.5 pg TEQ/(kg bw·月)，其中成人的摄入量比 2007 年降低了 14.8%，但差异并不显著（$p>0.05$）[23]。总体上，沿海省份居民 PCBs 经膳食摄入水平较高，西北内陆地区的则较低。另外，不同类别食品对 PCBs 膳食暴露贡献率存在较大差异，水产和肉类是我国居民 PCBs 暴露的主要来源。

在国外同类研究中，Törnkvist 等[33]于 2005 年对瑞典市场菜篮子调查后，结合膳食摄入量，对居民鱼、肉、蛋、奶和油脂类食品中的 POPs 摄入水平进行了评估。结果显示 PCBs 等 POPs 在鱼体内被检出，且其含量最高，二噁英类污染物（PCDD/Fs+PCBs）毒性当量人均摄入量为 0.7 pg TEQ/(kg bw·d)，$\sum$PCBs 摄入量为 4.9 ng/(kg bw·d)，其中鱼类贡献占比 64%。Marin 等[34]对西班牙瓦伦西亚地区 8 大类共 150 份食品检测后发现，PCB 118、PCB105 和 PCB156 是检出最多的单体，成人和儿童二噁英类污染物 TEQ(PCDD/Fs+PCBs) 摄入水平分别为 2.86 pg TEQ/(kg bw·d) 和 4.58 pg TEQ/(kg bw·d)。对于成人毒性当量摄入，鱼类贡献占比 59%，乳及乳制品贡献占比 19%，油脂类贡献占比 9%。据 Fromberg 等估算，丹麦人群对指示性 PCBs 的日均摄入量约为 900 ng[35]。据 Polder 等报道，1998～2002 年俄罗斯西北部人群 4 种单邻位取代 PCB(105、118、156 和 157)的膳食摄入水平为 0.74 pg TEQ/(kg bw·d)，鱼、肉、蛋、奶贡献占比居前，均与瑞典、丹麦等国情况类似[36]。

4.5 多氯联苯人体负荷情况

目前一般通过监测母乳、血液、脂肪组织等人体基质来了解 PCBs 的人体负荷情况。母乳中含有婴儿生长必需的蛋白质、脂肪酸、抗体和内源性激素等大量有益物质。另外，母乳也是诸如 DDT 和 PCBs 之类的 POPs 在母婴间传递的主要介质。监测母乳中的 PCBs 等 POPs，对于全面衡量母乳喂养的利弊，具有现实的意义。相较于人体其他组织，母乳的获得较为方便；此外，较高的脂肪含量(3%~5%)也能比较准确地反映亲脂性的 POPs 在人体的暴露水平。但母乳监测的对象及年龄段相对局限，无法代表全部人群。血液监测虽能弥补这些不足，但它属于创伤性采样，此外血液中脂肪含量低(0.3%~0.5%)，PCBs 的检测难度大。人体脂肪中 PCBs 的蓄积浓度高，检测结果可信度高，但样品获取非常困难。基于现有文献报道，本节对上述三种人体基质中 PCBs 的研究情况分别介绍如下。

4.5.1 母乳基质

目前国内关于母乳中多氯联苯的报道不是很多，关注的热点主要集中在研究废旧电器拆解行业对环境生态和人群健康的影响，涉及普通人群的报道比较有限。Li 等首次报道了我国母乳中 PCBs 的污染情况，2008 年我国母乳监测共募集 1237 份母乳样品，来自 12 个省市，代表全国总人口的近 50%[37]。检测发现母乳中多氯联苯的人体负荷为 1.69 pg TEQ/g 脂肪，占二噁英类总 TEQ(5.42 pg TEQ/g 脂肪)的 31.2%。Shen 等[38]报道了浙江省城市(42.8 ng/g 脂肪)和农村(26.5 ng/g 脂肪)74 份母乳样品中的 PCBs 含量，结果显示城市和农村毒性当量分别为 2.66 pg TEQ/g 脂肪和 1.83 pg TEQ/g 脂肪。由于我国地域辽阔、居民膳食摄入类别多元化，母乳中多氯联苯含量呈现出显著的地域性差别。全球范围内母乳中多氯联苯含量总体上也呈现出一定的地域性差别。例如，东亚地区(中国、韩国、日本)报道的数据比较接近(<10.0 pg TEQ/g 脂肪)，而欧美的则普遍高于这些地区(10~60 pg TEQ/g 脂肪)，表 4-6 对比了不同国家地区母乳中 PCBs 的毒性当量[37]。不同地区/人群间膳食结构的不同是导致这种差异的一个合理解释，西方人对动物源性食物的摄入要高于东方人，而 PCBs 在动物源性食品中含量普遍高于植物源性食品。Shen 等发现食品、母乳、脂肪组织中 PCBs 的指纹图谱非常接近[38]，认为这佐证了膳食摄入是人体暴露 POPs 的主要途径的观点。

Lignell 等对瑞典 1996~2006 年母乳监测的数据分析后发现，PCBs 和 PCDD/Fs 的 TEQ 从 1996 年的 13.2 pg/g 脂肪降到了 2006 年的 8.2 pg/g 脂肪，10 年中降低了 38%[39]。我国研究人员 Zhang 等对 2011 年全国母乳监测数据统计分析发现，我国非职业暴露人群 6 种指示性 PCBs 的浓度均值为 6.6 ng/g 脂肪(2.3~

19.0 ng/g)，该数据比 2007 年的监测数据下降了 41%[40]。和西方发达国家监测到的下降趋势一致，作者认为这与我国近年大力加强环境治理和污染减排有关。但也应注意到母乳中 BDE-209 浓度仍呈上升趋势，由于我国开展人体监测时间较短、数据相对有限，目前尚难对我国母乳 POPs 变化趋势做出准确判断。

表 4-6　不同国家/地区母乳中 PCBs 的毒性当量[37]

国家/地区	调查时间	志愿者数量	年龄	$TEQ_{PCBs}/(pg/g\ 脂肪)$
中国(不含港澳台数据)	2007 年	1237	18～37	1.69
中国台湾	2000～2001 年	20	25～35	5.19
中国香港	2001～2002 年	316	17～42	4.67
日本	1998～2002 年	839	20～39	8.8
日本札幌	2002～2004 年	30	21～40	4.9
日本福冈	2001～2004 年	38	21～40	10
韩国首尔	1998 年	8	24～48	6.38
德国慕尼黑	2005 年	42	—	9.88
德国杜伊斯堡	2000～2003 年	169	19～42	13.43
捷克(涉及 7 个地区数据)	1999～2000 年	81	18～36	57.2
西班牙马德里	2004 年	11	—	3.13
俄罗斯摩尔曼斯克	2002 年	14	17～32	19
比利时列日市	2000～2001 年	20	26～38	11.5
意大利威尼斯、罗马	1998～2001 年	39	21～40	15.7

注：一表示无数据。

另外，在一些典型污染地区，如电子垃圾(E-waste)拆解地周边，PCBs 等 POPs 的人体负荷不容乐观。Xing 等 2009 年对我国广东贵屿一个废旧电器拆解点进行调查，发现附近居民母乳中的 PCBs 毒性当量达到 9.5 pg TEQ/g 脂肪[41]，是前述全国普通人群母乳水平的 5.6 倍。而 Man 等于 2017 年报道了我国另一个大型废旧电器拆解地台州 PCBs 的污染情况，发现当地哺乳期妇女乳汁中 PCBs 的浓度水平高达 363 ng/g 脂肪，毒性当量水平达 143 pg TEQ/g 脂肪。在纯母乳喂养的情况下，婴儿的估计每日摄入量(estimated daily intake，EDI)将达 438 pg TEQ/(kg bw·d)，高出世界卫生组织推荐的每日可耐受摄入量近 110 倍[WHO TDI：1～4 pg TEQ/(kg bw·d)][42]。由于 Man 等的数据(143 pg TEQ/g 脂肪)比同类调查(如 Xing 等的调查结果)高出十多倍，因此需要更多的调查进行进一步确证。

4.5.2　脂肪基质

PCBs 等 POPs 属于脂溶性化合物，在生物体内主要蓄积在脂肪含量较高的组织内。由于样品获取十分困难,关于人体脂肪中 POPs 的蓄积水平报道很少。

我国研究人员 Shen 等[43]报道了 24 份人体脂肪样品中 PCBs 的污染水平,DL-PCBs 的总浓度平均值为 32.8 ng/g 脂肪(范围为 4.11~125 ng/g 脂肪),6 种指示性 PCBs 的总浓度平均值为 154.3 ng/g 脂肪(范围为 8.75~754.6 ng/g 脂肪),毒性当量浓度为 16.2 pg TEQ/g 脂肪(WHO-TEF-1998),高于亚洲其他国家(印度:14.4 pg TEQ/g 脂肪,韩国:9.6 pg TEQ/g 脂肪,日本:15.3 pg TEQ/g 脂肪)[43]。PCB118、PCB156 和 PCB105 依次为检出浓度最高的前三种 DL-PCBs,在所有 12 种 DL-PCBs 中占比达 77.6%。PCB126 在脂肪中浓度达到 83.8 pg/g 脂肪,占全部 PCBs 毒性当量(WHO$_{PCBs}$ TEQ)的 50%。

据报道,世界范围内 PCBs 的人体负荷水平呈下降趋势,亚洲人群脂肪中二噁英与多氯联苯毒性当量的比例(WHO$_{PCDD/Fs}$/WHO$_{PCBs}$ TEQ)与欧洲国家有较大的差异:亚洲人群脂肪中 PCBs 贡献的毒性当量要大于 PCDD/Fs。日本研究人员 Choi 等[44]分析了分别于 20 世纪 70 年代、90 年代和 2000 年收集的 45 份人体脂肪样品,发现 PCBs 的毒性当量浓度从 70 年代的 35.4 pg TEQ/g 脂肪降低到 2000 年的 15.3 pg TEQ/g 脂肪。由于关于人体脂肪中 PCBs 含量缺乏更多的数据,暂时无法对该数据在我国的变化趋势作出判断。

4.5.3 血液基质

我国对血液中 POPs 的研究主要集中于典型污染地区。Zhao 等[45]对暴露组(浙江省废旧电器拆解地台州市,$n=26$)和对照组(杭州市临安区,$n=4$)脐带血中的 PCBs 进行了比较,发现暴露组 TEQ$_{PCBs}$ 中位值为 18.0 pg TEQ/g 脂肪(范围为 6.2~50.1 pg TEQ/g 脂肪),显著高于对照组样本 TEQ$_{PCBs}$ 中位值的 8.6 pg TEQ/g 脂肪(范围为 4.9~9.7 pg TEQ/g 脂肪)。在另一组类似的研究中,Shen 等[46]以台州市路桥区 6 份儿童全血作暴露组,天台县 9 份儿童全血作对照组,研究发现暴露组 TEQ$_{PCBs}$ 平均值为 11.9 pg TEQ/g 脂肪(范围为 5.85~20.2 pg TEQ/g 脂肪),高于对照组样本 TEQ$_{PCBs}$ 平均值(9.85 pg TEQ/g 脂肪)(范围为 0.61~18.0 pg TEQ/g 脂肪)。Yang 等研究了天津一处废旧电器拆解地工人的职业暴露情况,发现工人血液中 PCBs 总浓度为 44.1 ng/g 脂肪,显著高于周围居民的 12.4 ng/g 脂肪[47]。从现有的报道可以看出,我国典型污染地区居民血液中 PCBs 的污染水平高出普通人群不少,其潜在的健康风险值得进一步加强研究。

Todaka 等通过对日本札幌市 195 位孕产妇捐赠的血清进行分析后,发现 PCBs 的浓度为 11.2~16.7 ng/g 脂肪;101 位初产孕妇血清中 PCBs 的平均毒性当量为 5.5 pg TEQ/g 脂肪(<30 岁)和 6.8 pg TEQ/g 脂肪(>30 岁);94 位经产孕妇的分别为 3.9 pg TEQ/g 脂肪(<30 岁)和 5.5 pg TEQ/g 脂肪(>30 岁);随着生产次数的增加,母亲血清中 PCBs 的负荷逐渐降低[48]。Agudo 等利用 GC-ECD 方法,分析了西班牙 35~

64岁人群共953份血液中的4种指示性PCBs(118、138、153和180)，结果为459 ng/g脂肪[49]。Consonni等对1989~2010年(研究开展的时间，非采样时间)全球26个国家共187项涵盖161种POPs单体的针对血液基质的研究进行了统计分析[50]，结果表明PCBs毒性当量的平均值为3.7 pg TEQ/g脂肪，中位值为1.9 pg TEQ/g脂肪(范围为1.8~42.4 pg TEQ/g脂肪)。统一计算单位后，作者发现欧洲国家报道的二噁英及其类似物无论是单体浓度还是TEQ浓度，相比其他地区都处于较高水平。1985~2008年，二噁英类化合物(PCDD/Fs)和一些单邻位取代PCBs在血液中的水平呈递降趋势；而非邻位取代PCBs(77、81、126和169)的含量，特别是PCB126，并没有明显下降的趋势，对应的PCBs的毒性当量(TEQ)浓度，也未发现明显下降趋势[50]。

参 考 文 献

[1] Riseborough R, Brodine V. More letters in the wind. Environment Science & Policy for Sustainable Development, 1970, 12: 16-26.

[2] 孟庆昱, 储少岗, 徐晓白. 多氯联苯的环境吸附行为研究进展. 科学通报, 2000, 45: 1572-1583.

[3] Ferguson K K, Hauser R, Altshul L, et al. Serum concentrations of *p, p'*-DDE, HCB, PCBs and reproductive hormones among men of reproductive age. Reproductive Toxicology, 2012, 34: 429-435.

[4] Bell M R. Endocrine-disrupting actions of PCBs on brain development and social and reproductive behaviors. Current Opinion in Pharmacology, 2014, 19: 134-144.

[5] Masuda Y. Fate of PCDF/PCB congeners and change of clinical symptoms in patients with Yusho PCB poisoning for 30 years. Chemosphere, 2001, 43: 925-930.

[6] Safe S. Polychlorinated biphenyls (PCBs): Mutagenicity and carcinogenicity. Mutation Research/Reviews in Genetic Toxicology, 1989, 220: 31-47.

[7] Otake T, Yoshinaga J, Enomoto T, et al. Thyroid hormone status of newborns in relation to *in utero* exposure to PCBs and hydroxylated PCB metabolites. Environmental Research, 2007, 105: 240-246.

[8] Majidi N, Bouchard M, Carrier G. Systematic analysis of the relationship between standardized biological levels of polychlorinated biphenyls and thyroid function in pregnant women and newborns. Chemosphere, 2014, 98: 1-17.

[9] Luque de Castro M D, Priego-Capote F. Soxhlet extraction: Past and present panacea. Journal of Chromatography A, 2010, 1217: 2383-2389.

[10] Grześkowiak T, Czarczyńska-Goślińska B, Zgoła-Grześkowiak A. Current approaches in sample preparation for trace analysis of selected endocrine-disrupting compounds: Focus on polychlorinated biphenyls, alkylphenols, and parabens. TrAC Trends in Analytical Chemistry, 2016, 75: 209-226.

[11] Bikram S, Sascha U. Enhanced pressurized liquid extraction technique capable of analyzing polychlorodibenzo-*p*-dioxins, polychlorodibenzofurans, and polychlorobiphenyls in fish tissue. Journal of Chromatography A, 2012, 1238: 30-37.

[12] Emmanuelle C, Cédric G, Lucien H, et al. Rapid analysis of polychlorinated biphenyls in fish by pressurised liquid extraction with in-cell cleanup and GC-MS. International Journal of Environmental Analytical Chemistry, 2011, 91: 333-347.

[13] Darija K, Snježana H R, Zorana K-G, et al. Distribution of polychlorinated biphenyls and organochlorine pesticides in wild mussels from two different sites in central Croatian Adriatic coast. Environmental Monitoring and Assessment, 2011, 179: 325-333.

[14] Cristian M, Silvia G, Luca G B, et al. Polychlorinated biphenyls in two salt marsh sediments of the Venice Lagoon. Environmental Monitoring and Assessment, 2011, 181: 243-254.

[15] USEPA. Method 1668 Revision B: Chlorinated biphenyls in water, soil, sediment and tissues by HRGC-HRMS. 2008.

[16] Murad H, Amal A R, Ibtisam A. Simultaneous analysis of organochlorinated pesticides (OCPs) and polychlorinated biphenyls (PCBs) from marine samples using automated pressurized liquid extraction (PLE) and Power Prep™ clean-up. Talanta, 2012, 94: 44-49.

[17] Tricia A T, Jing Y, Michael J L. Bioavailability of PCBs from field-collected sediments: Application of Tenax extraction and matrix-SPME techniques. Chemosphere, 2018, 71: 337-344.

[18] Xu W, Wang X, Cai Z. Analytical chemistry of the persistent organic pollutants identified in the Stockholm Convention: A review. Analytica Chimica Acta, 2013, 790: 1-13.

[19] 徐挺, 孔繁翔, 孙成, 等. 基因重组细胞在环境样品多氯联苯检测中的应用. 环境科学, 2004, 25: 45-48.

[20] Tomoaki T, Yoshiaki A, Akira O, et al. Application of an ELISA for PCB118 to the screening of dioxin-like PCBs in retail fish. Chemosphere, 2006, 65: 467-473.

[21] Levy W, Brena B M, Henkelmann B, et al. Screening of dioxin-like compounds by complementary evaluation strategy utilising ELISA, micro-EROD, and HRGC-HRMS in soil and sediments from Montevideo, Uruguay. Toxicology in Vitro, 2014, 28: 1036-1045.

[22] Dougherty C. Dietary exposures to food contaminants across the United States. Environmental Research, 2000, 84: 170-185.

[23] Zhang L, Yin S, Wang X, et al. Assessment of dietary intake of polychlorinated dibenzo-p-dioxins and dibenzofurans and dioxin-like polychlorinated biphenyls from the Chinese Total Diet Study in 2011. Chemosphere, 2015, 137: 178-184.

[24] Du Z-Y, Zhang J, Wang C, et al. Risk-benefit evaluation of fish from Chinese markets: Nutrients and contaminants in 24 fish species from five big cities and related assessment for human health. Science of the Total Environment 2012, 416: 187-199.

[25] Shen H, Guan R, Ding G, et al. Polychlorinated dibenzo-p-dioxins/furans (PCDD/Fs) and polychlorinated biphenyls (PCBs) in Zhejiang foods (2006—2015): Market basket and polluted areas. Science of the Total Environment, 2017, 574: 120-127.

[26] Costopoulou D, Vassiliadou I, Leondiadis L. Infant dietary exposure to dioxins and dioxin-like compounds in Greece. Food and Chemical Toxicology, 2013, 59: 316-324.

[27] Godliauskienė R, Petraitis J, Jarmalaitė I, et al. Analysis of dioxins, furans and DL-PCBs in food and feed samples from Lithuania and estimation of human intake. Food and Chemical Toxicology, 2012, 50: 4169-4174.

[28] Shaw S D, Brenner D, Berger M L, et al. PCBs, PCDD/Fs, and organochlorine pesticides in farmed Atlantic salmon from Maine, eastern Canada, and Norway, and wild salmon from Alaska. Environmental Science and Technology, 2006, 40: 5347-5354.

[29] Phua S T G, Ashman P J, Daughtry B J. Levels of polychlorinated biphenyls (PCB) and polychlorinated dibenzo-*p*-dioxins and dibenzofurans (PCDD/F) in fillets of farmed southern bluefin tuna (*Thunnus maccoyii*). Chemosphere, 2008, 73: 915-922.

[30] Mihats D, Moche W, Prean M, et al. Dietary exposure to non-dioxin-like PCBs of different population groups in Austria. Chemosphere, 2015, 126: 53-59.

[31] Zhang L, Li J, Liu X, et al. Dietary intake of PCDD/Fs and dioxin-like PCBs from the Chinese total diet study in 2007. Chemosphere, 2013, 90: 1625-1630.

[32] Lü H, Cai Q-Y, Jones K C, et al. Levels of organic pollutants in vegetables and human exposure through diet: A review. Critical Reviews in Environmental Science and Technology, 2014, 44: 1-33.

[33] Törnkvist A, Glynn A, Aune M, et al. PCDD/F, PCB, PBDE, HBCD and chlorinated pesticides in a Swedish market basket from 2005: Levels and dietary intake estimations. Chemosphere, 2011, 83: 193-199.

[34] Marin S, Villalba P, Diaz-Ferrero J, et al. Congener profile, occurrence and estimated dietary intake of dioxins and dioxin-like PCBs in foods marketed in the Region of Valencia (Spain). Chemosphere, 2011, 82: 1253-1261.

[35] Fromberg A, Granby K, Højgård A, et al. Estimation of dietary intake of PCB and organochlorine pesticides for children and adults. Food Chemistry, 2011, 125: 1179-1187.

[36] Polder A, Savinova T N, Tkachev A, et al. Levels and patterns of persistent organic pollutants (POPs) in selected food items from Northwest Russia (1998—2002) and implications for dietary exposure. Science of the Total Environment, 2010, 408: 5352-5361.

[37] Li J, Zhang L, Wu Y, et al. A national survey of polychlorinated dioxins, furans (PCDD/Fs) and dioxin-like polychlorinated biphenyls (dl-PCBs) in human milk in China. Chemosphere, 2009, 75: 1236-1242.

[38] Shen H, Ding G, Wu Y, et al. Polychlorinated dibenzo-*p*-dioxins/furans (PCDD/Fs), polychlorinated biphenyls (PCBs), and polybrominated diphenyl ethers (PBDEs) in breast milk from Zhejiang, China. Environment International, 2012, 42: 84-90.

[39] Lignell S, Aune M, Darnerud P O, et al. 2009, Persistent organochlorine and organobromine compounds in mother's milk from Sweden 1996—2006: Compound-specific temporal trends. Environmental Research, 109: 760-767.

[40] Zhang L, Yin S, Zhao Y, et al. Polybrominated diphenyl ethers and indicator polychlorinated biphenyls in human milk from China under the Stockholm Convention. Chemosphere, 2017, 189: 32-38.

[41] Xing G H, Chan J K Y, Leung A O W, et al. 2009, Environmental impact and human exposure to PCBs in Guiyu, an electronic waste recycling site in China. Environment International, 35: 76-82.

[42] Man Y B, Chow K L, Xing G H, et al. A pilot study on health risk assessment based on body loadings of PCBs of lactating mothers at Taizhou, China, the world's major site for recycling transformers. Environmental Pollution, 2017, 227: 364-371.

[43] Shen H, Han J, Tie X, et al. Polychlorinated dibenzo-*p*-dioxins/furans and polychlorinated biphenyls in human adipose tissue from Zhejiang Province, China. Chemosphere, 2009, 74: 384-388.

[44] Choi J-W, Miyabara Y, Hashimoto S, et al. Comparison of PCDD/F and coplanar PCB concentrations in Japanese human adipose tissue collected in 1970—1971, 1994—1996 and 2000. Chemosphere, 2002, 47: 591-597.

[45] Zhao G, Xu Y, Li W, et al. Prenatal exposures to persistent organic pollutants as measured in cord blood and meconium from three localities of Zhejiang, China. Science of the Total Environment, 2007, 377: 179-191.

[46] Shen H, Ding G, Han G, et al. Distribution of PCDD/Fs, PCBs, PBDEs and organochlorine residues in children's blood from Zhejiang, China. Chemosphere 80: 170-175.

[47] Yang Q, Qiu X, Li R, et al. Exposure to typical persistent organic pollutants from an electronic waste recycling site in Northern China. Chemosphere, 2013, 91: 205-211.

[48] Todaka T, Hirakawa H, Kajiwara J, et al. Concentrations of polychlorinated dibenzo-p-dioxins, polychlorinated dibenzofurans, and dioxin-like polychlorinated biphenyls in blood collected from 195 pregnant women in Sapporo city, Japan. Chemosphere, 2007, 69: 1228-1237.

[49] Agudo A, Goñi F, Etxeandia A, et al. Polychlorinated biphenyls in Spanish adults: Determinants of serum concentrations. Environmental Research, 2009, 109: 620-628.

[50] Consonni D, Sindaco R, Bertazzi P A. Blood levels of dioxins, furans, dioxin-like PCBs, and TEQs in general populations: A review, 1989—2010. Environment International, 44: 2012, 151-162.

第 5 章 食品和人体中多溴二苯醚

本章导读

- 介绍多溴二苯醚的背景情况,包括多溴二苯醚的定义、结构、理化性质、毒性、全球的使用情况及禁用情况。
- 从提取技术、净化技术、分离技术和检测技术四个方面集中介绍食品中多溴二苯醚的分析方法。
- 介绍世界范围内已有研究发现的食物中多溴二苯醚的浓度水平和污染特征,并与中国的相关研究进行对比。
- 从膳食摄入的情况,进行不同国家膳食消费量中多溴二苯醚的摄入水平比较,对我国的第四次和第五次总膳食研究中的情况进行描述。
- 对人体血液、母乳及其他组织中多溴二苯醚的浓度水平和污染特征进行阐述,并对我国现有的人群研究结果与发达国家相关研究结果进行对比。

5.1 背 景 介 绍

溴系阻燃剂(brominated flame retardants, BFRs)是一类含溴原子的阻燃剂,广泛用于塑料、纺织品、家具、电线外皮以及电子产品等许多工业产品及日常用品中[1]。多溴二苯醚(polybrominated diphenyl ethers, PBDEs)是最常见的溴系阻燃剂之一,分子式为 $C_{12}H_{(0\sim9)}Br_{(10\sim1)}O$,化学结构式如图 5-1 所示,其中氢原子和溴原子之和为 10,可能存在的同类物数量达 209 种[2](表 5-1)。分子量为 249.0~959.2,白色固体,在室温下具有蒸气压低和亲脂性强的特点,沸点为 310~425℃,难溶于水,易溶于有机溶剂。而作为商品应用的多溴二苯醚有三种:五溴二苯醚(PentaBDE)、八溴二苯醚(OctaBDE)和十溴二苯醚(DecaBDE)[3]。实际上,每种商品化产品都是混合物,PentaBDE 主要为四溴代二苯醚和五溴代二苯醚的混合物;OctaBDE 主要由六溴代二苯醚和七溴代二苯醚组成;DecaBDE 中 77.4%~98%为十溴代二苯醚,混合有少量的九溴代二苯醚(0.3%~21.8%)和八溴代二苯醚(0~0.04%)。

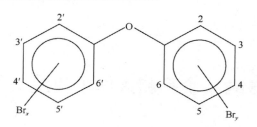

图 5-1　多溴二苯醚的结构式($x+y=1\sim10$)[2]

表 5-1　多溴二苯醚同系物的物理和化学性质[1, 4, 5]

溴代原子数	名称	简写	分子量	同类物数	蒸气压(25℃)/Pa	log K_{ow}
1	单溴二苯醚	MonoBDE	249.0	3	—	—
2	二溴二苯醚	DiBDE	327.9	12	—	—
3	三溴二苯醚	TriBDE	406.8	24	—	—
4	四溴二苯醚	TetraBDE	485.7	42	(2.6~3.3)E-4	5.9~6.2
5	五溴二苯醚	PentaBDE	564.6	46	(2.9~7.3)E-5	6.5~7.0
6	六溴二苯醚	HexaBDE	643.5	42	(4.2~9.4)E-6	6.9~7.9
7	七溴二苯醚	HeptaBDE	724.5	24	—	—
8	八溴二苯醚	OctaBDE	801.3	12	(1.2~2.2)E-7	8.4~8.9
9	九溴二苯醚	NonaBDE	880.3	3	—	—
10	十溴二苯醚	DecaBDE	959.2	1	—	10.0

由于多溴二苯醚的阻燃效率高、热稳定性好、添加量少、对材料性能影响小、价格便宜，因而作为一种添加型阻燃剂曾经被广泛用于家具、室内装潢用泡沫塑料、地毯、纺织品、电子产品和建筑材料等产品中。19 世纪末至 20 世纪初，全球对于多溴二苯醚的需求量很大，每年为 60 000~70 000 t。我国国内对于 BFRs(包括 PBDEs)的需求量也很大，2000 年，国内 BFRs 的生产量为 10 000 t，到 2001 年为止，我国 DecaBDE 的销售量已达到 13 500 t，2006 年，我国 DecaBDE 的生产量为 15 000 t。据报道，我国对于溴系阻燃剂的需求量以每年 8%的速度递增。

根据使用方法的不同，可以将阻燃剂分为添加型和反应型。多溴二苯醚属于添加型阻燃剂，由于难以与其他材料发生化学键的结合作用，多溴二苯醚容易在生产添加过程、运输过程以及产品使用或销毁等过程散逸到环境中，并随着大气和水的迁移造成大气、水体乃至整个生物圈的污染。多溴二苯醚在环境中的含量一般来说很低，通常不会引发急性中毒，但绝大部分的多溴二苯醚非常稳定，很难通过物理、化学或生物方法降解，能在土壤或沉积物等环境介质中长期存在。

在商品化产品中,五溴二苯醚的毒性最大,最严重的影响为对神经系统的损害;八溴二苯醚浓度大于等于 2 mg/kg 就会对胎儿产生毒性和致畸性;十溴二苯醚浓度达到 80 mg/kg 就可以使成熟动物的甲状腺、肝和肾发生形态的改变。目前的研究发现,多溴二苯醚主要具有神经毒性、神经发育毒性[6-8]、生殖毒性[9]、甲状腺毒性[10, 11]、免疫毒性[12, 13]、胚胎毒性[7]、肝毒性、致畸性和(潜在)致癌性[14]等效应,对人体健康存在潜在的危害。此外,溴系阻燃剂发烟量高,PBDEs 在制备、燃烧及高温分解时会生成剧毒致癌物如多溴代二苯并二噁英(polybrominated dibenzodioxins,PBDDs)及多溴二苯并呋喃(polybrominated dibenzofurans,PBDFs)[15]。

由于多溴二苯醚具有稳定性好、生物累积性强、持久性强、难降解等特点,2009 年,《斯德哥尔摩公约》第四次缔约方大会将商用五溴二苯醚和八溴二苯醚列入新的持久性有机污染物名单[16]。欧洲与北美洲已分别于 1998 年和 2004 年停止生产、使用五溴二苯醚和八溴二苯醚。欧盟规定,自 2006 年 7 月起所有电子、电气设备中多溴二苯醚的含量不能超过电子、电气设备中限制使用某些有害物质指令的规定。美国环境保护署规定,自 2013 年 12 月 31 日起,美国境内全面禁用十溴二苯醚。2015 年 10 月,溴科学与环境论坛(Bromine Science and Environment Forum, BSEF)宣布,解禁十溴二苯醚在一些关键材料中的使用。2017 年,《斯德哥尔摩公约》第八次缔约方大会将十溴二苯醚列入新增的持久性有机污染物名单[17]。

本章将依据现有文献,对多溴二苯醚的分析方法、食品中含量水平、膳食摄入状况以及人体负荷情况进行分析。

5.2 多溴二苯醚分析方法

多溴二苯醚在环境介质以及生物体中的分布范围广泛,同时又存在着多种同系物以及衍生物,因此样品的复杂性就对分析方法提出了更高的要求,需要具有高灵敏度的分析设备、良好的净化技术和分离方法以满足分析的要求。由于具有亲脂性,多溴二苯醚易在动物源性(畜禽肉、生鲜乳、水产品和蛋与蛋制品等)食品及人体中富集。因此,食品和人体中多溴二苯醚的测定主要指的是动物源性食品和人体中的多溴二苯醚的测定,目标物为美国环境保护署 1614 方法中列出的环境中优先关注的 8 种单体:BDE-28、BDE-47、BDE-99、BDE-100、BDE-153、BDE-154、BDE-183 和 BDE-209[18]。本节从提取技术、净化技术、分离技术和检测技术这四个方面分别进行介绍。表 5-2 列出的是近些年多溴二苯醚常用的前处理方法、净化和检测技术。

表 5-2 食品中多溴二苯醚的前处理方法、净化和检测技术

样品	提取技术	净化处理	检测技术	参考文献
鱼肉及鱼油	200 mL 正己烷：丙酮（1:1, $V:V$）溶液，索氏提取 12 h	GPC 净化，"中性硅胶+酸性硅胶+中性硅胶"多层硅胶柱净化	GC-NCI/MS	[19]
鱼肉	200 mL 正己烷：丙酮（1:1, $V:V$）溶液，索氏提取 72 h	GPC 净化，"氧化铝+中性硅胶+碱性硅胶+中性硅胶+酸性硅胶"多层硅胶氧化铝层析柱净化	GC-NCI/MS	[20]
蔬菜	250 mL 正己烷：丙酮（1:1, $V:V$）溶液，索氏提取 72 h	GPC 净化，"氧化铝+脱活硅胶+碱性硅胶+脱活硅胶+酸性硅胶"硅胶氧化铝复合层析柱净化	GC-NCI/MS	[21]
深海鱼油	超声提取 10 min	"中性硅胶+酸性硅胶"净化	GC-NCI/MS	[22]
海产品	15.0 mL 正己烷超声提取 10 min（3 次）	弗罗里硅土层析柱净化	GC-NCI/MS	[23]
白洋淀鸭子	180 mL 正己烷：丙酮（1:1, $V:V$）溶液，索氏提取 48 h	GPC 净化，硅胶柱净化	GC-NCI/MS	[24]
贝类	ASE（萃取池中依次填入纤维素膜、6 g 碱性氧化铝、碱性氧化铝和样品、硅藻土）萃取，正己烷：二氯甲烷（1:1, $V:V$）提取	无	GC-NCI/MS	[25]
动物肝脏	15 mL 正己烷：丙酮（1:1, $V:V$）溶液，超声提取 10 min（3 次）	硅胶+酸性硅胶层析柱净化	GC-EIMS/MS	[26]
海产品	ASE（萃取池中依次填入纤维素滤纸片、2 g 弗罗里硅土、样品与弗罗里硅土的混合物）萃取，正己烷：二氯甲烷（1:1, $V:V$）提取	浓硫酸磺化，"活化硅胶+碱性硅胶+活化硅胶+酸性硅胶+活化硅胶"多层硅胶层析柱净化	GC-EI/MS	[27]
牛奶	牛奶皂化	自制聚苯胺固相微萃取柱净化	GC-ECD	[28]
蛋、鱼类、肉类等	正己烷：二氯甲烷（1:1, $V:V$）溶液，索氏提取 24 h	酸性硅胶柱、氧化铝柱净化	HRGC/HRMS	[29]
鱼类	正己烷：二氯甲烷（1:1, $V:V$）溶液，索氏提取 24 h	多层硅胶柱、氧化铝柱净化	HRGC/HRMS	[30]
鱼组织	正己烷：二氯甲烷（1:1, $V:V$）溶液，索氏提取 20 h	酸性硅胶柱、炭柱、氧化铝柱净化	GC-EI/MS	[31]
肉类脂肪、培根、汉堡包等	2-异丙醇：正己烷：二氯甲烷（35:30:35, $V:V:V$）溶液，索氏提取	"酸性硅胶+中性硅胶+碱性硅胶+氧化铝"多层硅胶柱净化	GC-EI/HRMS	[32]
鱼类和贻贝	戊烷：二氯甲烷 150 mL（1:1, $V:V$）微波萃取或者二氯甲烷溶液，索氏提取 6 h	酸性硅胶柱+GPC 净化	GC-EI/MS	[33]
海产品	索氏提取	弗罗里硅土固相萃取柱净化	GC-MS	[34]
冷榨植物油	索氏提取	半渗透低密度聚乙烯膜透析，凝胶渗透色谱净化，多层硅胶柱净化	GC-MS/MS	[35]
肉类、蛋、奶等	正己烷/丙酮提取	硅胶、氧化铝柱净化	HRGC/HRMS	[36]

续表

样品	提取技术	净化处理	检测技术	参考文献
海产品	30 mL 正己烷：二氯甲烷（1∶1，$V∶V$）提取 20 min	低脂样品用弗罗里硅土柱净化；高脂样品先用 GPC 净化，然后用弗罗里硅土柱净化	HRGC/HRMS	[37]
鱼类	超声提取	硅胶柱净化	GC-NCI/MS	[38]
肉类、奶制品、蛋类、鱼类	400 mL 二氯甲烷：正己烷（3∶1，$V∶V$）溶液，索氏提取	"中性硅胶+酸性硅胶+中性硅胶"多层硅胶柱净化，必要时可用浓硫酸除脂	HRGC/HRMS	[39]
海产品	丙酮/正己烷溶液，索氏提取	酸性硅胶+弗罗里硅土柱净化	GC-ENCI/MS	[40]
鱼类	150 mL 环己烷/乙酸乙酯溶液，索氏提取	正己烷和浓硫酸混合物粗净化（除脂），"活化硅胶+酸性硅胶+磺化硅胶"多层硅胶柱净化	HRGC-HRMS	[41]
鲶鱼	无	QuEChERS 净化，以乙腈为溶剂，用分散固相萃取和氧化锆吸附剂净化	LP-GC-MS/MS	[42]

5.2.1 提取技术

多溴二苯醚在环境介质，尤其是人体和食品中含量极低且同系物较多，因此需要针对样品性质选择合适的分析方法。目前采用的前处理方法主要有索氏提取法、液-液萃取法等传统的前处理方法，以及固相萃取法、固相微萃取法、微波辅助萃取法、超临界流体萃取法、搅拌子吸附萃取法、加速溶剂萃取法和超声波辅助提取法等简便、快捷、高效的新萃取方法。其中，液-液萃取法、固相萃取法和搅拌子吸附萃取法一般用于液体样品中 PBDEs 的提取[43]，索氏提取法、超声波辅助提取法和加速溶剂萃取法多用于固体样品的提取[44]。萃取溶剂可选择二氯甲烷、正己烷、丙酮以及甲苯等有机溶剂[45,46]。在这些提取技术中，固相微萃取法、微波辅助萃取法和加速溶剂萃取法在溶剂用量和萃取时间上都有很大的优势，并且微波辅助萃取法还具有大批量、大样品量处理的能力，另外，固相微萃取法能够实现现场在线分析，这三者将在 PBDEs 的分析中有更加广泛的应用。

5.2.2 净化技术

食品样品组成较复杂，经初步处理后仍存在相当量共萃取的腐殖酸、脂肪或其他多种杂质，不能直接进行色谱分析，需要进行净化处理。脂质物质是食品样品中含量最多的杂质，去除方法可分为破坏性和非破坏性两种。最常用的破坏性方法是使用浓硫酸直接加入样品或用酸化硅胶净化，该方法能去除大量脂肪，但需要更多步骤的萃取和过滤，增大实验强度[18]。非破坏性的去脂方法有凝胶渗透色谱法（GPC）[19,47]和吸附剂层析柱法[30,48]，这两种方法都能有效地去除脂肪和大分子化合物，但对于有机卤素化合物分离效果差，通常可以利用硅胶、氧化铝、硅酸镁[49]等中性吸附剂或半透膜装置[50]进一步净化。GPC 是根据被分离物质的分子量的不同，通过具有分子筛性质的固定相，使物质达到分离。富含脂质的食品通常采用 GPC 净化和多层层析柱联用的方法，净化效果显著提高，而且该方法净化容量大，可重复使用，时间短，简单、准确。在 PBDEs 前处理步骤中需要注意的是 BDE-209 的分析。由于 BDE-209 在紫外光照射或高温时容易分解，致使 BDE-209 的分析比其他的同类物困难。因此在分析 BDE-209 的过程中要尽量避光，可以用棕色瓶子或者用铝箔包裹避光[51]。

5.2.3 分离技术

多溴二苯醚的色谱分离由气相色谱完成。气相色谱进样装置可以采用常规分流/不分流进样，程序升温蒸发，加压无分流、冷柱头进样，以及大体积进样[52]等方法以提高仪器的灵敏度和检测限。为了使 PBDEs 以及可能存在的干扰物充分分离，要选用足够长（30～50 m）、小直径（≤0.25 mm）的色谱柱，使用细柱子（内径 0.1 mm）可以提高分辨率。多溴二苯醚的分析采用非极性气相色谱柱，常用的色谱柱有 DB-1、DB-5、HP-5、CP-Sil8、AT-5 等。常用的色谱柱长度为 25～60 m。高溴代的 PBDEs 同系物在色谱柱上的保留时间较长，实际分析时一般采用较短的气相色谱柱，如分析 BDE-209 时一般采用 10～15 m 的色谱柱[51]。这样就可以防止其在柱子上保留时间过长而导致其在柱子上的热降解[53, 54]。

5.2.4 检测技术

PBDEs 的检测要求比较高，常用的仪器检测方法有气相色谱-电子捕获检测器法（GC-ECD）、气相色谱-质谱法（GC-MS）、气相色谱-高分辨质谱联用法（GC-HRMS）（又称高分辨气质联用法）、气相色谱-电感耦合等离子体-质谱法（GC-ICP-MS）、高效液相色谱-质谱法（HPLC-MS）、飞行时间质谱法等[18, 46, 48-52, 55-59]。由于质谱技术的普及和更多的稳定性同位素标记 PBDEs 标准品的商品化，稳定性同位素稀释技术在 PBDEs 的分析中应用越来越广泛。尤其是 BDE-209，由于其具有热不稳定性，须使用同位素内标，才能准确定量。PBDEs 的检测主要采用 GC-MS 方法。质谱的电离方式为电子轰击（EI）或负离子化学电离源（NECI）。其中 NCI 的灵敏度比 EI 的更高，因此 GC-NCI/MS 法也是 PBDEs 分析最常见的方法；但是 EI 可以使用同位素稀释的方法定量，这使得超痕量分析更加准确[46,60-64]。近年来，高分辨气相色谱-高分辨质谱联用的方法被应用于检测 PBDEs，使得 PBDEs 的检测灵敏度和选择性达到更高的水平。美国 EPA 1614 方法推荐了 GC-HRMS 测定 PBDEs 的方法，该方法灵敏度高、选择性好，是目前最为权威和成熟的方法，但是前处理的成本高且对仪器要求较高，普及性不够强。分析过程中，样品中含有的多氯联苯会干扰多溴二苯醚的检测，必须引起足够的重视。GC-ECD 由于对有机氯化合物响应远高于有机溴化合物，所以只能用于测定浓度比较高的 PBDEs。而且 ECD 的检测限高，误差大，线性范围比较窄，选择性低，因此，目前研究者很少采用 ECD 作为检测器用于 PBDEs 的检测。

人体中 PBDEs 的分析方法基本和食品中的 PBDEs 相似，但前处理上有些不同。国际上食品和人体中的多溴二苯醚的检测技术的标准方法只有美国 EPA1614 方法，采用的是同位素稀释-高分辨气质联用法。国内的地方标准有 DBS 13/005—2016，采用的是气相色谱质谱法内标法。为了达到超痕量分析的要求，采用同位素稀释-高分辨气质联用法进行测定的美国 EPA 1614 方法的可靠性、准确性和重复性更好。

5.3　食品中多溴二苯醚含量水平

食物是人体摄入多溴二苯醚的主要途径之一[65]，研究表明人类可通过饮食摄入多溴二苯醚，PBDEs 通过在食物链中生物富集放大后进入人体[66]。通常认为，鱼、贝类食品是膳食摄入 PBDEs 的主要来源，另外食用肉、奶、蛋、蔬菜及其制品也会使人体摄入一定量的 PBDEs。

1981 年 Andersson 和 Blomkvist 在瑞典鱼体内首次检测到了 PBDEs 的存在，其中以四溴代二苯醚最多[67]。从此，国内外学者对食品中的 PBDEs 的污染情况进行了更为广泛的研究。近些年来，国内外各地区动物源性食品中 PBDEs 的污染情况见表 5-3。

表 5-3　不同地区食品中的多溴二苯醚浓度

地区	食品样品(肌肉组织)	PBDEs 含量/(ng/g)	参考文献
中国浙江台州市	鲫鱼	221～5 366 lw	[68]
中国乐清湾海域	黑鲈鱼	892.9 lw	[69]
中国大连海域	菲蛤	1.16 lw	[70]
中国广东清远市	水蛇	113 000 lw	[71]
中国广东贵屿	鲤鱼	1 088 lw	[72]
中国深圳海域	鱼	2.00±1.14 lw	[73]
中国大亚湾海域	鱼	5.43±3.97 lw	[74]
中国海河、渤海湾水域	鲫鱼	6.81～35.50 lw	[75]
中国大连、泉州、厦门	眼镜鱼和大黄鱼	0.91～6.98 lw	[76]
中国东江	花鲈、罗非鱼等 7 种野生鱼	21～363 lw	[77]
中国辽河稻田生态系统	草鱼	34.1～75.0 lw	[78]
中国白洋淀	鲤鱼、鲢鱼、草鱼等 16 种鱼	3.4～160.2 lw	[79]
中国东莞、顺德养鱼塘	鲤鱼、鲢鱼、草鱼、鳙鱼等	21±20 lw	[80]
中国莱州湾	蛤蜊、螺类等	230～720 fw	[81]
中国南海、渤海、东海和黄海	海鱼	0.3～700 fw	[82]

续表

地区	食品样品(肌肉组织)	PBDEs 含量/(ng/g)	参考文献
中国厦门附近海域	海产品	0.33～1.26 lw	[83]
中国长江南京段	鳜鱼、鲶鱼和鲤鱼等	0.015～0.95 fw	[84]
中国太湖	鲤鱼、鲫鱼等	0.098～0.269 fw	[85]
日本大阪	鱼体	2.2×10^{-3}～0.878 fw	[86]
美国亚利桑那州	鲷鱼、鲈鱼、鲤鱼、	60～108 lw	[87]
美国密歇根湖	鲱鱼	280 lw	[88]
美国密歇根湖	鲱鱼	485 lw	[88]
澳大利亚悉尼港	海鱼、螃蟹等 8 种样品	6.4～115 fw	[40]
荷兰莱茵河和默兹河	淡水鱼、海鱼和贝类等 40 种样品	0.01～4.8 fw	[89]
日本	海鱼	0.01～2.88 fw	[90]
加拿大哈德逊湾	鱼	0～81.79 fw	[91]
美国洛杉矶、达拉斯、奥尔巴尼	超市中的鱼	0.243 fw	[39]

注：lw 表示脂重(lipid weight)；fw 表示鲜重(fresh weight)。

其中，关于水产品中 PBDEs 的污染报道较多。PBDEs 在我国各地区水产动物体内普遍存在，其中两个电子垃圾拆解区(广东清远和浙江台州)鱼体中的 PBDEs 污染最为严重[68, 71]，鱼体主要通过鳃呼吸和食物摄入途径富集河流及饲料中的 PBDEs。近年来有学者在水体和沉积物中已检测到高浓度的 PBDEs，均以 BDE-209 为主，由此可推测水产动物中的低溴二苯醚主要源于高溴代二苯醚的降解及历史残留[68]。东江水域[77]中野生鱼体内的 PBDEs 含量仅次于台州河流鲫鱼，主要原因是东江流经惠州、东莞、广州等电子产品制造区，而以 BDE-209 为主的 PBDEs 常用作电子产品的阻燃剂，PBDEs 在环境介质中经降解转化为低溴代二苯醚，最后经食物链蓄积在食用动物体内。我国莱州湾中的蛤蜊、螺类等中的 $\sum$PBDEs 为 230～720 ng/g fw[81]。Liu 等[82]研究了南海、渤海、东海和黄海海产品中 PBDEs 的含量，结果表明，PBDEs 广泛存在于这 4 个海域，其平均浓度水平含量分别为 0.8 ng/g fw、36 ng/g fw、375 ng/g fw、388 ng/g fw，其中东海和黄海中的 PBDEs 含量明显高于南海和渤海，且 BDE-209 的浓度最高。但 Li 等[83]测定了厦门附近海产品中的 PBDEs，其浓度远低于之前文献中东海和南海所测定的含量，且检测到 BDE-209 的样品极少。Su[84]等测定了产自长江南京段的鳜鱼、鲶鱼和鲤鱼等鱼类样品中的 PBDEs，其平均浓度水平为 180 pg/g fw。Zhang 等[85]测定了太湖鲤鱼、鲫鱼等鱼类样品中 PBDEs 的含量，发现其浓度水平为 98.2～269 pg/g fw。按照现有的研究对比而言，除了高污染点附近的样品外，淡水水域鱼类样品中 PBDEs 的浓度明显要比海鱼的低。

国外对各水域中食用鱼 PBDEs 暴露情况的研究集中在 1995～2005 年，而今国外学者对 PBDEs 的研究大多集中在人体内 PBDEs 的暴露及风险评估方面。通过国内外食用鱼体中 PBDEs 污染情况对比，发现日本市场[86]上购置的鱼的肌肉组织中总 PBDEs 的浓度范围显著低于中国和美国；美国亚利桑那州希拉河水域[87]鱼体内 PBDEs 的含量明显较高，鱼体内 PBDEs 含量比中国高出 2~3 个数量级，而该水域的污染主要来源于工业污水及污水处理厂的废水。美国学者研究发现，PBDEs 在鱼体中的富集与鱼的种类和性别有关[87]，这个结论与中国近年来相关研究得出的鱼体中 PBDEs 的富集规律[80]不一致，主要原因可能是外在环境中 PBDEs 的暴露量相差较大。美国五大湖之一密歇根湖鱼体中 PBDEs 的含量在 1995~2003 年逐年增加，这主要归因于五溴二苯醚和八溴二苯醚的使用，自 2004 年被禁用后，十溴二苯醚的广泛应用及低溴二苯醚的历史残留成为 PBDEs 在环境介质中普遍存在的主要原因[88]。其中澳大利亚悉尼港东部的海鱼、螃蟹等 8 种样品中的污染浓度为 6.4~115 ng/g fw[40]，荷兰莱茵河和默兹河等的淡水鱼、海鱼和贝类等 40 种样品中的污染浓度为 0.01~4.8 ng/g fw[89]，日本海鱼中的污染浓度为 0.01~2.88 ng/g fw[90]，加拿大哈德逊湾鱼中的污染浓度为 0~81.79 ng/g fw[91]，美国洛杉矶、达拉斯、奥尔巴尼三个城市超市鱼样品中的 PBDEs 为 0.243 ng/g fw[39]。

蔬菜、水果等植物源性食品中的 PBDEs 浓度低于肉制品等动物源性食品，这与 PBDEs 的高脂溶性、低亲水性及可通过食物链富集相关。Lind 等[92]对瑞典各类食品进行了检测，结果显示蔬菜和水果中的 PBDEs 含量较低：鱼类为 0.3392 ng/g fw，肉及肉制品为 0.1092 ng/g fw，蛋类为 0.0645 ng/g fw，油脂为 0.5877 ng/g fw，蔬菜为 0.0079 ng/g fw，根茎类为 0.0074 ng/g fw，水果为 0.0058 ng/g fw。蒋友胜等[93]测定了我国南方某城市几种常见食物中的 PBDEs 浓度，结果为蛋类 (0.227 ng/g fw)＞鱼类(0.190 ng/g fw)＞猪肉(0.075 ng/g fw)＞牛肉(0.0510 ng/g fw)＞猪内脏(0.013 ng/g fw)＞大米(0.0077 ng/g fw)＞蔬菜(0.0024 ng/g fw)。浙江鸡蛋[94]中 PBDEs 的含量平均值为 563.5 ng/g fw，高于比利时水平(0~32 ng/g fw)[95]和美国水平(0.637 ng/g fw)[96]。黄油是国外常常食用的一种食品，土耳其黄油中的检测结果为 0.18~5.00 ng/g fw，其中 BDE-209 所占比例最大[93]。

5.4 多溴二苯醚膳食摄入情况

人体中 PBDEs 的来源主要有以下几个方面：①膳食摄入。PBDEs 通过食物链的生物放大作用富集后通过膳食进入人体，鱼类、贝类，尤其是富含脂肪的鱼类是最主要的摄入源。②母乳是婴儿摄入的主要来源，许多报道都证实母乳中含量最高的 BDE-47、BDE-99 和 BDE-153 可以通过母乳喂养而对婴儿健康造成威胁。③呼吸摄入。室内装饰材料、家具和电器中的 PBDEs 会不同程度地释放到空气中，而人体则通过吸入空气中的颗粒物而被动摄入 PBDEs。④职业暴露[97]。对普通人群来说，膳食是主要暴露途径，其贡献率因地区不同而有差异：在加拿大膳食摄入对 PBDEs 总暴露的贡献率为 82%[98]，英国为 93%[99]。总膳食研究是世界卫生组织和欧盟推荐的用于评价污染物膳食暴露的有效方法。该方法通过调查分析一个国家或地区的人群对食物的消费量和食物中化合物的含量来监测该化合物的人体负荷水平，进而用于健康风险评价[100, 101]。1998年，加拿大卫生部在世界上首次将PBDEs加入国家总膳食研究项目中[102]。

根据各国不同食物的平均消费量，欧洲和北美洲部分国家进行了一些针对PBDEs的研究。1998年加拿大的总膳食研究数据[102]显示人平均每日PBDEs膳食摄入量为50 ng，其中肉及肉制品的贡献率最大。但由于PBDEs浓度水平在不同食品中的含量差异太大，导致特定食品的贡献率在不同的研究之间存在差异。例如，1998年的研究显示肉类食品的贡献率为76%，而2002年的研究显示贡献率降为41%。英国和加拿大的双份饭法研究结果显示，英国人每日PBDEs摄入量(中位数)为90.5 ng[103]，加拿大人平均摄入量为50 ng[102]。2003年西班牙PBDEs膳食暴露评估结果显示，体重70 kg成年男子每日PBDEs摄入量为75.4 ng[或1.1 ng/(kg bw·d)]，儿童由于平均体重较轻，按体重计，其每日摄入量高于成年人[36]。美国研究者Schecter等报道了2004年[104]、2006年[105]和2008年[106]的研究结果，2006年美国成年男子的PBDEs摄入量为1.2 ng/(kg bw·d)。Frederiksen等[97]对多个国家的监测结果进行了汇总分析。结果可见，鱼及贝类是检测食物中的主要贡献者，报道的$\sum$PBDEs平均含量为4.2 ng/g ww，中位数为1.1 ng/g ww。Frederiksen等分析认为北美洲和欧洲鱼样品的PBDEs无显著性差异($\sum$PBDEs$_{ex209}$：p=0.50)，亚洲鱼样品中$\sum$PBDEs(不包括BDE-209)的污染水平与北美洲和欧洲亦无显著性差异(p值分别为0.91和0.87)。几项研究[107-109]结果表明，主要的膳食暴露是摄入富含脂质鱼肉产品，但是也有例外，比利时分析的沙丁鱼样品脂肪含量高，但PBDEs的污染水平却相对较低。因为鱼的生长年龄、在食物链中营养级别、季节变化等均影响着生物体对PBDEs的富集能力。根据这些研究结果，结合膳食消费量，计算获得欧洲和北美洲每人每日$\sum$PBDEs膳食摄入量为23～90 ng(包括BDE-209)。脂肪含量高的鱼、肉、油脂及一些动物的肝脏组织为主要的贡献食物。这些食物的相对贡献率取决于各类食物的食用频率。如果鱼是主要的食物来源，则无疑是膳食摄入PBDEs的主要贡献来源，这与其他POPs(如PCBs和DDT)暴露状况相一致。不同的饮食文化及饮食习惯在PBDEs的暴露上存在明显的差异。例如，日本传统的饮食中，摄入大量的鱼类食品，因此，鱼就是日本人PBDEs的主要暴露来源。瑞典、芬兰也是如此，当地居民通过吃鱼而摄入的PBDEs的量分别占总量的47%和55%。而北美洲居民鱼的消费量较少，肉及脂肪则成为膳食暴露PBDEs的两个主要来源。禽肉和肉制品占美国人膳食摄入PBDEs总量的60%～70%，而通过鱼摄入的仅仅占10%～20%。与此明显不同的是，通过对英国2000年总膳食研究样品的分析发现，英国居民PBDEs膳食摄入有70%来源于蔬菜、水果、面包和奶制品等非肉类食品[110]。

Ohta 等[111]在日本的蔬菜(如菠菜)中检出了高含量的 PBDEs,作者认为这些绿叶蔬菜可能吸收了周围空气中的 PBDEs 而造成污染。尽管蔬菜不会成为 PBDEs 的主要贡献食物,但是在进行膳食暴露评估时不应剔除,应该予以考虑。Schecter 等[105]在进行乳品检测时,发现 BDE-209 有着较高的检出比例,占 $\sum$PBDEs 的 28%,Gómara 等[112]也有同样的发现。这非常奇怪,BDE-209 生物累积性较差,一般在非生物样品中检出。因此,怀疑是在乳品的加工过程中造成了 BDE-209 的污染。此外,高含量的 BDE-209 在各类肉制品及蛋类中检出与否,与动物饲养的周边环境有关。但是从摄入量方面考虑,欧洲居民源自膳食的 PBDEs 摄入量也与北美洲居民的膳食摄入水平没有明显不同,加拿大居民的摄入量位于欧洲居民摄入量的低端,而美国居民的摄入量则处在欧洲居民摄入量的高端。

欧美发达国家和地区于 20 世纪 90 年代就开始了 PBDEs 膳食暴露和人体负荷水平的研究,我国的相关研究开展较晚且最初的研究对象多集中于高污染地区居民和职业暴露人群[113,114]。Zhao 等[115]研究了电子垃圾拆解地居民 PBDEs 膳食摄入情况,并与对照地区进行了比较。电子垃圾拆解地居民的每日 PBDEs 摄入量为 195.9 ng,是对照地区居民每日摄入量(88.1 ng)的 2 倍多。不同类别食物的贡献对两类地区居民不尽相同,在电子垃圾拆解地贡献率占前 3 位的分别是大米(46.4%)、鱼肉(26.1%)和猪肉(11.8%),而在对照地区这个排序变为鱼肉(40.8%)、大米(27.2%)和猪肉(11.2%)。两类地区居民通过膳食摄入最多的均是 BDE-47。电子垃圾拆解地居民膳食摄入 BDE-209 占总摄入量的 8.4%,主要是猪肉和鸡肉。对照区居民膳食中未检出 BDE-209。Zhang 等[116]通过分析 2007 年中国第四次总膳食研究样品并结合膳食消费量,首次获得了我国一般人群 PBDEs 的膳食摄入水平。不同年龄-性别组人群膳食暴露均值为 0.7~1.5 ng/kg。高暴露人群为 2.0~4.2 ng/kg。陕西省居民摄入量最低,广西壮族自治区居民摄入量最高,成人均值分别为 0.35 ng/kg 和 1.24 ng/kg。各类食物贡献率从大到小分别为肉类(32%)、谷类(27%)、蔬菜(16%)和水产(15%),而在上海市和福建省,水产是当地居民主要的 PBDEs 膳食来源。

鲍彦等[117]利用 2009~2013 年开展的中国第五次总膳食研究采集的全国 20 个省份的样品,采用高分辨气相色谱-高分辨质谱结合同位素稀释技术测定了 8 类食品中 7 种 PBDEs 组分含量。结果显示 7 种 PBDEs 在所有食物类别中都有检出,而且不同食品中 PBDEs 组分含量差别较大。动物源性食品,尤其是肉类、水产和蛋类中 PBDEs 含量最高,这三类食品对全国平均摄入量贡献率合计超过 60%。其中蛋类的 PBDEs 含量从 2007 年的 55.6 pg/g fw 上升到 2013 年的 315.9 pg/g fw[118]。从分省数据看,蛋类 PBDEs 含量最高的省份为第五次总膳食研究新增加的广东省和青海省,两省含量分别为 3043 pg/g fw 和 1548 pg/g fw,高于其他各省的平均值(96 pg/g fw);从组分来看,这两个省份的蛋类中含量最高的组分都为 BDE-153 和 BDE-183,提示蛋类污染来源的相似性。广东省为我国电子垃圾拆解污染严重地区，该地区蛋类中 PBDEs 的高含量可能与此相关。水产中 PBDEs 含量在南北方间有显著差异，南方地区尤其是上海与福建两个沿海地区，水产中 PBDEs 含量明显高于北方地区。有研究表明，我国海鱼的 PBDEs 污染水平高于淡水鱼[119-121]。南方地区水产采样中海鱼所占比重大，且电子垃圾拆解污染源比北方多也可能是导致我国南北方间水产中 PBDEs 污染差异的原因。福建和上海对水产的高消费量也使这两省的 PBDEs 摄入量与 2007 年比有所上升。在全国 PBDEs 摄入量整体下降的趋势下，对这些热点地区应予以特别关注。肉类中 PBDEs 含量与摄入量同 2007 年比呈下降趋势[118]，但在各类食物中处于上游水平，也高于美国和欧洲的一些国家[96, 97, 104, 106, 109, 122-128]，在今后的工作中应重点监测。乳类的 PBDEs 含量在动物源性食品中最低，甚至低于蔬菜。我国居民对全脂奶、酸奶等液态乳制品的消费高于对黄油、芝士等固态乳制品的消费，有研究表明后者的 PBDEs 含量远高于前者[96, 125, 129, 130]，乳制品较低的摄入量可能与我国居民的膳食习惯有关。植物源性食品因含水量高、含脂量低，而被认为不易富集 PBDEs，但本研究中蔬菜中 PBDEs 含量超过了乳制品，而蔬菜在我国的高消费量使其对全国平均摄入量的贡献率达到 19%，在北京、陕西、湖北和宁夏这 4 个地区的贡献率更是超过动物源性食品，成为对摄入量贡献率最高的食物。蔬菜中 PBDEs 含量最高的组分为 BDE-99 和 BDE-47，该污染特征和 2007 年的我国第四次总膳食研究结果类似[118]。蔬菜污染最严重的地区为上海和北京，BDE-99 的含量分别为全国平均值的 29 倍和 7 倍。我国这两个超大型城市较高的 PBDEs 污染水平和类似的污染特征提示蔬菜类有相似的污染途径，其他大城市的蔬菜污染值得引起关注，对其他大城市的相关监测也有待于进一步开展。某些食物类别，如谷类中 PBDEs 含量虽然在 8 类食品中处于下游水平，但其在我国较高的消费量使其占全国摄入量贡献率的 14%。谷类也是辽宁地区摄入量贡献率最高的食物。与 2007 年的我国第四次总膳食研究相比，膳食中 PBDEs 含量和摄入量总体呈下降趋势，不会造成健康风险；但个别食物和地区趋于严重的污染状况值得重点关注。

  从国内外研究报告的膳食摄入数据来看，随着我国经济的快速发展，特别是制造业的快速发展，PBDEs 等溴系阻燃剂的生产和使用规模都处于快速增长期；随着含有溴系阻燃剂电器的逐渐报废并进入环境，多溴二苯醚的人体负荷有可能会逐渐增加，在一定程度上对人体的健康存在潜在的威胁。研究发现不同国家和地区的多溴二苯醚的膳食摄入水平虽有一些差异，但在一定程度上表现出相似性；另外，不同的地区膳食习惯不同、食品污染情况不一致等因素，也会导致不同地区间居民膳食暴露水平存在差异。基于我国的第四次和第五次总膳食研究测定的居民的 PBDEs 摄入量，风险评估结果认为我国居民 PBDEs 负荷水平和膳食暴露水平与欧洲类似，处于较低水平。目前，在国际上和国内都暂时没有限量标准，这就要求不同国家根据当地情况进行监测与控制，以尽量减少多溴二苯醚的摄入量来避免危害。

5.5 多溴二苯醚人体负荷情况

PBDEs 具有一定的亲脂性和生物累积性,因此它从环境中通过多种途径进入人体后,可在人体组织中累积。环境介质中 PBDEs 含量的升高已引起世界各国关注,尤其近年来随着检测技术的进步,对人体血清、母乳及脂肪组织中 PBDEs 的浓度测定以及监测其变化趋势更是各国学者关注 PBDEs 污染程度及暴露评估工作的重点。基于血液样品的数据能覆盖各年龄段和性别的人群,因此通过检测血液样品 PBDEs 含量可对普通人群机体负荷水平做较为全面的评估。母乳样品采样便捷,无创伤,既能评价母体内 PBDEs 负荷水平,又能评价母乳喂养的婴儿经母乳的 PBDEs 摄入水平,但其缺点是不能覆盖全部人群。人体脂肪、肝脏、胎盘等组织器官采集较困难,因此相关研究不多。

5.5.1 PBDEs 在人体血液中的含量分布

血液静置后直接离心或加入抗凝剂后离心,所得上清液分别为血清和血浆,这两种组分常用于 PBDEs 负荷水平研究,而全血应用则较少[131-133]。以脂肪计时,尚未有研究发现相同血液样本的血清和血浆中 PBDEs 浓度有差别[97]。

有关血清中 PBDEs 的负荷水平研究已有大量文献报道。由于 PBDEs 使用历史、使用量以及使用的商业化产品不同,各地人群污染水平存在差异。目前已有大量研究分析了人体血清中 PBDEs 水平(表 5-4)。世界范围内普通人群血清中 PBDEs 水平比较结果显示,美国的高于欧洲、亚洲等地区的。美国 508 名吃鱼者血清样品中总 PBDEs 浓度几何均数为 26 ng/g lw,最高浓度达 1359 ng/g lw[134]。另外 98 份美国普通人群血清样本中总 PBDEs 浓度中位数为 29 ng/g lw[135]。Mazdai 等[136]对美国 12 对配对母亲血清及脐带血清样本进行了分析,总 PBDEs 浓度中位数分别为 37 ng/g lw 和 39 ng/g lw,该水平较瑞典[137]的母婴血清水平高出了 20~106 倍。欧洲地区普通人群血清中 PBDEs 水平较低,总 PBDEs 浓度中位数:挪威为 4.7 ng/g lw,瑞典为 8.61 ng/g lw[138],荷兰为 9.9 ng/g lw[139],比利时为 3.27 ng/g lw[140],英国为 5.6 ng/g lw[141],德国为 4.69 ng/g lw[133]。亚洲地区普通人群血清中 PBDEs 水平与欧洲相当或高于欧洲但仍低于北美洲水平。中国北方人群血清总 PBDEs 浓度中位数为 7.1 ng/g lw[142],中国南方城市的 21 对配对母亲血清和脐带血清样本中 PBDEs 浓度分别为 3.9 ng/g lw 和 4.45 ng/g lw[143]。黄飞飞等[144]在山西省太原市共采集 64 份血液样品,$\sum$PBDEs 范围为 2.0~160.3 ng/g lw,中位数和均值分别为 6.4 ng/g lw 和 12.5 g/g lw。日本 10 名男性血清样本为 2.6 ng/g lw[145]。韩国高于此水平,男性和女性血清分别为 17.15 ng/g lw 和 19.09 ng/g lw[146]。

表 5-4 各地区人体血清中多溴二苯醚的浓度

基质	国家/地区	采样年份	样本数	均值/(ng/g lw)	中位数/(ng/g lw)	参考文献
普通人群						
孕妇血浆	美国	1999~2001	24		21	[147]
血清	美国	2002~2008	98	54	29	[135]
孕妇血清	美国北加利福尼亚州	2018~2009	25	85.8		[148]
			36	51.6		
			50	43.6		
血浆	瑞典	2007	5	14.36	8.61	[138]
血清	荷兰	2005	33	8.7	9.9	[139]
血清	比利时	1999~2004	15	3.61	3.27	[140]
血清	英国	2003	154		5.6	[141]
全血	德国	1999	20	5.57	4.69	[133]
血清	澳大利亚	2006/2007	84 份混样	51		[149]
血清	新西兰	2001	23	7.17	6.12	[150]
血清	韩国	2001~2002	92	16.84		[146]
男性血清	日本	2003	10	3.15	2.6	[151]
血清	中国天津	2006	128	46	7.1	[142]
血清	中国太原	2010	64	6.4	12.5	[144]
母脐血及儿童						
母亲血清 脐带血清	美国	2001	12 对		37 39	[136]
母亲血清 脐带血清	瑞典	2000~2001	15 15		2.07 1.69	[137]
母亲血清 脐带血清	法国	2004~2006	77 90	2.15/13.36 1.74/48.92	0.98/8.85 0.69/12.4	[152]
脐带血清 儿童血清	西班牙	1997 2003	92 244	6.2 4.3		[153]
母亲血清 脐带血清	中国广州	2006	21 21		3.9 4.45	[143]
儿童血浆	中国大连	2008	29	40.08	31.61	[154]
儿童血清	墨西哥	2006	173	7.36		[155]
职业暴露和特殊暴露						
脐带血清	中国贵屿 中国朝南	2007	102 51		13.84 5.22	[156]
血清	中国莱州湾	2007	156	613		[157]
全血	中国台州	2006	27 23	117.58 357.44	80.94 314.88	[131]
儿童全血	中国台州	2008	7 份混样 6 份混样 9 份混样	32.1 12.1 8.43		[132]

PBDEs 的职业暴露和特殊暴露人群主要为 PBDEs 生产地及电子垃圾拆解区的工人和居民，其血清中 PBDEs 水平可高于普通人群几十倍甚至数百倍。Thuresson 等[158]调查了从计算机中释放出的 PBDEs 对人体的污染状况，结果表明经常使用计算机的工程师血液中 BDE-153、BDE-183 和 BDE-209 的含量是医院清洁工的 5 倍。我国山东莱州湾工业区是 PBDEs 生产地，该地区居民血清中总 PBDEs 浓度几何均数高达 613 ng/g lw[157]。广东贵屿和浙江台州是我国两处主要电子垃圾拆解区。贵屿新生儿脐带血血清中总 PBDEs 浓度中位数为 13.84 ng/g lw[156]，台州居民全血样品为 314.88 ng/g lw[131]。目前，有研究报道的人体血清总 PBDEs 的最高水平为 8500 ng/g lw[154]，BDE-209 的最高浓度为 3436 ng/g lw[159]，均来自于广东电子垃圾拆解工人。职业暴露和特殊暴露人群血清中最主要的 PBDEs 组分为 BDE-209，对总 PBDEs 浓度贡献可高达 75%[159]。BDE-209 生物利用度低，在人体内半衰期较短（15 天）[134]，人体内高浓度 BDE-209 提示近期或长期持续的 DecaBDE 暴露。

普通人群血清中最主要的 PBDEs 组分为 BDE-47，占总 PBDEs 的比例可高达 60%～70%，这可能与商业化产品 PentaBDE 曾广泛使用有关，其主要成分为 BDE-47。而另一些研究中则以 BDE-153 为最主要组分[141,160]，这可能是因为 BDE-153 半衰期较长，在体内更具累积性，更易于富集于脂肪中。值得注意的是，在韩国人群血清和中国大连儿童血清中，BDE-183 在总 PBDEs 中所占比例较高，分别为 16.5%和 10%，BDE-183 为商业化产品 OctaBDE 的主要成分，这提示在韩国和中国北部可能存在 OctaBDE 的使用[146,160]。与其他国家不同，中国天津普通人群血清中 BDE-209 为最主要单体，占总 PBDEs 比例达 30%。BDE-209 最高值达到 1770 ng/g lw，这与职业暴露和特殊暴露人群相近。日本母亲血清中也以 BDE-209 为最主要单体，占总 PBDEs 比例达 38%[161]。

配对母亲血清和脐带血血清中 PBDEs 水平也受到关注[136,143]，以脂肪计时，两者中 PBDEs 水平相当。脐带血血清比怀孕母亲血清脂肪含量低，因此以全重或体积计时，前者含量比后者低 20%[137,143]。母亲血清和脐带血血清中 PBDEs 浓度高度相关（$r^2 = 0.986$），表明可通过测定母亲血清中 PBDEs 水平推测胎儿出生时的暴露水平[136]。母亲血清和脐带血血清中 PBDEs 的同系物构成比不尽相同，前者中以 BDE-47 和 BDE-153 为主，而后者中 BDE-47 占更高比例[137,143]。而在 Mazdai 等[136]的研究中两者构成比极为相近。Gómara 等[112]研究发现脐带血血清中 BDE-209 水平较怀孕母亲血清中高（中位数分别为 1.4 ng/g lw 和 1.1 ng/g lw）。法国母亲血清和脐带血血清中，高溴代 PBDEs（八至十溴代二苯醚）水平显著高于低溴代 PBDEs（三至七溴代二苯醚）水平，母亲血清中高溴代和低溴代 PBDEs 含量中位数分别为 8.85 ng/g lw 和 0.98 ng/g lw，脐带血血清中分别为 12.4 ng/g lw 和 0.69 ng/g lw。

普通人群的 PCDD/Fs、PCBs 等 POPs 的机体负荷水平通常随年龄增长而递增。现有数据表明 PBDEs 趋势可能与此不同。有些研究结果显示低年龄组体内 PBDEs 含量常高于成年人组。Thomsen 等[162]发现 0~4 岁组血清样本中 PBDEs 水平比其他年龄组高 1.6~3.5 倍, 但除该组外, 其他各年龄组 PBDEs 水平无随年龄增长而递减的趋势。Toms 等[149, 163]通过分析 2002 年/2003 年、2004 年/2005 年、2006 年/2007 年三组共 10 552 份血清样品(169 份混样)中 PBDEs 浓度, 得出 PBDEs 水平随年龄增长而递减的结论, 但并非单纯递减, 以 1~5 岁组水平为最高(均值 41.9 ng/g lw), 大约是脐带血组、<1 岁组、6~12 岁组和 13~30 岁组的 2 倍, 是 >31 岁组的 4 倍。2006 年/2007 年样品总 PBDEs 浓度也呈现随年龄增长先增加后下降的趋势, 峰值浓度出现在 2.6~3 岁组(均值 51 ng/g lw)。来自美国加利福尼亚州的一个个例研究结果显示, 某家庭 4 位成员血清中 PBDEs 浓度依次是 18 个月幼儿>5 岁儿童>母亲>父亲。这一结果提示较成人而言, 婴幼儿处于更大的 PBDEs 暴露危险中[164]。

血清 PBDEs 水平性别间差别也是当前 PBDEs 人体负荷研究中的关注点之一, 但研究结果不尽一致。多数研究发现女性血清中 PBDEs 水平低于男性, 推测原因可能是女性在哺乳期通过授乳排除一部分 PBDEs, 另一原因可能是两性对于 PBDEs 的代谢和排除机制有差别。Thomsen 等[162]发现>25 岁女性血清中 PBDEs 水平低于同年龄组男性, 另一项关于 66 名渔民的研究中, 女性和男性血清中总 PBDEs 浓度中位数分别为 8.6 ng/g lw 和 18 ng/g lw。Lee 等比较了韩国普通人群血清 PBDEs 水平均值, 发现男性比女性高 15%[146]。来自德国 1985 年、1990 年、1999 年全血样品中, 女性 PBDEs 水平比男性大约低 20%($p<0.05$), 1995 年样品中则低 70%($p<0.05$)[133]。Jin 等[157]却得出相反的结论, 女性血清中 PBDEs 水平高于相同年龄组的男性水平, 女性 BDE-209 水平比男性高 2.33 倍, 但此差别无统计学意义。Schecter 等[128]也发现美国女性血清中 PBDEs 水平高于男性, 但不存在统计学差别。另一些研究观测到血清 PBDEs 水平在性别间无差别[134, 150]。

近几十年来, 随着 PBDEs 生产和使用量的增加, 不仅环境中 PBDEs 负荷不断加重, 人体内 PBDEs 浓度也呈上升趋势。人体的血液、组织中多溴二苯醚总含量在过去 30 年上升逾百倍[165, 166]。目前研究证明我国人体血样中 PBDEs 的含量还处于一个较低水平。挪威人体血样中的 PBDEs 含量由 1977 年的 0.44 ng/g 增加到 1999 年的 3.1 ng/g[162], 相对应的德国血样中 PBDEs 的含量由 1985 年的 2.66 ng/g 增加到 1999 年的 4.53 ng/g[133]。1988 年美国献血人员血清中总 PBDEs 水平仅为 0.12~0.65 ng/g lw, 而 2000 年以后, 美国普通人群血清中总 PBDEs 水平升高了数百倍[136, 147]。但是自 PBDEs 被禁用后, 美国北加利福尼亚州孕妇血清中的 PBDEs 水平明显下降[148]。

5.5.2 母乳中 PBDEs 水平

各地区母乳中 PBDEs 的浓度水平比较见表 5-5。北美洲地区母乳中 PBDEs 水平高于世界其他国家和地区。西北太平洋地区母乳总 PBDEs 浓度中位数达 50.4 ng/g lw[167],高出大多数欧洲国家 10~50 倍。全美 2002~2005 年母乳总 PBDEs 浓度水平为 19.8~34 ng/g lw(中位数)[65,137,168],美国马萨诸塞州母乳中出现 PBDEs 极高值(1910 ng/g lw)[168]。欧洲地区母乳中 PBDEs 负荷较低,俄罗斯北部母乳总 PBDEs 水平处于欧洲最低水平,中位数分别为 0.96 ng/g lw 和 1.11 ng/g lw[169],而法罗群岛居欧洲最高水平,这可能与法罗群岛传统饮食中海产品占较大比例有关[170]。澳大利亚母乳中总 PBDEs 浓度水平高于欧洲和亚洲,但仍低于北美洲地区,Toms 等报道于 2002 年/2003 年和 2007 年/2008 年两次采集的母乳样本中总 PBDEs 浓度中位数分别为 10.2 ng/g lw 和 12 ng/g lw[163]。亚洲地区与欧洲水平相当,越南较低,普通人群母乳中 PBDEs 浓度均值和中位数分别为 0.42 ng/g lw[171]和 0.57 ng/g lw[172]。2007 年,我国第四次总膳食研究中 12 个省份的人群母乳中 PBDEs 均值为 1.58 ng/g lw,其中 BDE-28、BDE-47 和 BDE-153 的贡献率较高。2007~2010 年[173],全国的 16 个省份共 32 份人群母乳样品(来自 1760 份母乳)的 PBDEs 均值为 1.5 ng/g lw,BDE-28、BDE-47 和 BDE-153 的贡献率之和大于 70%,指纹图谱和浓度水平与 2007 年的结果基本一致,但是 BDE-47、BDE-99 和 BDE-100 的浓度明显下降,BDE-183 的含量显著增加。但来自电子垃圾拆解区参与拆解工人的母乳中 PBDEs 水平高达 84 ng/g lw,该地区未参与电子垃圾拆解的人群,其母乳中 PBDEs 水平为 3.2 ng/g lw[172]。韩国 PBDEs 浓度水平高于亚洲其他国家[171]。值得注意的是,首尔 17 份母乳样品中总 PBDEs 浓度中位数高达 90 ng/g lw,高于北美洲水平以及越南电子垃圾拆解工人水平[174],研究者推测其原因可能是韩国主妇每日在室内时间及使用计算机时间较长,另一可能原因是饮食中有 PBDEs 含量较高的鱼贝类产品。

表 5-5 各地区母乳中多溴二苯醚的浓度

基质	国家/地区	采样日期	样本数	均值/(ng/g lw)	中位数/(ng/g lw)	参考文献
母乳	瑞典	2000~2001 年	15		2.14	[137]
母乳	法国	2004~2006 年	91	3.92/3.79	2.51/3.39	[152]
母乳	中国广州	2006 年	27		3.5	[143]
母乳	美国	2002 年	47	73.9	34	[175]
母乳	美国	2004 年	38	75	19.8	[168]
母乳	美国	2004~2005 年	46		30.2	[65]
母乳	美国	2002~2008 年	91	70	36	[135]
母乳	西北太平洋	2003 年	40	95.6	50.4	[167]

续表

基质	国家/地区	采样日期	样本数	均值/(ng/g lw)	中位数/(ng/g lw)	参考文献
母乳	法罗群岛	1999年	9	7.2	5.8	[170]
母乳	瑞典	1996~2006年	276	3.5	2.9	[176]
母乳	挪威	2003~2005年	393	3.4	2.1	[162]
母乳	英国	2001~2003年	54	8.9		[177]
母乳	法国	2005年	23		2.7	[177]
母乳	德国	2005年5月 2005年8月	42 42	1.90 2.03	1.62 1.64	[178]
母乳	西班牙	1996~2002年	15	2.4	1.7	[179]
母乳	西班牙	2004年	11	0.33		[180]
母乳	意大利	1998~2001年 2000~2001年	29 10			[180]
母乳	俄罗斯北部	2002年 2004年	14 23	1.16 1.07	1.11 0.96	[169]
母乳	俄罗斯	2003~2004年	10	0.96		[181]
母乳	波兰	2004年	22	2.5	2.0	[182]
母乳	捷克	2003年	103	0.2~2.0		[51]
母乳	澳大利亚	2007~2008年	10	10	12	[163]
母乳	印度尼西亚	2001~2003年	30	2.2	1.5	[183]
母乳	日本	2004年	105	2.54	1.28	[184]
母乳	日本	2005年	89	1.74	1.54	[161]
母乳	日本 韩国 中国 越南	2007~2008年	60 29 25 20	1.5 3.7 1.9 0.42		[171]
母乳	韩国	2007年	17	140	90	[174]
母乳	越南	2007年			84	[172]
母乳	中国北京	2005年	23混样	1.12	1.07	[185]
母乳	中国南京、舟山	2004年	19	6.1	5.3	[186]
母乳	中国天津	2006年	11混样		2.5	[187]
母乳	中国台湾中部	2000~2001年	20	3.93	3.65	[188]
母乳	中国台湾南部	2008年	32	3.54	3.31	[189]
母乳	中国香港	2002~2003年	10混样	3.4	3.2	[190]

工业化水平和经济水平,可能影响当地人群母乳的 PBDEs 水平。北京城区母乳中 PBDEs 水平高于周边农村地区(均值分别为 1.22 ng/g lw 和 0.97 ng/g lw),这可能是农村居民摄入动物源性食品较城区少[185]。南京(工业城市)母乳的总 PBDEs

水平高于舟山(一般性城市)[186]。英国伦敦母乳中 BDE-47 的水平显著高于兰开斯特(城镇),但总 PBDEs 和其他二苯醚则无这种差别[177]。澳大利亚和印度尼西亚母乳中 PBDEs 水平无城乡差别[163]。

与血清相同,母乳中最主要的 PBDEs 组分也是 BDE-47,对总 PBDEs 贡献为 22%~70%。法罗群岛、法国、德国以及中国南京和台湾南部母乳中以 BDE-153 为最主要组分,对总 PBDEs 贡献为 13%~47%[178,186,188,189,191]。职业暴露和特殊暴露人群的母乳中仍以 BDE-209 为主[172]。中国舟山的母乳中 BDE-209 占总 PBDEs 比例达 49%[186],这在普通人群中较为少见,仅西班牙母乳中出现类似情况,BDE-209 占总 PBDEs 比例达 52%~59%[192]。中国母乳中 BDE-28 对总 PBDEs 贡献率远高于其他国家,其中天津母乳为 15%[187],北京母乳为 23%[171]。这些数据提示中国市场曾经使用的 PBDEs 商业品的组成可能与其他国家不同。日本早期(1983~1993 年)母乳中总 PBDEs 中 BDE-28 也占较高比例,达 18%~29%[193],这可能与日本在 1990 年之前使用的 TetraBDE 有关。

母乳中 PBDEs 水平是否与哺乳母亲年龄有关,尚未有定论。大多数研究中并未发现母乳中总 PBDEs 浓度与母亲年龄有相关性[51,168,175,178,184,188]。而另一些研究却得出相反结果。Chao 等[188]发现在 22~42 岁母亲中,年龄越大,母乳中 PBDEs 水平越高。中国台湾南部母乳中 TriBDE 和 HexaBDE 水平随年龄增加而增加[189]。挪威母乳中 PBDEs 水平也与年龄呈正相关[162]。对 PBDEs 各单体来说,BDE-153 与年龄的相关性强于 BDE-47,日本仙台市母乳中 BDE-153 与年龄呈正相关,而在京都则呈负相关[171]。瑞典乌普萨拉母乳中 BDE-153 也与年龄呈正相关[176]。与前面研究不同的是,Kang 等[174]却发现年轻母亲母乳中 PBDEs 水平高于年龄相对较大的母亲。

母乳中 PBDEs 水平在哺乳期有所下降,但速率较慢,平均每月下降 1%~3%[97]。Raab 等[178]采集了生产后第 12 周和第 16 周母乳,两者间总 PBDEs 水平无明显差别。Lacorte 等[64]也发现授乳并未明显降低母乳中 PBDEs 水平,但可能会使经产母亲(孕育一个以上子女)母乳 PBDEs 水平低于初产母亲,此结果与 Kang 等[174]的研究结果相似。对产妇来说,经授乳降低的 PBDEs 负荷可能会被继续摄入的 PBDEs 补偿[172]。

研究 PBDEs 在人体基质中的分配,有利于了解其毒理学,同时有利于临床医学提高估计不同人体基质中(母乳、血清等)PBDEs 水平的能力。Schecter 等[145]研究了 PBDEs 四种主要单体(BDE-47、BDE-99、BDE-100、BDE-153)在母乳和血清中的分配情况,血清和母乳中浓度比值依次是 0.60、0.81、0.70、1.04,总 PBDEs 水平比值为 0.74。BDE-47 更易于从血中转运至母乳中,而 BDE-153 在两种基质中水平相当。另有研究[137]表明母乳中 BDE-153/BDE-47 比值低于血清中的该比值,母乳中 BDE-153 占总 PBDEs 比例低于血清中的比例[162],提示高溴代比低溴代更难从血中进入母乳中。日本母亲血清中 BDE-209 水平比配对的母乳水平高 10 倍(均值分别为 1.2 ng/g lw 和 0.12 ng/g lw),占总 PBDEs 比例分别为 38%和 8%,这与 Kayoko 等[161]的研究结论相符。

日本母乳中总 PBDEs 浓度从 1973 年的低于 0.01 ng/g lw 上升至 1988 年的 1.64 ng/g lw,20 世纪 90 年代初下降(0.96 ng/g lw)之后又升高直至 90 年代末水平并基本持平。期间总 PBDEs 的构成比例也有较大改变,BDE-28、BDE-37、BDE-66 对总 PBDEs 贡献降低,而 BDE-99、BDE-100 贡献增加[193]。1987~1999 年,法罗群岛母乳中总 PBDEs 浓度自 2.0 ng/g lw 升至 8.2 ng/g lw,其中上升幅度最大的单体为 BDE-153(约升高 5 倍),其次为 BDE-47[170]。1972~1997 年,瑞典斯德哥尔摩母乳中 PBDEs 水平升高近 60 倍(0.07~4.02 ng/g lw)[194]。1980~2004 年,斯德哥尔摩母乳中几种主要的 PBDEs 同系物的变化趋势为:BDE-47、BDE-99、BDE-100 先上升(1980~1995 年)后下降(1995~2004 年),BDE-153 的上升趋势持续至 2001 年,同时 BDE-153/BDE-47 值升高(0.30~0.99)[195]。1996~2006 年,对瑞典乌普萨拉地区母乳的 PBDEs 分析显示,总 PBDEs 和 BDE-47、BDE-99 水平先升高后下降,最高水平约出现在 1998 年附近,而 BDE-153 持续上升[176]。PBDEs 不同组分之间随时间改变的趋势不同,提示了其暴露来源不相同,另外,高溴代二苯醚与低溴代二苯醚在人体内的持久性存在差别。

5.5.3 其他组织中 PBDEs 水平

其他用于分析 PBDEs 水平的人体组织有胎盘组织、肝脏组织、脂肪组织等,表 5-6 列出的是各地区人体其他组织中 PBDEs 浓度水平。欧洲人体组织中 PBDEs 的含量和亚洲的水平相当。但是相对于亚洲地区,欧洲人体组织中 BDE-99 的比例要处于较高水平,并且在不同的时间段并没有表现出很明显的浓度变化趋势。人体组织中 PBDEs 浓度最高区域出现在美国,美国纽约的 52 份脂肪组织样品[196]中 PBDEs 水平达 17~9630 ng/g lw,中位数为 77 ng/g lw,是迄今报道的人体样品中 PBDEs 的最高水平,比欧洲国家脂肪组织中的水平高出 10~100 倍[196]。同时也是 20 世纪 90 年代美国其他地区的 10 倍左右。最高的一个样品甚至达到了 9630 ng/g,这说明个体体内 PBDEs 的水平与其职业环境和暴露环境有很大关系。日本人体脂肪组织中 PBDEs 水平略高于欧洲,男性和女性分别为 8.0 ng/g lw 和 3.5 ng/g lw[197],男性水平显著高于女性水平。Smeds 等[198]在研究中也发现男性水平高于女性水平(均值分别为 1.59 ng/g lw 和 0.56 ng/g lw)。She 等[199]发现脂肪组织中总 PBDEs 与年龄呈负相关,<48 岁组水平显著高于>48 岁组,但 Pulkrabová 等[200]和 Covaci 等[201]并未发现此相关性。肝脏组织中 PBDEs 水平低于脂肪组织[201]。在人体脂肪组织中,BDE153 为最主要的 PBDEs 单体[200-202],另有部分研究中以 BDE47 为主[199,203,204]。西班牙的胎盘组织中,BDE209 为最主要同系物,对总 PBDEs 贡献高达 59%[192]。

表 5-6　各地区人体组织中多溴二苯醚浓度水平

基质	国家/地区	采样年份	样本数	均值/(ng/g lw)	中位数/(ng/g lw)	参考文献
脂肪组织	法国	2004~2006	86	4.11/2.73	2.59/2.73	[152]
胎盘组织	西班牙		30		1.9	[192]
脂肪组织	法国				2.52/0.84	[191]
脂肪组织	意大利	2005~2006	12	11		[203]
脂肪组织	捷克	2007	98	4.4	3.1	[200]
肝脏组织 脂肪组织	比利时	2003~2005	25 25	3.6 5.3		[201]
乳房脂肪组织	巴西	2005~2006	25	6.56	1.51	[204]
脂肪组织	日本	1970	10	0.023		[205]
脂肪组织	日本	2000	10	1.27		[205]
肝	日本	2001	10	3.48		[206]
脂肪组织	日本	2003~2004	28	8.39		[197]
脂肪组织	新加坡	2003~2004	16	3.63		[207]
脂肪组织	比利时	2000	20	4.70		[208]
脂肪组织	比利时	2001~2003	53	5.40		[208]
脂肪组织	瑞典	1994	5	4.97		[194]
脂肪组织	瑞典	1994	1	13.4		[209]
胎盘组织	芬兰	1996	11	1.58		[210]
脂肪组织	芬兰	2001	38	1.59		[198]
脂肪组织	西班牙	1998	13	4.12		[211]
脂肪组织	西班牙	2003	20	2.40		[202]
脂肪组织	捷克	2000	14	1.09		[212]
脂肪组织	捷克	2000	10	2.69		[212]
胸部脂肪组织	美国	1996~1998	52	38.3		[199]
胸部脂肪组织	美国	1997	22	38.6		[199]
脂肪组织	美国	2003~2004	52	399	77	[196]

参 考 文 献

[1] WHO/IPCS. Environmental Health Criteria.No 162: polybrominated diphenyl ethers. Geneva, Switzerland, 1994.
[2] 周冰, 仇雁翎. 多溴二苯醚及其环境行为. 环境科学与技术, 2008, 31(5): 57-61.
[3] 邱孟德, 邓代永, 余乐洹, 等. 典型电器工业区河涌沉积物中的多溴联苯醚空间和垂直分布. 环境科学, 2012, 33(2): 580-586.

[4] de Wit C A. An overview of brominated flame retardants in the environment. Chemosphere, 2002, 46(5): 583-624.

[5] Hardy M L. The toxicology of the three commercial polybrominated diphenyl oxide (ether) flame retardants. Chemosphere, 2002, 46(5): 757-777.

[6] Darnerud P O. Brominated flame retardants as possible endocrine disrupters. International Journal of Andrology, 2008, 31(2): 152-160.

[7] Costa L G, Giordano G. Developmental neurotoxicity of polybrominated diphenyl ether (PBDE) flame retardants. Neurotoxicology, 2007. 28(6): 1047-1067.

[8] Gee J R, Moser V C. Acute postnatal exposure to brominated diphenylether 47 delays neuromotor ontogeny and alters motor activity in mice. Neurotoxicology & Teratology, 2008. 30(2): 79-87.

[9] Costa L G, Giordano G, Tagliaferri S, et al. Polybrominated diphenyl ether (PBDE) flame retardants: Environmental contamination, human body burden and potential adverse health effects. Acta Biomedica : Atenei Parmensis, 2008. 79(3): 172-183.

[10] Norris J M, Kociba R J, Schwetz B A. Toxicology of octabromobiphenyl and decabromodiphenyl oxide. Environmental Health Perspectives, 1975, 11: 153-161.

[11] Lilienthal H, Hack A, Roth-Harer A, et al. Effects of developmental exposure to 2,2′,4,4′,5-pentabromodiphenyl ether (PBDE-99) on sex steroids, sexual development, and sexually dimorphic behavior in rats. Environmental Health Perspectives, 2006, 114(2): 194.

[12] Frouin H, Lebevf M, Hammill M, et al. Effects of individual polybrominated diphenyl ether (PBDE) congeners on harbour seal immune cells $in\ vitro$. Marine Pollution Bulletin, 2010, 60(2): 291-298.

[13] Yan C, Huang D, Zhang Y. The involvement of ROS overproduction and mitochondrial dysfunction in PBDE-47-induced apoptosis on Jurkat cells. Experimental & Toxicologic Pathology, 2011, 63(5): 413-417.

[14] Mcdonald T A. A perspective on the potential health risks of PBDEs. Chemosphere, 2002, 46(5): 745.

[15] Thoma H, Hauschulz G, Knorr E, et al. Polybrominated dibenzofurans (PBDF) and dibenzodioxins (PBDD) from the pyrolysis of neat brominated diphenylethers, biphenyls and plastic mixtures of these compounds. Chemosphere, 1987, 16(1): 277-285.

[16] Stockholm Convention. The new POPs under the Stockholm Convention. 2010. http://chm.pops.int/.

[17] UNEP Guidance for the inventory of polybrominated diphenyl ethers (PBDEs) listed under the Stockholm Convention on POPs. 2017. http://chm.pops.int/Implementation/National-ImplementationPlans/Guidance/GuidancefortheinventoryofPBDEs/tabid/3171/Default.aspx.

[18] USEPA. Method 1614: Brominated diphenyl ethers in water, soil, sediment, and tissue by HRGC/HRMS. Test Methods for Evaluating Solid Waste, Physical/Chemical Methods; SW-846. 2007.

[19] 施致雄, 王翼飞, 封锦芳, 等. 凝胶渗透色谱结合气相色谱-负化学源质谱法分析鱼肉及鱼油中的多溴联苯醚和得克隆阻燃剂. 色谱, 2011, 29(6): 543-548.

[20] 向彩红, 孟祥周, 陈社军, 等. 鱼肉组织中多溴联苯醚的定量分析. 分析测试学报, 2006, 25(6): 14-18.

[21] 陆敏, 韩姝媛, 余应新, 等. 蔬菜中多溴联苯醚的定量测定及其对人体的生物有效性. 分析测试学报, 2009, 28(1): 1-6.

[22] 林竹光, 徐逢樟, 马玉, 等. 气相色谱-负离子化学电离质谱法分析深海鱼油食品中的五种多溴联苯醚残留. 色谱, 2007. 25(2): 262-266.

[23] 林竹光, 张莉莉, 孙若男, 等. 海产品中九种多溴联苯醚残留的气相色谱-负化学离子源/质谱法分析. 分析科学学报, 2008, 24(5): 512-516.

[24] 胡国成, 许振成, 戴家银, 等. 有机氯农药和多溴联苯醚在白洋淀鸭子组织中分布特征研究. 环境科学, 2010, 31(12): 3081-3087.

[25] 黄飞飞, 李敬光, 赵云峰, 等. 我国沿海地区贝类样品中十溴联苯醚污染水平分析. 环境化学, 2011, 30(2): 418-422.

[26] 张莉莉, 彭淑女, 赵汝松, 等. 食品中多溴联苯醚残留的气相色谱-串联质谱分析方法研究. 分析测试学报, 2010, 29(6): 603-607.

[27] 王俊平, 姜小梅, 王硕, 等. 气相色谱-电子轰击源质谱测定海产品中多溴联苯(醚). 食品工业科技, 2011, (3): 390-393.

[28] 张娟, 王永花, 孙成. 基于自制聚苯胺顶空固相微萃取涂层快速监测水体和牛奶中的痕量多溴联苯醚. 分析试验室, 2010, 29(2): 5-9.

[29] 蒋友胜, 张建清, 周健, 等. 鱼体中二噁英、多氯联苯和多溴联苯醚的污染分析. 中国卫生检验杂志, 2010,(7): 1631-1635.

[30] Wen S, Gong Y, Shi T-M, et al. Study on simultaneous determination of PCDD/Fs,PCBs and PBDEs by isotope dilution-HRGC/HRMS-MID. Journal of Analytical Science, 2009, 25(6): 629-633.

[31] Isosaari P, Hallikainen A, Kiviranta H, et al. Polychlorinated dibenzo-*p*-dioxins, dibenzofurans, biphenyls, naphthalenes and polybrominated diphenyl ethers in the edible fish caught from the Baltic Sea and lakes in Finland. Environmental Pollution, 2006, 141(2): 213-225.

[32] Huwe J K, Larsen G L. Polychlorinated dioxins, furans, and biphenyls, and polybrominated diphenyl ethers in a U.S. meat market basket and estimates of dietary intake. Environmental Science & Technology, 2005, 39(15): 5606-5611.

[33] Bayen S, Lee H K, Obbard J. Determination of polybrominated diphenyl ethers in marine biological tissues using microwave-assisted extraction. Journal of Chromatography A, 2004, 1035(2): 291-294.

[34] Shanmuganathan D, Meghargj M, Chen Z, et al. Polybrominated diphenyl ethers (PBDEs) in marine foodstuffs in Australia: Residue levels and contamination status of PBDEs. Marine Pollution Bulletin, 2011, 63(5-12): 154.

[35] Roszko M, Szterk A, Szymczyk K, et al. PAHs, PCBs, PBDEs and pesticides in cold-pressed vegetable oils. Journal of the American Oil Chemists Society, 2012, 89(3): 389.

[36] Domingo J L, Marti-Cid R, Castell V, et al. Human exposure to PBDEs through the diet in Catalonia, Spain: Temporal trend. A review of recent literature on dietary PBDE intake. Toxicology, 2008, 248(1): 25-32.

[37] Kelly B C, Ikonomou M G, Blair J D, et al. Bioaccumulation behaviour of polybrominated diphenyl ethers (PBDEs) in a Canadian Arctic marine food web. Science of the Total Environment, 2008, 401(1-3): 60-72.

[38] Cheaib Z, Grandjean D, Kupper T, et al. Brominated Flame Retardants in Fish of Lake Geneva (Switzerland). Bulletin of Environmental Contamination & Toxicology, 2009, 82(4): 522-527.

[39] Schecter A, Colacino J, Patel K, et al. Polybrominated diphenyl ether levels in foodstuffs collected from three locations from the United States. Toxicology & Applied Pharmacology, 2010, 243(2): 217-224.

[40] Losada S, Roach A, Roosens L, et al. Biomagnification of anthropogenic and naturally-produced organobrominated compounds in a marine food web from Sydney Harbour, Australia. Environment International, 2009, 35(8): 1142-1149.

[41] Mariussen E, Fjeld E, Breivik K, et al. Elevated levels of polybrominated diphenyl ethers (PBDEs) in fish from Lake Mjøsa, Norway. Science of the Total Environment, 2008, 390(1): 132-141.

[42] Xu F, García-Bermejo Á, Malarvannan G, et al. Multi-contaminant analysis of organophosphate and halogenated flame retardants in food matrices using ultrasonication and vacuum assisted extraction, multi-stage cleanup and gas chromatography-mass spectrometry. Journal of Chromatography A, 2015, 1401: 33-41.

[43] Boer J D, Allchin C, Law R, et al. Method for the analysis of polybrominated diphenylethers in sediments and biota. TrAC Trends in Analytical Chemistry, 2001, 20(10): 591-599.

[44] Sánchez-Brunete C, Miguel E, Tadeo J L. Determination of polybrominated diphenyl ethers in soil by ultrasonic assisted extraction and gas chromatography mass spectrometry. Talanta, 2006, 70(5): 1051-1056.

[45] Salgado-Petinal C, Llompart M, García-Jares G, et al. Simple approach for the determination of brominated flame retardants in environmental solid samples based on solvent extraction and solid-phase microextraction followed by gas chromatography-tandem mass spectrometry. Journal of Chromatography A, 2006, 1124(1-2): 139-147.

[46] Gómez-Ariza J L, Bujalance M, Giraldez I, et al. Determination of polychlorinated biphenyls in biota samples using simultaneous pressurized liquid extraction and purification. Journal of Chromatography A, 2002, 946(1-2): 209-219.

[47] Sandau C D. Development of a accelerated solvent extraction and gel permeation chromatography analytical method for measuring persistent organohalogen compounds in adipose and organ tissue analysis. Chemosphere, 2004, 57(5): 373.

[48] Sjödin A, Jones R S, Lapeza C R, et al. Semiautomated high-throughput extraction and cleanup method for the measurement of polybrominated diphenyl ethers, polybrominated biphenyls, and polychlorinated biphenyls in human serum. Analytical Chemistry, 2004, 76(15): 4508-4514.

[49] Polo M, Casas V, Llompart M, et al. New approach based on solid-phase microextraction to estimate polydimethylsiloxane fibre coating-water distribution coefficients for brominated flame retardants. Journal of Chromatography A, 2006, 1124(1-2): 121-129.

[50] Yusa V, Pastor A, Guardia M D L. Microwave-assisted extraction of polybrominated diphenyl ethers and polychlorinated naphthalenes concentrated on semipermeable membrane devices. Analytica Chimica Acta, 2006, 565(1): 103-111.

[51] Kazda R, Hajslova J, Poustka J, et al. Determination of polybrominated diphenyl ethers in human milk samples in the Czech Republic: Comparative study of negative chemical ionisation mass spectrometry and time-of-flight high-resolution mass spectrometry. Analytica Chimica Acta, 2004, 520(1): 237-243.

[52] Björklund J, Tollbäck P, Östman C. Large volume injection GC-MS in electron capture negative ion mode utilizing isotopic dilution for the determination of polybrominated diphenyl ethers in air. Journal of Separation Science, 2015, 26(12-13): 1103-1110.

[53] Müller A, Björklund E, Von H C. On-line clean-up of pressurized liquid extracts for the determination of polychlorinated biphenyls in feedingstuffs and food matrices using gas chromatography-mass spectrometry. Journal of Chromatography A, 2001, 925(1-2): 197.

[54] Björklund E, Sporring S, Wiberg K, et al. New strategies for extraction and clean-up of persistent organic pollutants from food and feed samples using selective pressurized liquid extraction. TrAC Trends in Analytical Chemistry, 2006, 25(4): 318-325.

[55] De l C A, Eljarrat E, Barceló D. Determination of 39 polybrominated diphenyl ether congeners in sediment samples using fast selective pressurized liquid extraction and purification. Journal of Chromatography A, 2003, 1021(1): 165-173.

[56] Saito K, Takekuma M, Ogawa M, et al. Extraction and cleanup methods of dioxins in house dust from two cities in Japan using accelerated solvent extraction and a disposable multi-layer silica-gel cartridge. Chemosphere, 2003, 53(2): 137-142.

[57] Takahashi S S, Sakai I. Watanabe, An intercalibration study on organobromine compounds: Results on polybrominated diphenylethers and related dioxin-like compounds. Chemosphere, 2006, 64(2): 234-244.

[58] Akutsu K, Obana H, Okihashi M, et al. GC/MS analysis of polybrominated diphenyl ethers in fish collected from the Inland Sea of Seto, Japan. Chemosphere, 2001, 44(6): 1325-1333.

[59] 王亚韡, 张庆华, 刘汉霞, 等. 高分辨气相色谱-高分辨质谱测定活性污泥中的多溴二苯醚. 色谱, 2005, 23(5): 492-495.

[60] Tapie N, Budzinski H, Le Ménach K. Fast and efficient extraction methods for the analysis of polychlorinated biphenyls and polybrominated diphenyl ethers in biological matrices. Analytical & Bioanalytical Chemistry, 2008, 391(6): 2169-2177.

[61] Björklund E, Müller A, Von H C. Comparison of fat retainers in accelerated solvent extraction for the selective extraction of PCBs from fat-containing samples. Analytical Chemistry, 2001, 73(16): 4050.

[62] July D. Guidance for the inventory of polybrominated diphenyl ethers (PBDEs) listed under the Stockholm Convention on Persistent Organic Pollutants, 2012.

[63] Sporring S, Björklund E. Selective pressurized liquid extraction of polychlorinated biphenyls from fat-containing food and feed samples influence of cell dimensions, solvent type, temperature and flush volume. Journal of Chromatography A, 2004, 1040(2): 155-161.

[64] Lacorte S, Guillamon M. Validation of a pressurized solvent extraction and GC-NCI-MS method for the low level determination of 40 polybrominated diphenyl ethers in mothers' milk. Chemosphere, 2008, 73(1): 70-75.

[65] Wu N, Herrmann T, Paepke O, et al. Human exposure to PBDEs: Associations of PBDE body burdens with food consumption and house dust concentrations. Environmental Science & Technology, 2007, 41(5): 1584-1589.

[66] Streets S S, Henderson S A, Stoner A D, et al. Partitioning and bioaccumulation of PBDEs and PCBs in lake Michigan. Environmental Science & Technology, 2007, 41(9): 3391; author reply 3392.

[67] Andersson Ö, Blomkvist G. Polybrominated aromatic pollutants found in fish in Sweden. Chemosphere, 1981, 10(9): 1051-1060.

[68] 王俊霞, 王春艳, 刘莉莉, 等. 多溴联苯醚在市场鲫鱼体内分布和食鱼暴露量. 环境科学, 2014, (8): 3175-3182.

[69] 陈树科, 沈晓飞, 江锦花. 乐清湾海域鱼类中多溴联苯醚的分布特征. 安徽农业科学, 2009, 37(23): 11040-11043.

[70] 马新东, 林忠胜, 王震, 等. 气相色谱-负化学源质谱法测定海洋生物中的多溴联苯醚. 分析试验室, 2009, 28(5): 24-27.

[71] 张荧, 吴江平, 罗孝俊, 等. 多溴联苯醚在典型电子垃圾污染区域水生食物链上的生物富集特征. 生态毒理学报, 2009, 4(3): 338-344.

[72] Luo Q, Cai Z W, Wong M H. Polybrominated diphenyl ethers in fish and sediment from river polluted by electronic waste. Science of the Total Environment, 2007, 383(1-3): 115-127.

[73] 丘耀文, 张干, 郭玲利, 等. 深圳湾海域多溴联苯醚(PBDEs)生物累积及其高分辨沉积记录. 海洋与湖沼, 2009, 40(3): 261-268.

[74] 丘耀文, 张干, 郭玲利, 等. 大亚湾海域多溴联苯醚的生物累积特征. 中国环境科学, 2006, 26(6): 685-688.

[75] 吕杨, 王立宁, 黄俊, 等. 海河渤海湾地区沉积物、鱼体样品中多溴联苯醚的水平与分布. 环境污染与防治, 2007, 29(9): 652-655.

[76] Xia C, Lam J C W, Wu X, et al. Levels and distribution of polybrominated diphenyl ethers (PBDEs) in marine fishes from Chinese coastal waters. Chemosphere, 2011, 82(1): 18-24.

[77] 詹蔚, 陈来国, 范瑞芳, 等. 东江野生鱼中多溴联苯醚的污染特征. 农业环境科学学报, 2013, 32(7): 1309-1314.

[78] Ma X, Zhang H, Yao Z, et al. Bioaccumulation and trophic transfer of polybrominated diphenyl ethers (PBDEs) in a marine food web from Liaodong Bay, North China. Marine Pollution Bulletin, 2013, 74(1): 110-115.

[79] Hu G C, Dai G Y, Xu Z C, et al. Bioaccumulation behavior of polybrominated diphenyl ethers (PBDEs) in the freshwater food chain of Baiyangdian Lake, North China. Environment International, 2010, 36(4): 309-315.

[80] Zhang B Z, Ni H G, Guan Y F, et al. Occurrence, bioaccumulation and potential sources of polybrominated diphenyl ethers in typical freshwater cultured fish ponds of South China. Environmental Pollution, 2010, 158(5): 1876.

[81] Jin J, Liu W, Wang Y, et al. Levels and distribution of polybrominated diphenyl ethers in plant, shellfish and sediment samples from Laizhou Bay in China. Chemosphere, 2008, 71(6): 1043-1050.

[82] Liu Y-P, Li J-G, Zhao Y-F, et al. Polybrominated diphenyl ethers (PBDEs) and indicator polychlorinated biphenyls (PCBs) in marine fish from four areas of China. Chemosphere, 2011, 83(2): 168-174.

[83] Li Q, Yan C, Luo Z, et al. Occurrence and levels of polybrominated diphenyl ethers (PBDEs) in recent sediments and marine organisms from Xiamen offshore areas, China. Marine Pollution Bulletin, 2010, 60(3): 464-469.

[84] Su G, Liu X, Gao Z, et al. Dietary intake of polybrominated diphenyl ethers (PBDEs) and polychlorinated biphenyls (PCBs) from fish and meat by residents of Nanjing, China. Environment International, 2012, 42(1): 138.

[85] Zhang D P, Zhang X Y, Yu Y X, et al. Intakes of omega-3 polyunsaturated fatty acids, polybrominated diphenyl ethers and polychlorinated biphenyls via consumption of fish from Taihu Lake, China: A risk-benefit assessment. Food Chemistry, 2012, 132(2): 975-981.

[86] Kakimoto K, Nagayoshi H, Yoshida J, et al. Detection of dechlorane plus and brominated flame retardants in marketed fish in Japan. Chemosphere, 2012, 89(4): 416-419.

[87] Echols K R, Peterman P H, Hinck J E, et al. Polybrominated diphenyl ether metabolism in field collected fish from the Gila River, Arizona, USA: Levels, possible sources, and patterns. Chemosphere, 2013, 90(1): 20.

[88] Hahm J, Manchester-Neesvig J B, DeBord D, et al. Polybrominated diphenyl ethers (PBDEs) in Lake Michigan forage fish. Journal of Great Lakes Research, 2009, 35(1): 154-158.

[89] Leeuwen S P J V, Boer J D. Brominated flame retardants in fish and shellfish-levels and contribution of fish consumption to dietary exposure of Dutch citizens to HBCD. Molecular Nutrition & Food Research, 2008, 52(2): 194-203.

[90] Ashizuka Y, Reiko N, Tsuguhide H, et al. Determination of brominated flame retardants and brominated dioxins in fish collected from three regions of Japan. Molecular Nutrition & Food Research, 2008, 52(2): 273-283.

[91] Liberda E N, Wainman B C, LeBlanc A, et al. Dietary exposure of PBDEs resulting from a subsistence diet in three First Nation communities in the James Bay Region of Canada. Environment International, 2011, 37(3): 631-636.

[92] Lind Y, Aune M, Atuma S, et al. Food intake of the brominated flame retardants PBDEs and HBCD in Sweden. Organohalogen Compounds, 2002, 58: 181-184.

[93] 蒋友胜, 张建清, 周健, 等. 中国南方某市几种市售食品中多溴联苯醚污染状况研究. 中国卫生检验杂志, 2010, (2): 259-261.

[94] Qin X, Qin Z, Li Y, et al. Polybrominated diphenyl ethers in chicken tissues and eggs from an electronic waste recycling area in Southeast China. Jouranl of Environmental Sciences, 2011, 23(1): 133-138.

[95] Covaci A, Voorspoels S, de Boer J. Determination of brominated flame retardants, with emphasis on polybrominated diphenyl ethers (PBDEs) in environmental and human samples: A review. Environment International, 2003, 29(6): 735-756.

[96] Schecter A, Colacino J, Patel K, et al. Polybrominated diphenyl ether levels in foodstuffs collected from three locations from the United States. Toxicology and Applied Pharmacology, 2010, 243(2): 217-224.

[97] Frederiksen M, Vorkamp K, Thomsen M, et al. Human internal and external exposure to PBDEs: A review of levels and sources. Journal of Hygiene and Environmental Health, 2009, 212(2): 109-134.

[98] Jones Otazo H A, Clarke J P, Diamond M L, et al. Is house dust the missing exposure pathway for PBDEs? An analysis of the urban fate and human exposure to PBDEs. Environmental Science & Technology, 2005, 39(14): 5121.

[99] Harrad S, Wijesekera R, Hunter S, et al. Preliminary assessment of U.K. human dietary and inhalation exposure to polybrominated diphenyl ethers. Environmental Science & Technology, 2004, 38(8): 2345-2350.

[100] Kim C I, Lee J, Kwon S, et al. Total diet study: For a closer-to-real estimate of dietary exposure to chemical substances. Toxicological Research, 2015, 31(3): 227-240.

[101] 吴永宁, 江桂斌. 重要有机污染物痕量与超痕量检测技术. 北京: 化学工业出版社, 2007: 642.

[102] Ryan J J, Patry B. Body burdens and food exposure in Canada for polybrominated diphenyl ethers (BDEs). 2001. https://www.researchgate.net/publication/284789454_Body_burdens_and_food_exposure_in_Canada_for_polybrominated_diphenyl_ethers_BDEs.

[103] Wijesekera R, Halliwell C, Hunter S, et al. A preliminary assessment of UK human exposure to polybrominated diphenyl ethers (PBDEs). Organohalogen Compounds, 2002, 55: 239-242.

[104] Schecter A, Papke O, Tung K-C, et al. Polybrominated diphenyl ethers contamination of United States food. Environmental Science & Technology, 2004, 38(20): 5306.

[105] Schecter A, Papke O, Harris T R, et al. Polybrominated diphenyl ether (PBDE) levels in an expanded market basket survey of U.S. food and estimated PBDE dietary intake by age and sex. Environmental Health Perspectives, 2006, 114(10): 1515.

[106] Schecter A, Harris T R, Shah N, et al. Brominated flame retardants in US food. Molecular Nutrition & Food Research, 2008, 52(2): 266-272.

[107] Darnerud P O, Atuma S, Aune M, et al. Dietary intake estimations of organohalogen contaminants (dioxins, PCB, PBDE and chlorinated pesticides, e.g. DDT) based on Swedish market basket data. Food & Chemical Toxicology, 2006, 44(9): 1597-1606.

[108] Kiviranta H, Ovaskainen M L, Vartiainen T. Market basket study on dietary intake of PCDD/Fs, PCBs, and PBDEs in Finland. Environment International, 2004, 30(7): 923-932.

[109] Voorspoels S, Covaci A, Neels H, et al. Dietary PBDE intake: A market-basket study in Belgium. Environment International, 2007, 33(1): 93.

[110] D'Silva. Brominated organic micro-pollutants in food and environmental biota. Leeds: University of Leeds, 2005.

[111] Ohta S, Ishizuka D, Nishimura H, et al. Comparison of polybrominated diphenyl ethers in fish, vegetables, and meats and levels in human milk of nursing women in Japan. Chemosphere, 2002, 46(5): 689.

[112] Gómara B, Herrero L, González M J. Survey of polybrominated diphenyl ether levels in Spanish commercial foodstuffs. Environmental Science & Technology, 2006, 40(24): 7541-7547.

[113] Chan J, Man Y B, Wu S C, et al. Dietary intake of PBDEs of residents at two major electronic waste recycling sites in China. Science of the Total Environment, 2013, 463: 1138-1146.

[114] Labunska I, Harrad S, Wang M, et al. Human dietary exposure to PBDEs around E-waste recycling sites in Eastern China. Environmental Science & Technology, 2014, 48(10): 5555-5564.

[115] Zhao G, Zhou H, Wang D, et al. PBBs, PBDEs, and PCBs in foods collected from e-waste disassembly sites and daily intake by local residents. Science of the Total Environment, 2009, 407(8): 2565-2575.

[116] Zhang L, Li J, Zhao Y, et al. PBDEs and indicator PCBs in foods from China: Levels, Dietary Intake and Risk Assessment. Journal of Agricultural & Food Chemistry, 2013, 61: 6544-6551.

[117] 鲍彦, 尹帅星, 张磊, 等. 中国居民多溴联苯醚的膳食暴露水平和风险评估. 环境化学, 2016, 35(6): 1172-1179.

[118] Zhang L, Li J, Zhao Y, et al. Polybrominated diphenyl ethers (PBDEs) and indicator polychlorinated biphenyls (PCBs) in foods from China: Levels, dietary intake, and risk assessment. Journal of Agricultural & Food Chemistry, 2013, 61(26): 6544-6551.

[119] Shen H, Yu C, Ying Y, et al. Levels and congener profiles of PCDD/Fs, PCBs and PBDEs in seafood from China. Chemosphere, 2009, 77(9): 1206-1211.

[120] Ni H G, Ding C, Lu S-Y, et al. Food as a main route of adult exposure to PBDEs in Shenzhen, China. Science of the Total Environment, 2012, 437(14): 10-14.

[121] Su G, Liu X, Gao Z, et al. Dietary intake of polybrominated diphenyl ethers (PBDEs) and polychlorinated biphenyls (PCBs) from fish and meat by residents of Nanjing, China. Environment International, 2012, 42: 138-143.

[122] Domingo J L. Human exposure to polybrominated diphenyl ethers through the diet. Journal of Chromatography A, 2004, 1054(1-2): 321-326.

[123] Bakker M I, de Winter Sorkina R, de Mul A, et al. Dietary intake and risk evaluation of polybrominated diphenyl ethers in The Netherlands. Molecular Nutrition & Food Research, 2008, 52(2): 204-216.

[124] Knutsen H K, Kvalem H E, Thomsen C, et al. Dietary exposure to brominated flame retardants correlates with male blood levels in a selected group of Norwegians with a wide range of seafood consumption. Molecular Nutrition & Food Research, 2008, 52(2): 217-227.

[125] Schecter A, Haffner D, Colacino J, et al. Polybrominated diphenyl ethers (PBDEs) and hexabromocyclododecane (HBCD) in composite US food samples. Environmental Health Perspectives, 2010, 118(3): 357-362.

[126] Törnkvist A, Glynn A, Aune M, et al. PCDD/F, PCB, PBDE, HBCD and chlorinated pesticides in a Swedish market basket from 2005: Levels and dietary intake estimations. Chemosphere, 2011, 83(2): 193-199.

[127] Rivière G, Sirot V, Tard A, et al. Food risk assessment for perfluoroalkyl acids and brominated flame retardants in the French population: Results from the second French total diet study. Science of the Total Environment, 2014, 491: 176-183.

[128] Schecter A, Papke O, Elizabeth J, et al. Polybrominated diphenyl ethers (PBDEs) in US computers and domestic carpet vacuuming: Possible sources of human exposure. Journal of Toxicology and Environmental Health, 2005, 68(7): 501-513.

[129] FSA. Brominated chemicals: UK dietary intakes. Food Standards Agency (FSA). 2006.

[130] Frederiksen M, Vorkamp A, Thomsenc M, et al. Human internal and external exposure to PBDEs: A review of levels and sources. International Journal of Hygiene and Environmental Health, 2009, 212(2): 109-134.

[131] Zhao X R, Qin Z F, Yang Z Z, et al. Dual body burdens of polychlorinated biphenyls and polybrominated diphenyl ethers among local residents in an E-waste recycling region in Southeast China. Chemosphere, 2010, 78(6): 659-666.

[132] Shen H, Ding G, Han G, et al. Distribution of PCDD/Fs, PCBs, PBDEs and organochlorine residues in children's blood from Zhejiang, China. Chemosphere, 2010, 80(2): 170-175.

[133] Schröter-Kermani C, Helm D, Herrmann T, et al. The German environmental specimen bank-application in trend monitoring of polybrominated diphenyl ethers in human blood. International Journal of Oncology, 2000, 2(5): 791-795.

[134] Anderson H A, Imm P, Knobeloch L, et al. Polybrominated diphenyl ethers (PBDE) in serum: Findings from a US cohort of consumers of sport-caught fish. Chemosphere, 2008, 73(2): 187-194.

[135] Schecter A J, Shah N C, Brummitt S, et al. U.S. Current PBDE levels and congeners: Human milk and blood; Individual milk/blood partitioning; Levels in vegetables and fast food per serving. Organobalogen Compounds, 2008, 70: 299-302.

[136] Mazdai A, Doodder N G, Abernathy M P, et al. Polybrominated diphenyl ethers in maternal and fetal blood samples. Environmental Health Perspectives, 2003, 111(9): 1249-1252.

[137] Guvenius D M, Aronsson A, Ekman-Ordeberg G, et al. Human prenatal and postnatal exposure to polybrominated diphenyl ethers, polychlorinated biphenyls, polychlorobiphenylols, and pentachlorophenol. Environmental Health Perspectives, 2003, 111(9): 1235.

[138] Karlsson M, Dodder N G, Abernathy M P, et al. Levels of brominated flame retardants in blood in relation to levels in household air and dust. Environment International, 2007, 33(1): 62-69.

[139] Leijs M M, Teunenbroek T, Olie K. Assessment of current serum levels of PCDD/Fs, dl-PCBs and PBDEs in a Dutch cohort with known perinatal PCDD/F exposure. Chemosphere, 2008, 73(2): 176-181.

[140] Covaci A S. Voorspoels, optimization of the determination of polybrominated diphenyl ethers in human serum using solid-phase extraction and gas chromatography-electron capture negative ionization mass spectrometry. Journal of Chromatography B: Analytical Technologies in the Biomedical and Life Sciences, 2005, 827(2): 216-223.

[141] Thomas G O, Wilkinson M, Hodson S, et al. Organohalogen chemicals in human blood from the United Kingdom. Environmental Pollution, 2006, 141(1): 30-41.

[142] Zhu L, Ma B, Hites R A. Brominated flame retardants in serum from the general population in northern China. Environmental Science & Technology, 2009. 43(18): 6963-6968.

[143] Bi X, Qu W, Sheng G, et al. Polybrominated diphenyl ethers in South China maternal and fetal blood and breast milk. Environmental Pollution, 2006, 144(3): 1024-1030.

[144] 黄飞飞, 闻胜, 郭斐斐, 等. 2010年太原市普通人群血清中多溴二苯醚负荷水平. 中华预防医学杂志, 2011, 45(6): 502-505.

[145] Schecter A, Colacino J, Sjödin A, et al. Partitioning of polybrominated diphenyl ethers (PBDEs) in serum and milk from the same mothers. Chemosphere, 2010, 78(10): 1279-1284.

[146] Lee S J, Ikonomou M G, Park H, et al. Polybrominated diphenyl ethers in blood from Korean incinerator workers and general population. Chemosphere, 2007, 67(3): 489-497.

[147] Bradman A, Fenster L, Sjödin A, et al. Polybrominated diphenyl ether levels in the blood of pregnant women living in an agricultural community in California. Environmental Health Perspectives, 2007, 115(1): 71-74.

[148] Parry E, Zota A R, Park J-S, et al. Polybrominated diphenyl ethers (PBDEs) and hydroxylated PBDE metabolites (OH-PBDEs): A six-year temporal trend in Northern California pregnant women. Chemosphere, 2018, 195: 777-783.

[149] Toms L M L, Sjödin A, Harden F, et al. Serum polybrominated diphenyl ether (PBDE) levels are higher in children (2-5 years of age) than in infants and adults. Environmental Health Perspectives, 2009, 117(9): 1461-1465.

[150] Harrad S, Porter L. Concentrations of polybrominated diphenyl ethers in blood serum from New Zealand. Chemosphere, 2007, 66(10): 2019-2023.

[151] Akutsu K, Takatori S, Nozawa S, et al. Polybrominated diphenyl ethers in human serum and sperm quality. Bulletin of Environmental Contamination & Toxicology, 2008, 80(4): 345-350.

[152] Antignac J P, Cariou R, Zalko D, et al. Exposure assessment of French women and their newborn to brominated flame retardants: Determination of tri- to deca- polybromodiphenylethers (PBDE) in maternal adipose tissue, serum, breast milk and cord serum. Environmental Pollution, 2009, 157(1): 164-173.

[153] Chertin B, Cozzi D, Puri P. Influence of breastfeeding in the accumulation of polybromodiphenyl ethers during the first years of child growth. Environmental Science & Technology, 2007, 41(14): 4907.

[154] Bi X, Thomas G O, Jones K C, et al. Exposure of electronics dismantling workers to polybrominated diphenyl ethers, polychlorinated biphenyls, and organochlorine pesticides in South China. Environmental Science & Technology, 2007, 41(16): 5647.

[155] Pérez-Maldonado I N, et al. Exposure assessment of polybrominated diphenyl ethers (PBDEs) in Mexican children. Chemosphere, 2009, 75(9): 1215-1220.

[156] Wu K, Xu X, Liu J, et al. Polybrominated diphenyl ethers in umbilical cord blood and relevant factors in neonates from Guiyu, China. Environmental Science & Technology, 2010, 44(2): 813-819.

[157] Jin J, María del Rocio Ramírez-Jiménez, Martínez-Arévalo L P, et al. Polybrominated diphenyl ethers in the serum and breast milk of the resident population from production area, China. Environment International, 2009, 35(7): 1048-1052.

[158] Thuresson K, Bergman A, Jakobsson K. Occupational exposure to commercial decabromodiphenyl ether in workers manufacturing or handling flame-retarded rubber. Environmental Science & Technology, 2005, 39(7): 1980.

[159] Qu W, Bi X, Sheng G, et al. Exposure to polybrominated diphenyl ethers among workers at an electronic waste dismantling region in Guangdong, China. Environment International, 2007, 33(8): 1029.

[160] Chen C E, Chen J W, Zhao H X, et al. Levels and patterns of polybrominated diphenyl ethers in children's plasma from Dalian, China. Environment International, 2010, 36(2): 163-167.

[161] Kayoko I, Kouji H, Katsunobu T, et al. Levels and concentration ratios of polychlorinated biphenyls and polybrominated diphenyl ethers in serum and breast milk in Japanese mothers. Environmental Health Perspectives, 2006, 114(8): 1179-1185.

[162] Thomsen C, Stigum H, Frφshaug M, et al. Determinants of brominated flame retardants in breast milk from a large scale Norwegian study. Environment International, 2010, 36(1): 68-74.

[163] Toms L M L, Hearn L, Kennedy K, et al. Concentrations of polybrominated diphenyl ethers (PBDEs) in matched samples of human milk, dust and indoor air. Environment International, 2009, 35(6): 864.

[164] Fischer D, Hooper K, Athanasiadou M, et al. Children show highest levels of polybrominated diphenyl ethers in a California family of four: A case study. Environmental Health Perspectives, 2006, 114(10): 1581-1584.

[165] 王亚韡, 江桂斌. 人体中多溴联苯醚(PBDEs)和全氟辛烷磺酰基化合物(PFOS)研究进展. 科学通报, 2008, 1(2): 129-140.

[166] Hites R A. Polybrominated diphenyl ethers in the environment and in people: A meta-analysis of concentrations. Environmental Science & Technology, 2004, 38(4): 945-956.

[167] She J, Holden A, Sharp M, et al. Polybrominated diphenyl ethers (PBDEs) and polychlorinated biphenyls (PCBs) in breast milk from the Pacific Northwest. Chemosphere, 2007, 67(9): 307-317.

[168] Johnson-Restrepo B, Addink R, Wong C, et al. Polybrominated diphenyl ethers and organochlorine pesticides in human breast milk from Massachusetts, USA. Journal of Environmental Monitoring: JEM, 2007, 9(11): 1205.

[169] Polder A, Gabrielsen G W, Odland J, et al. Spatial and temporal changes of chlorinated pesticides, PCBs, dioxins (PCDDs/PCDFs) and brominated flame retardants in human breast milk from Northern Russia. Science of the Total Environment, 2008, 391(1): 41-54.

[170] Fängström B, Strid A, Grandjean P, et al. A retrospective study of PBDEs and PCBs in human milk from the Faroe Islands. Environmental Health, 2005, 4(1): 1-9.

[171] Haraguchi K, Koizumi A, Inoue K, et al. Levels and regional trends of persistent organochlorines and polybrominated diphenyl ethers in Asian breast milk demonstrate POPs signatures unique to individual countries. Environment International, 2009, 35(7): 1072-1079.

[172] Tue N M, Sudaryanto A, Minh T B, et al. Accumulation of polychlorinated biphenyls and brominated flame retardants in breast milk from women living in Vietnamese E-waste recycling sites. Science of the Total Environment, 2010, 408(9): 2155-2162.

[173] Zhang L, Yin S, Zhao Y, et al. Polybrominated diphenyl ethers and indicator polychlorinated biphenyls in human milk from China under the Stockholm Convention. Chemosphere, 2017, 189: 32.

[174] Kang C S, Lee J-H, Kim S-K, et al. Polybrominated diphenyl ethers and synthetic musks in umbilical cord serum, maternal serum, and breast milk from Seoul, South Korea. Chemosphere, 2010, 80(2): 116-122.

[175] Schecter A, Pavuk M, Päpke O, et al. Polybrominated diphenyl ethers (PBDEs) in U.S. mothers' milk. Environmental Health Perspectives, 2003, 111(14): 1723.

[176] Lignell S, Aune M, Darnerud P O, et al. Persistent organochlorine and organobromine compounds in mother's milk from Sweden 1996—2006: Compound-specific temporal trends. Environmental Research, 2009, 109(6): 760-767.

[177] Kalantzi O I, Martin F L, Thomas G O, et al. Different levels of polybrominated diphenyl ethers (PBDEs) and chlorinated compounds in breast milk from two U.K. regions. Environmental Health Perspectives, 2004, 112(10): 1085-1091.

[178] Raab U, Preiss U, Albrecht M, et al. Concentrations of polybrominated diphenyl ethers, organochlorine compounds and nitro musks in mother's milk from Germany (Bavaria). Chemosphere, 2008, 72(1): 87-94.

[179] Schuhmacher M, Kiviranta H, Vartiainen T, et al. Concentrations of polychlorinated biphenyls (PCBs) and polybrominated diphenyl ethers (PBDEs) in milk of women from Catalonia, Spain. Chemosphere, 2007, 67(9): 295-300.

[180] Bordajandi L R, Abad E, González M J. Occurrence of PCBs, PCDD/Fs, PBDEs and DDTs in Spanish breast milk: Enantiomeric fraction of chiral PCBs. Chemosphere, 2008, 70(4): 567-575.

[181] Tsydenova O V, Sudaryanto A, Kajiwara N, et al. Organohalogen compounds in human breast milk from Republic of Buryatia, Russia. Environmental Pollution, 2007, 146(1): 225-232.

[182] Jaraczewska K, Lulek J, Covaci A, et al. Distribution of polychlorinated biphenyls, organochlorine pesticides and polybrominated diphenyl ethers in human umbilical cord serum, maternal serum and milk from Wielkopolska region, Poland. Science of the Total Environment, 2006, 372(1): 20-31.

[183] Sudaryanto A, Kajiwara N, Takahashi S, et al. Geographical distribution and accumulation features of PBDEs in human breast milk from Indonesia. Environmental Pollution, 2008, 151(1): 130.

[184] Eslami B, Koizumi A, Ohta S, et al. Large-scale evaluation of the current level of polybrominated diphenyl ethers (PBDEs) in breast milk from 13 regions of Japan. Chemosphere, 2006, 63(4): 554-561.

[185] Li J, Yu H, Zhao Y, et al. Levels of polybrominated diphenyl ethers (PBDEs) in breast milk from Beijing, China. Chemosphere, 2008, 73(2): 182-186.

[186] Sudaryanto A, Kajiwara N, Tsydenova O V, et al. Levels and congener specific profiles of PBDEs in human breast milk from China: Implication on exposure sources and pathways. Chemosphere, 2008, 73(10): 1661-1668.

[187] Zhu L, Ma B L, Li J G, et al. Distribution of polybrominated diphenyl ethers in breast milk from North China: Implication of exposure pathways. Chemosphere, 2009, 74(11): 1429-1434.

[188] Chao H R, Wang S L, Lee W J, et al. Levels of polybrominated diphenyl ethers (PBDEs) in breast milk from central Taiwan and their relation to infant birth outcome and maternal menstruation effects. Environment International, 2007, 33(2): 239-245.

[189] Koh T-W, Chih-Cheng Chen S, Chang-Chien G-P, et al. Breast-milk levels of polybrominated diphenyl ether flame retardants in relation to women's age and pre-pregnant body mass index. International Journal of Hygiene & Environmental Health, 2010, 213(1): 59-65.

[190] Hedley A J, Hui L L, Kypke K, et al. Residues of persistent organic pollutants (POPs) in human milk in Hong Kong. Chemosphere, 2010, 79(3): 259-265.

[191] Antignac J P, Cariou R, Maume D, et al. Exposure assessment of fetus and newborn to brominated flame retardants in France: Preliminary data. Molecular Nutrition & Food Research, 2008, 52(2): 258-265.

[192] Gómara B, Herrero L, Ramos J J, et al. Distribution of polybrominated diphenyl ethers in human umbilical cord serum, paternal serum, maternal serum, placentas, and breast milk from Madrid population, Spain. Environmental Science & Technology, 2007, 41(20): 6961-6968.

[193] Akutsu K, Kitagawa M, Nakazawa H, et al. Time-trend (1973–2000) of polybrominated diphenyl ethers in Japanese mother's milk. Chemosphere, 2003, 53(6): 645-654.

[194] Guvenius D M, Bergman Å, Norén K. Polybrominated diphenyl ethers in Swedish human liver and adipose tissue. Archives of Environmental Contamination & Toxicology, 2001, 40(4): 564-570.

[195] Fängström B, Athanassiadis I, Odsjö T, et al. Temporal trends of polybrominated diphenyl ethers and hexabromocyclododecane in milk from Stockholm mothers, 1980—2004. Molecular Nutrition & Food Research, 2010, 52(2): 187-193.

[196] Johnsonrestrepo B, Kannan K, Rapaport D P, et al. Polybrominated diphenyl ethers and polychlorinated biphenyls in human adipose tissue from New York. Environmental Science & Technology, 2005, 39(14): 5177-5182.

[197] Kunisue T, Takayanagi N, Isobe T, et al. Polybrominated diphenyl ethers and persistent organochlorines in Japanese human adipose tissues. Environment International, 2007, 33(8): 1048-1052.

[198] Smeds A, Saukko P. Brominated flame retardants and phenolic endocrine disrupters in Finnish human adipose tissue. Chemosphere, 2003, 53(9): 1123.

[199] She J, Petreas M, Winkler J, et al. PBDEs in the San Francisco Bay Area: Measurements in harbor seal blubber and human breast adipose tissue. Chemosphere, 2002, 46(5): 697-707.

[200] Pulkrabová J, Hrádková P, Hajslová J, et al. Brominated flame retardants and other organochlorine pollutants in human adipose tissue samples from the Czech Republic. Environment International, 2009, 35(1): 63-68.

[201] Covaci A, Voorspoels S, Roosens L, et al. Polybrominated diphenyl ethers (PBDEs) and polychlorinated biphenyls (PCBs) in human liver and adipose tissue samples from Belgium. Chemosphere, 2008, 73(2): 170-175.

[202] Fernandez M F, Araque P, Kiviranta H, et al. PBDEs and PBBs in the adipose tissue of women from Spain. Chemosphere, 2007, 66(2): 377-383.

[203] Schiavone A, Kannan K, Horii Y, et al. Polybrominated diphenyl ethers, polychlorinated naphthalenes and polycyclic musks in human fat from Italy: Comparison to polychlorinated biphenyls and organochlorine pesticides. Environmental Pollution, 2010, 158(2): 599-606.

[204] Kalantzi O I, Brown F R, Caleffi M, et al. Polybrominated diphenyl ethers and polychlorinated biphenyls in human breast adipose samples from Brazil. Environment International, 2009, 35(1): 113-117.

[205] Choi J, Fujimaki S, Kitamura K, et al. Polybrominated dibenzo-p-dioxins, dibenzofurans, and diphenyl ethers in Japanese human adipose tissue. Environmental Science & Technology, 2003, 37(5): 817-821.

[206] Hirai T, Furutani H, Myouren M, et al. Concentration of polybrominated diphenyl ethers (PBDEs) in the human bile in relation to those in the liver and blood. Organohalogen Compounds, 2002, 58: 277-280.

[207] Li Q Q, Loganath A, Chong Y S, et al. Determination and occurrence of polybrominated diphenyl ethers in maternal adipose tissue from inhabitants of Singapore. Journal of Chromatography B Analytical Technologies in the Biomedical & Life Sciences, 2005, 819(2): 253-257.

[208] Covaci A, de Boer J, Ryan J J, et al. Distribution of organobrominated and organochlorinated contaminants in Belgian human adipose tissue. Environmental Research, 2002, 88(3): 210-218.

[209] Haglund P S, Zook D R, Buser H-R, et al. Identification and quantification of polybrominated diphenyl ethers and methoxy-polybrominated diphenyl ethers in Baltic Biota. Environmental Science & Technology, 1997, 31(11): 3281-3287.

[210] López D, Athanasiadou M. A preliminary study on PBDEs and HBCDD in blood and milk from Mexican women. 2004. www.bfr2010.com.

[211] Meneses M, Wingfors H, Schuhmacher M, et al. Polybrominated diphenyl ethers detected in human adipose tissue from Spain. Chemosphere, 1999, 39(13): 2271-2278.

[212] Crhova S, et al. Polybrominated flame retardants in human adipose tissue in Czech Republic inhabitants. The pilot study. Organohalogen Compounds, 2002.

第6章 食品和人体中的全氟有机化合物

本章导读

- 介绍全氟有机化合物的性质、类别、生产方式及其毒性,并列举典型的全氟有机化合物。
- 介绍食品和生物样品中全氟有机化合物萃取及前处理方法和仪器检测方法。
- 介绍不同国家地区食品中全氟有机化合物的污染水平和分布,以及人体负荷水平。

6.1 背景介绍

全氟有机化合物(perfluoroalkyl substances, PFASs)是指氢原子全部被氟原子取代的直链或支链的一类有机化合物[1]。作为一类具有重要应用价值的含氟有机化合物,自20世纪40年代末期由美国3M公司研制成功以来,其生产和使用历史已经超过60年。由于氟原子的电负性极高,使得这类物质的化学性质极为稳定。因具有优良的表面活性功能,PFASs被广泛用于灭火剂、感光材料表面处理剂、光亮剂、油墨、半导体工业清洁和表面处理液、纺织品和皮革的整理剂和纸张表面处理剂等。此外,还被广泛应用于合成洗涤剂、义齿洗涤剂、洗发香波、纸张表面处理和器皿生产过程(包括与人们生活关系密切的纸制食品包装材料及不粘锅涂层等)[2]。

PFASs主要分为全氟烷基磺酸及其盐类和全氟羧酸两大类化合物,其中应用最广泛的是8个碳链的全氟辛酸(perfluorooctanoic acid,PFOA)和全氟辛基磺酸(perfluorooctanesulfonate,PFOS),典型的PFASs详见表6-1。由于PFASs特殊的物理化学性质以及在工业和生活用品上的广泛使用,此类物质已经广泛地存在于全球生态系统,甚至在人迹罕至的北极地区的动物体内均可检出PFASs。

表 6-1　典型直链和支链全氟有机化合物

化合物英文名称	化合物中文名称	碳原子数	缩写
perfluorobutanoic acid	全氟丁酸	4	PFBA
perfluoropentanoic acid	全氟戊酸	5	PFPeA
perfluorohexanoic acid	全氟己酸	6	PFHxA
perfluoroheptanoic acid	全氟庚酸	7	PFHpA
perfluoro-2-methylheptanoic acid	2-甲基全氟庚酸	8	2m-PFOA
perfluoro-3-methylheptanoic acid	3-甲基全氟庚酸	8	3m-PFOA
perfluoro-4-methylheptanoic acid	4-甲基全氟庚酸	8	4m-PFOA
perfluoro-5-methylheptanoic acid	5-甲基全氟庚酸	8	5m-PFOA
perfluoro-6-methylheptanoic acid	6-甲基全氟庚酸	8	*iso*-PFOA
perfluoro-*n*-octanoic acid	全氟辛酸	8	PFOA
perfluorononanoic acid	全氟壬酸	9	PFNA
perfluorodecanoic acid	全氟癸酸	10	PFDA
perfluoroundecanoic acid	全氟十一酸	11	PFUdA
perfluorododecanoic acid	全氟十二酸	12	PFDoA
perfluorotridecanoic acid	全氟十三酸	13	PFTrDA
perfluorotetradecanoic acid	全氟十四酸	14	PFTeDA
perfluorohexadecanoic acid	全氟十五酸	15	PFHxDA
perfluorooctadecanoic acid	全氟十六酸	16	PFODA
perfluorobutanesulfonate	全氟丁基磺酸	4	PFBS
perfluoropentanesulfonate	全氟戊基磺酸	5	PFPeS
perfluorohexanesulfonate	全氟己基磺酸	6	PFHxS
perfluoroheptanesulfonate	全氟庚基磺酸	7	PFHpS
perfluoro-1-methylheptanesulfonate	1-甲基全氟庚基磺酸	8	1m-PFOS
perfluoro-2-methylheptanesulfonate	2-甲基全氟庚基磺酸	8	2m-PFOS
perfluoro-3-methylheptanesulfonate	3-甲基全氟庚基磺酸	8	3m-PFOS
perfluoro-4-methylheptanesulfonate	4-甲基全氟庚基磺酸	8	4m-PFOS
perfluoro-5-methylheptanesulfonate	5-甲基全氟庚基磺酸	8	5m-PFOS
perfluoro-6-methylheptanesulfonate	6-甲基全氟庚基磺酸	8	*iso*-PFOS
perfluoro-1-octanesulfonate	全氟辛基磺酸	8	PFOS
perfluorononanesulfonate	全氟壬基磺酸	9	PFNS
perfluorodecanesulfonate	全氟癸基磺酸	10	PFDS

PFASs 具有持久性和生物累积性。毒理学研究表明，PFASs 具有多脏器毒性，包括肝脏毒性、神经毒性、心血管毒性、胚胎发育与生殖毒性、遗传毒性与致癌性、免疫毒性等，对人体健康存在着潜在威胁[3]。环境中存在的 PFASs 主要有全氟羧酸类、全氟磺酸类及其各类前体化合物等，其中 PFOA 和 PFOS 在环境样品、生物样品和人体组织样品中的检出率最高。

目前，两种最主要的生产 PFOA 和 PFOS 的方式是电化学氟化法(electrochemical fluorination，ECF)和调聚合成法(telomerization)[4,5]。利用 ECF 生产的 PFOA 和 PFOS，其产物为异构体混合物且异构体比例稳定：直链(约 80%PFOA 和 70%PFOS)和支链(约 20%PFOA 和 30%PFOS)异构体。利用 ECF 生产的产品会产生大量的副产物，且 PFASs 对环境和人体健康存在潜在危害，美国 3M 公司已于 2003 年停止生产 PFOS 及其相关产品，且不再使用 ECF 生产 PFOA，主要生产方式变为调聚合成法[6]。但是某些欧洲国家和亚洲国家却仍然在使用 ECF 生产 PFOA，并且继续生产 PFOS。我国湖北、辽宁阜新、江苏常熟等地先后建立起生产 PFASs 的工厂，并且继续生产 PFOS。PFASs 这些同分异构体的物理化学性质，特别是在体内吸收、代谢、排泄和毒性等方面均存在差异[5]，国际上的部分学者已经对其展开了相应的研究。目前，对于 PFOA 和 PFOS 的同分异构体的命名方式主要采用 Benskin 等提出的方法[7]。以 PFOS 为例，直链 PFOS 命名为 n-PFOS，—CH_3 基团位于官能团—SO_3 所在的碳原子上命名为 1m-PFOS，往后依次类推分别命名为 2m-PFOS、3m-PFOS、4m-PFOS 和 5m-PFOS，异丙基位命名为 iso-PFOS，PFOA 与 PFOS 的命名方式类似，但是由于 PFOA 是羧酸结构，其不存在 1m-PFOA 的异构体，典型 PFOA 和 PFOS 的同分异构体详见表 6-1。

2009 年 5 月在日内瓦召开的《斯德哥尔摩公约》第四次缔约方大会上，各国已经达成共识，全氟辛基磺酸及其盐和全氟辛基磺酰氟作为严重危害人类健康与自然环境的新持久性有机污染物被增列入《斯德哥尔摩公约》。基于目前获得的毒理学研究数据，德国联邦风险评估研究所等机构对 PFOS 和 PFOA 的慢性暴露提出了针对食品的每日可耐受摄入量。由于这些物质对健康影响的不确定性，不同机构提出的数值有所不同。德国联邦风险评估研究所以及德国卫生部饮用水委员会提出的 PFOS 和 PFOA 的 TDI 均为 100 ng/(kg bw·d)[8]，而欧盟食品安全局提出的 PFOS 和 PFOA 的 TDI 分别为 150 ng/(kg bw·d) 和 1500 ng/(kg bw·d)[9]。英国食品、化妆品及环境中化学品毒性委员会提出的 PFOS 和 PFOA 的 TDI 分别为 300 ng/(kg bw·d) 和 3000 ng/(kg bw·d)[10]。

关于 PFASs 的研究已逐渐成为国际上环境健康领域的研究热点，其暴露来源大致可分为两类：一类为膳食、水摄入，空气吸入，皮肤接触等直接来源；另一类为间接来源，即由 PFASs 前体物质的代谢转化而来。这些前体物质工业产量巨大，应用范围十分广泛，在环境和生物样本甚至人血清中均有检出，并且可以转化为毒性更大和半衰期更长的 PFOA 和 PFOS 等 PFASs 而富集于环境和生物体内[11-13]。另外，有的前体物质自身或者转化中间体也具有不容忽视的生物学毒性，这些都构成了 PFASs 前体物质暴露的潜在危害。PFOS 前体物质有全氟辛基磺酰胺类物质 (perfluorosulfonamides, FOSAs)、全氟辛基磺酰胺乙酸类物质 (perfluorooctanesulfonamidoacetates, FOSAAs) 等。全氟烷酸前体物质有氟调聚磺酸盐 (fluorotelomer sulfonates, FTSs)、全氟烷基烯酸类物质 (perfluoroalkyl unsaturated carboxylates, FTUCAs)、多氟烷基磷酸类物质 (polyfluoroalkyl phosphate esters, PAPs) 等[1,14]。

6.2 食品和人体样品中 PFASs 的检测方法

6.2.1 食品样品中 PFASs 的萃取及前处理方法

食品基质复杂，而 PFASs 含量很少，为了保证分析的准确性，对分析方法的要求更高。常用的方法主要有液-液萃取法、离子对萃取法、碱消解法，以及最近新兴的 QuEChERS (quick, easy, cheap, effective, rugged, safe) 法等。

液-液萃取法是经典的样品萃取技术，目前，液-液萃取多用于固体和半固体样品 (如土壤、食品等)、生物组织样品等 PFASs 的提取。常用的有机萃取剂多为甲基叔丁基醚、丙酮及乙腈等极性较高的溶剂。Tittlemier 等[15]采用甲醇对食品中全氟羧酸类物质 (perfluorocarboxylic acids, PFCAs) 和 PFOS 进行液液萃取，多次离心后去杂质，氮吹浓缩，8 种 PFASs 的回收率均高于 80%，检测限为 0.5～6 ng/g。但是极性高的溶剂往往将样品中的油分、色素等干扰组分溶出而干扰测定。Fromme 等[16]在用甲醇对食品进行超声萃取后，利用 Oasis WAX SPE 小柱对提取液净化，检测限为 0.05～0.2 ng/g；Ericson 等[17]在此基础上进一步研究发现，进仪器分析前，样品提取液经过 SPE 柱净化后再使用活性炭 (EnviCarb) 小柱过滤，检出限为 0.001 ng/g，提高了方法的灵敏度。Powley 等[18]也使用 EnviCarb 小柱和冰乙酸对经过甲醇或乙腈提取的提取液进行净化，取得了很好的效果，使得样品进仪器分析前使用 EnviCarb 小柱净化应用十分广泛。Gulkowska 等[19]采用离子对萃取法分析海产品中的 PFASs，Zhang 等[20]也采用该方法分析我国的肉类、动物肝脏、鸡蛋等食品中的 PFASs。Shi 等[21]采用 0.01 mol/L 的 NaOH-甲醇溶液 (碱消化法) 振荡萃取鱼粉中的 PFASs。由于在线 SPE 方法的成熟，部分研究也采用了在线 SPE 来净化食品样品，并将其直接与检测仪器连接，在净化后直接进仪器进行分析。Pérez 等[22]使用湍流色谱技术在线 SPE 系统与三重四极杆质谱串接，测定了谷类、鱼类、果汁、牛奶、食用油和肉类中的 PFASs 及其前体化合物，采用碱消解法进行提取，用 C_{18} 和 Cyclone 柱对样品进行净化，检测限为 5～613 pg/g ww (湿重)。

QuEChERS 是近年来国际上最新发展起来的一种用于农产品检测的快速样品前处理技术,由美国农业部 Anastassiades 教授等于 2003 年开发,主要用于食品中多组分农药残留的检测。原理是利用吸附剂填料与基质中的杂质相互作用,通过吸附杂质而达到除杂净化的目的。QuEChERS 方法的回收率高、分析速度快、溶剂使用量少且操作简便。郭萌萌等[23]开发了水产品中 18 种 PFASs 和 5 种前体化合物的 QuEChERS 检测方法,目标化合物经 2%甲酸乙腈提取后,使用 100 mg C_{18} 和 40 mg GCB 进行净化,检测限为 6～20 pg/g ww。食品国家安全标准 GB 5009.253—2016[24]也在 2016 年发表了动物源性食品中 PFOS 和 PFOA 的测定方法,动物源性食品经盐酸乙腈提取后,使用 100 mg PSA、40 mg C_{18} 和 20 mg GCB 进行净化,检测限 PFOA 为 2 pg/g ww,PFOS 为 20 pg/g ww,均可以满足食品中痕量 PFASs 的测定。

6.2.2 人体样品中 PFASs 的萃取及前处理方法

目前应用于生物基质的萃取方法主要有离子对萃取法、溶剂萃取法和固相萃取法。生物基质中 PFOS 和 PFOA 等 PFASs 通常以阴离子形式存在,当加入适当的阳离子离子对试剂后可形成离子缔合物,从而易于被有机溶剂萃取。早在 1985 年,Ylinen 等[25]采用碱性离子对萃取法提取血浆中的 PFOA,离子对试剂为四丁基铵硫酸氢盐,萃取溶剂为乙酸乙酯。2001 年,Hansen 等[26]改善离子对萃取法,在分析生物基质中 PFASs 时首次使用了甲基叔丁基醚(MTBE)作为萃取溶剂,取得了良好效果。目前,MTBE 已经成为离子对萃取法中最常用的萃取溶剂,广泛应用在各种生物基质的前处理中[27,28],但不适用于脂肪含量较高的基质,如一些鱼的肝脏样品。

使用适当的溶剂通过振荡或超声等方式萃取样品中的分析物是最传统的提取方法,这些方法操作简单,回收稳定,被广泛用于生物样品,尤其是固体样品的前处理。Belisle 等[29]将全血样、尿样或匀浆后的肝脏样品酸化,用正己烷:乙醚(80:20,$V:V$)提取,此方法对于 8 个碳的全氟有机酸的回收良好,但对于 10 个碳以上的 PFASs 回收较差(低于 40%)。Berger 等[30]分析肝脏样品中的 PFASs 时将样品用含 2 mmol/L 乙酸铵的甲醇:水(50:50,$V:V$)溶液超声提取,仪器分析前将提取液中固态物质滤除,所分析的 15 种 PFASs 的回收率为 60%～115%。此方法只适用于个别基质,对于长链的 PFASs 的处理效果不理想,但它操作简单快捷、省时高效、步骤简单,从而降低了污染的风险,不需浓缩干燥,减少了某些分析物的损失。

相比离子对萃取法和溶剂提取法,固相萃取法作为一种环境友好的提取、富集技术,因具有有机溶剂用量少、简单快速等优点,近年来在生物样品的前处理中得到了广泛的应用。Taniyasu 等[31]使用 KOH 处理匀质化的动物肝脏样品后,用甲醇萃取,提取液使用 Oasis WAX 或 HLB SPE 小柱净化,结果显示该法提取的 PFOS 和 PFHxS 浓度是离子对萃取法的 2~3 倍，这可能是 KOH 的有效消化使得样品基质充分释放出这些目标物。Maestri 等[32]用 C_{18} 柱与 SAX 柱串联分析人体组织中的 PFASs，此方法对于 PFOA、PFOS 和 PFNA 的回收率均高于 85%。Taniyasu 等[31]还比较了 Oasis HLB 柱与 Oasis WAX 柱的提取效果，在分析生物基质时 Oasis WAX 柱要优于 Oasis HLB 柱。基于 Taniyasu 等比较的结果，Kärrman 等[33]使用 Oasis WAX 柱对母乳与血清样品进行前处理，在血清和母乳样品中均检出 PFASs。为了达到快速检测的目的，Fromme 等[34]直接将血浆或血清用乙腈沉淀蛋白，离心取上清液进样，用液相色谱-质谱（LC-MS）检测目标化合物。

为了提高前处理效率，自动前处理技术被用于生物样品中。Flaherty 等[35]用乙腈通过自动蛋白沉淀装置对血清和血浆样品进行快速处理。Kuklenyik 等[36]在分析人的血清和母乳样品时使用自动 SPE 装置，其柱填料为 Oasis HLB，洗脱液选用 1%的氨水乙腈溶液。此方法分析 100 个样品只需 4 h。Inoue 等[37]用柱转换装置将自动 SPE 装置与检测仪器相结合，组成在线分析系统以检测血浆样品中的 PFASs。样品在上机前经离心等简单预处理，SPE 柱为 Oasis HLB 柱，此方法对于 PFOA、PFOS 和 PFOSA 的回收率为 82.2%~98.7%。Gosetti 等[38]用自动 SPE-UPLC-MS/MS 装置检测血液样品中的 PFASs，样品中加入乙腈离心沉降处理后，使用 0.1%的甲酸水溶液稀释上清液后直接进行分析，该方法对血液中 PFOS 和 PFOA 的平均回收率分别为 93.5%和 96.6%。近年来，随着检测仪器的更新换代，仪器自身的灵敏度不断提升，结合上述检测方法，PFASs 在生物基质中的检测限已达到皮克/毫升（pg/mL）的水平。

6.2.3 PFASs 的仪器检测方法

GC 多用于检测易挥发的全氟烷酸前体氟调聚醇物质。而当用 GC 检测难挥发的 PFASs 时，则需要对前处理后的样品进行衍生以增加其挥发性才能进行检测。例如，甲基化过程操作较为复杂，易于引入污染和干扰物质，且衍生化过程中会产生有毒物质，因此 GC 方法在一定程度上受到很大局限。在检测 PFASs 时与 GC 配合使用的检测器有电子捕获检测器、火焰离子化检测器和质谱检测器。Martin 等[39]在 2002 年最早使用气相色谱-化学离子源质谱分析法（GC/CI-MS）检测空气中的 PFASs。

高效液相色谱法（high performance liquid chromatography，HPLC）是目前检测 PFASs 时最常用的分离手段。随着分离技术的发展，具有更出色分离效果的超高效液相色谱法（ultra performance liquid chromatography，UPLC）技术已经应用到多种基质的 PFASs 分析当中，UPLC 可以显著提高分离效果，同时具有分离速度快、重现性好的特点，尤其适用于样品中多组分的同时检测。Gledhill 等[40]采用超高效液相色谱-电喷雾串联质谱法（UPLC-ESI-MS/MS）分析 PFASs，将传统 HPLC 分析时间(22 min)减少至低于 5 min，便捷快速。

目前，与液相色谱联用的检测器主要是质谱检测器，从低分辨的单四极杆质谱、离子阱质谱和三重四极杆质谱到高分辨飞行时间质谱检测器均可用于 PFASs 的检测。大多数文献报道均采用三重四极杆质谱进行检测，电离方式通常为电喷雾电离(electrospray ionization, ESI)，并采用多反应监测(multi-reaction monitoring, MRM)模式进行定量，通过对目标化合物特征母离子产生的子离子进行检测，大大提高了选择性，降低了噪声水平，显著地提高了检测灵敏度。Berger 等[41]比较了离子阱质谱、飞行时间质谱和三重四极杆质谱在分析 PFASs 时的效果，并比较了 ESI 和大气压化学电离(atmospheric pressure chemical ionization, APCI)源的离子化效果。比较结果显示，ESI 对 PFASs 的离子化效果较好，而离子阱质谱对支链异构体有很好的分辨能力，其定性效果最好，但其灵敏度低、线性范围窄，不适用于痕量分析；飞行时间质谱具有高分辨率、高灵敏度的优点，适用于全氟烷烃化合物的定量分析，但由于不具备多反应检测能力，所能给出被分析物的结构信息较少；三重四极杆质谱对于 PFASs 的灵敏度高，定量准确，为检测 PFASs 使用最为广泛的分析手段。

关于 PFASs 同分异构体的研究起步较晚，Stevenson 等[42]在 2002 年采用 HPLC-MS/MS 技术，将人体血液中的 PFOA 支链和直链异构体分离开，但是该技术灵敏度较低，因此未应用于实际样品检测。2004 年，De Silva 等[43]采用 ZB-35 分析柱，利用 GC-MS 技术成功地将北极熊肝脏中的 PFOA 异构体进行了分离，随后该方法被应用于多种环境样本中，但是该方法运行时间长约 100 min，并且需要衍生化，主要用于 PFCAs 类异构体分析。Chu 等[44]在 2009 年将 GC-MS 技术应用于环境样品中 PFOS 异构体的分析，运行时间仅仅 15 min，但是检测限高于 LC-MS/MS 方法。自 2006 年起，随着 LC-MS/MS 技术的不断开发利用，液质联用技术开始在 PFASs 同分异构体分析中崭露头角。Benskin 等[7]开发的 LC-MS/MS 方法在环境样品中得到了广泛应用，此方法运行时间约 115 min，但是可以分开多种 PFASs 的同分异构体，应用最为广泛。2012 年，Benskin 等[45]使用五氟苯丙基固定相的 LC 分析柱，开发了运行时间小于 23 min，但可以分离多种 PFASs 异构体的 LC-MS/MS 新方法，并成功应用于基质复杂的垃圾渗滤液。近年来我国也开展了相应的研究，Zhang 等[46]利用 HPLC-MS/MS 方法分析了血液及尿液中的 PFASs 异构体；牛夏梦等[47]将建立的 UPLC-MS/MS 方法用于河水、底泥和贝类中 PFASs 异构体的分析，均取得了良好效果。

6.3 食品中 PFASs 的污染水平

已有研究表明，与空气、水、灰尘、处理过的地毯、衣服等相比较，膳食暴露是人体暴露于 PFASs 的主要来源，且鱼类的摄入是人体暴露于 PFOS 的主要来源[15-17]。欧盟在 2010 年就提出了监测食品中 PFASs 污染水平的建议，其中就包括动物源性食品鱼、肉、蛋、奶这四类食物和植物性食品，以评估人群 PFASs 的膳食摄入量[48]。

水产品是"地中海膳食模式"中的重要食物，因其含有 ω-3 多不饱和脂肪酸，可以降低冠心病的发病率，促进儿童大脑和神经发育[49]。但近年来在世界各地的水产品中，PFSAs 均有检出。因采集的地点、时间、品种不同，各物质的含量有很大差异，但都呈现出相同的规律，其中 PFOS 的含量最高，达到纳克/克(ng/g)的级别，可占总污染浓度的 50%～80%[49,50-56]。已有研究表明，淡水鱼和海鱼是人体 PFOS 及 PFOA 最主要的摄入来源，Yamada 等[55]对法国地区高海产品消费者和高淡水鱼消费者的膳食暴露调查研究表明，高淡水鱼消费者 PFOS 暴露水平 [7.5 ng/(kg bw·d)] 最高，而高海产品消费者 PFOA 暴露水平[1.2 ng/(kg bw·d)]最高。也有研究表明 PFASs 的污染水平淡水鱼比海鱼要高，人工污染的水域中的鱼比开放海域中的鱼要高。Vassiliadou 等[49]和 Bhavsar 等[57]还指出加工后水产品中 PFSAs 的含量有所增加，这可能与加工过程中水分的损失有关，Del 等[58]却得出不同的结论。因此，加工过程对 PFSAs 的影响尚无定论。另外，中国广州和舟山[19]两城市的螃蟹、虾和贝类等海产品中也有 PFASs 检出,其中广州市场螃蟹体内 PFOA 和 PFOS 的含量较高，浓度范围分别为 0.42～1.67 ng/g ww 和 2.02～4.59 ng/g ww。

Zhang 等[59]测定了采自中国的 125 份肉及肉制品、蛋、鱼等样本中的 PFASs 含量，PFOA 的检出率最高，为 68%，其次为 PFOS，检出率为 32.8%，分析膳食对人体 PFASs 膳食暴露的贡献率，同样发现鱼及海产品是 PFOS 的主要膳食来源，而肉及肉制品对 PFOA 膳食暴露的贡献率最高。然而，Noorlander 等[60]却发现，由于荷兰人对牛奶的食用量大，牛奶是 PFOS 的主要来源，占 PFOS 总量的 25%，牛肉和鱼各占 21%和 9%。除了动物源性食品，人们日常食用的调味品、蔬菜、酒水中也含有 PFASs[61-64]，但其中的含量远低于动物源性食品，对膳食暴露影响较小，另外茶叶中的污染模式与动物源性食品不同，PFOA 含量高于 PFOS，D'Hollander 等[65]分析了比利时、意大利、挪威、捷克 4 个国家的 14 类食品中 PFASs 的污染状况，指出水果对 PFOS 和 PFOA 的总膳食暴露贡献率为 12%～66%。

然而大多数研究仅对膳食中的直链 PFASs 进行检测，少量研究也仅针对部分生物体内的相应同分异构体进行测定。Gebbink 等[66]对北美劳伦大湖区银欧蛋中的 PFOS 及其同分异构体测定的结果表明，银欧蛋中 n-PFOS 异构体的比例高达 95.0%～98.3%，同时检出了 1m-PFOS、2m-PFOS、3m-PFOS、4m-PFOS、5m-PFOS、6m-PFOS 这 6 种同分异构体。而 Powley 等[18]对加拿大北极地区鳕鱼的研究结果却表明，n-PFOS 的比例只占 50%，且未发现 n-PFOA 之外的同分异构体。这种截然不同的结果表明不同物种中 PFOA 和 PFOS 的同分异构体的生物累积机制是截然不同的。

随着人们对PFASs认识的深入，所检测的食品种类越来越多，监测的化合物也不仅限于PFASs，还延伸到其前体物质。Gebbink等[50]对瑞典1999年、2005年、2010年全国总膳食研究的12类样品进行调查，除PFASs外，还测定了包括diPAP和PFOS的前体物质FOSAs、FOSAAs，研究结果表明，PFOS含量最高，其次为6∶2diPAP、FOSAAs、PFNA。鱼类、肉类、蛋类这三类动物源性食品中的PFASs和前体的含量普遍高于其他类样品。PFOS前体物质占PFOS总暴露量的1%~4%，diPAP类化合物对PFOA和PFNA的贡献率为1%~19%，而PFHxA几乎全部来自于diPAP的转化。Ullah等[67]对瑞典1991~2011年青鱼的肌肉和内脏中4种PFASs和前体物质FOSAs、FOSAAs、FOSEs进行研究，发现MeFOSAA和EtFOSAA检出率为100%，21年间其含量变化呈现递减趋势，除了与两种化合物在鱼体内的半衰期较短(4.6~6.6年)有关，还因为世界各地对PFASs的限制使用，使PFASs向环境中的释放量也在不断降低。Gebbink等[68]对2007年采集自北美劳伦大湖区附近不同聚居区的银欧蛋的PFASs和前体物质FOSAs、FTOHs和FTCAs进行测定，磺酸还是以PFOS为主，而羧酸则以PFUnA、PFTrA为主，不同地区中污染物的构成也不相同。前体物质中FTOHs和FTCAs均无检出，FOSAs的浓度<1 ng/g ww，FOSAs和PFOS之间呈现显著的正相关关系。1999~2004年的加拿大总膳食研究[69]，专门针对PFOSAs进行监测，检出率最高的为N-EtPFOSA(51.66%)，其次为N-MePFOSA(49.02%)，在快餐披萨中PFOSAs的总浓度最高，达到27 300 pg/g ww。可见前体物质和PFASs一样在人群膳食暴露中起着非常重要的作用。

6.4 人体中PFASs的暴露水平

6.4.1 血液基质

PFASs在全世界范围内的人体血液样品中均有检出，不同碳链长度的PFCAs和C_4~C_{10}的PFSAs在血液中均有检出，全氟烷酸在血液中的污染以PFOA为主，其次为PFNA、PFDA，大于10个碳的PFCAs检出率和含量都较低；全氟烷基磺酸以PFOS为主，其次为PFHxS。有研究[70]分析了来自美国、哥伦比亚、巴西、比利时、意大利、波兰、印度、马来群岛和韩国的473份人体血液样品中PFOS、PFOA和PFHxS的暴露水平，结果显示PFOS的检出率最高，除印度的检出率仅有51%之外，其他国家的血液样品中PFOS检出率均大于90%。来自美国肯塔基州的人体血清样品中PFOS的含量最高，为73 ng/mL(已折算成血清中的浓度)，其次为波兰的男性血液样品，为54 ng/mL。日本、韩国、马来群岛、比利时和巴西的平均水平为 10~20 ng/mL。一项对澳大利亚[71]不同年龄、性别的 3802 位常住居民血清中 11 种全氟有机化合物分析结果显示,PFOS 平均含量最高(20.8 ng/mL),其次为 PFOA(7.6 ng/mL)和 PFHxS(6.2 ng/mL),男性血液中的 PFOS、PFOA 和 PFHxS 含量明显高于女性,并且随着年龄增加血液中含量也有所增加。

我国是 PFASs 生产和使用大国,随着欧美等国家的相关法律法规的限制和增多,相当一部分 PFASs 的生产转移到我国,有研究[72]分析了来自我国 9 个城市的非职业暴露的 85 份人血清样品,其中检出了 PFOS 和 PFOA 以及其他全氟烷酸,尽管 PFOA 的平均浓度较低(仅为美国的 1/10),但 PFOS 的平均浓度为 52.7 ng/mL,超过了美国、日本等国家的水平。金一和等[73]通过比较沈阳和重庆两地人血清中两者含量,发现沈阳地区非职业人群中的 PFOS(22.4 ng/mL)和 PFOA(4.32 ng/mL)偏高;有研究[74]分析我国辽宁省 7 个城市居民血液中 PFASs 含量,结果发现 PFOS 含量(5.58 ng/mL)最高,其次为 PFHxS(1.47 ng/mL)和 PFOA(1.01 ng/mL),不同城市人群血液中 PFASs 污染水平存在明显的地区差异和分布特征。Guo 等[75]采集了来自渤海周边 4 个城市(秦皇岛市、唐山市、威海市、邹平市)共 144 份成人血清样品,同样发现 4 个城市 PFASs 污染水平存在差异,而且分布特征也不同。

对于支链化合物,其中关于人体中 PFOS 异构体组成的报道相对较多,但是结果差异性较大,有的高于 3M 公司利用 ECF 生产的 PFOS 的直链比例(70%),也有的低于或者与这一比例相同。与 PFOS 不同,目前关于人体血液中 PFOA 异构体的比例报道较少,且所有研究中 n-PFOA 的比例全部高于 3M 公司利用 ECF 生产的 PFOA(78%)。Haug 等[76]对挪威人体血清的混合样本进行了分析,发现 1976~2007 年,n-PFOS 的比例由 68%下降到 57%。同样,美国的一项研究[77]也发现人体血清样本中 n-PFOS 的比例由 70%(1996 年)下降到 50%(2004 年),导致 n-PFOS 比例下降的原因目前还不清楚。

张义峰等[78-80]调查石家庄和邯郸以及天津人群血液中的 PFOS 浓度,研究结果显示石家庄和邯郸人群血清中比例最高的 PFOS 异构体是 n-PFOS(48.1%),然后依次是 3m+5m-PFOS(22.5%)、4m-PFOS(12.1%)、iso-PFOS(12.1%)、1m-PFOS(4.1%)和 $\sum m_2$-PFOS(1.1%);类似的排序,天津青年人群的血清中比例最高的 PFOS 异构体是 n-PFOS(59.2%),然后依次是 3m+5m-PFOS(20.4%)、4m-PFOS(7.8%)、iso-PFOS(7.2%)、1m-PFOS(4.6%)和 $\sum m_2$-PFOS(0.8%)。石家庄、邯郸和天津人群血液中的直链 PFOS 的比例均低于历史上主要 PFOS 生产商的工业品(约 70%直链)。对比石家庄和邯郸样本中的各个年龄/性别组发现,青年女性组的 n-PFOS 比例显著高于其他三个组。另外天津市青年女性组的 n-PFOS 比例也显著高于男性组,说明青年女性可能通过特殊的排泄路径,如月经、分娩和哺乳等,优先排泄了支链的 PFOS。

部分科学家还研究了婴幼儿体内 PFASs 的暴露水平,Arnold 等[81]研究了美国田纳西州 300 例婴儿和儿童的血清，研究对象年龄在刚出生至 12 岁之间，结果显示 PFHxS、PFOS、PFOA、PFNA 最容易检出，检出率达 92%以上，PFOS 含量最高，平均水平为 4.1 ng/mL，PFOA 其次，为 2.85 ng/mL。有研究[82]测定了我国台北 456 例儿童血清中 PFASs 水平，发现 PFBS、PFHxS、PFOS、PFHxA、PFOA、PFNA、PFDA 检出率大于 94%，其中 PFOS 含量为 31.4 ng/mL。2003 年，Inoue 等[83]第一次进行了胎儿脐带血中 PFASs 暴露水平测定，随后丹麦[84]、加拿大[85]、美国[2]、韩国[86]、中国[87]等都先后开展了婴儿脐带血中 PFASs 的研究。部分科学家还测定了一一对应的母亲静脉血和婴儿脐带血中 PFASs 的暴露水平，获得了 PFASs 胎盘透过率的研究，结果表明，随着碳链长度的增加（C_7——C_{10}），全氟烷酸的胎盘透过率显著降低，PFHxS 的胎盘透过率要显著高于 PFOS，但由于不同研究中母亲静脉血采集时间不同，越早采取母亲静脉血的研究其实是低估了 PFASs 的胎盘透过率[86,88-95]。Beesoon 等[96]研究还表明，支链 PFOS 通过胎盘传递的迁移率比 n-PFOS 高，支链 PFOS 的迁移率为 1m-PFOS＞3m-PFOS＞4m-PFOS≈5m-PFOS＞iso-PFOS，即随着—CH_3 基团离—SO_3 基团的距离越远，其胎盘透过率越低。

对于前体化合物，有科学家[97]对美国 3 个年龄组（2～8 岁、＜55 岁、＞55 岁）血液中 Me-FOSA-AcOH 的含量进行了检测，2～8 岁年龄组的暴露水平最高，为 0.35 ng/mL。有关于瑞典血液样品的研究[98]结果显示，diPAP 类物质中 6∶2/8∶2 diPAP、8∶2 diPAP 含量要高于其他同系物，检出率大于 60%，FOSAs、FOSAAs、MeFOSAA、EtFOSAA 在所有样品中均有检出（＜LOD 至 1.54 ng/g），且在 1997～2012 年呈下降趋势。Yang 等[99,100]首次对中国北京一一匹配的母亲静脉血和婴儿脐带血中的前体化合物进行分析，不同程度地检出了 6∶2 FTS、8∶2 FTS、FOSA、*N*-EtFOSA、*N*-MeFOSAA 和 *N*-EtFOSAA，并获得了其胎盘透过率。

6.4.2 母乳基质

母乳是研究 POPs 人体暴露水平最常用的样本，具有采样量大、无损伤等优点，同时也可为 1～6 个月大婴儿的膳食暴露提供数据。Kuklenyik 等[36]第一次报道了母乳中存在 PFASs 的污染，之后各个国家的科学家们也相继开展了这方面的研究工作。

Tao 等[101]首次对美国母乳中 PFASs 的暴露水平进行研究，测定分析了 2004 年采自美国马萨诸塞州的 45 份母乳样品中的 9 种 PFASs，发现 PFOS 和 PFOA 含量最高，其平均浓度分别为 131 pg/mL 和 4318 pg/mL，并且研究结果也发现在初次哺乳母亲的母乳中，PFOA 浓度远高于曾经有过哺育经历的母亲的母乳中的浓度。并且讨论了母亲和婴儿的年龄对母乳中 PFASs 浓度的影响，通过消费母乳情况来计算儿童对 PFASs 的摄入量，以此来评估 PFASs 对母乳喂养的婴儿所造成的潜在风险。Tao 等[102]还分析了来自日本、马来西亚、菲律宾、印度尼西亚、越南、柬埔寨和印度 7 个亚洲国家的母乳样品中 PFASs 的污染水平，检出了包括 PFOS、PFOA、PFHxS 和 PFNA 在内的 6 种 PFASs，亚洲国家的母乳中以 PFOS 为主，其次为 PFOA 和 PFHxS，浓度最高和最低分别出现在日本（196 pg/mL）和印度（39.4 pg/mL），PFHxS 在 70%母乳样品中有检出（11.1 pg/mL），PFOA 仅在日本的母乳中检出（77.7 pg/mL）。

Kärrman 等[33]分析了来自瑞典的母乳样品中 PFASs 的污染状况，PFOS 和 PFHxS 在所有样品中均有检出，均值分别为 201 pg/mL 和 85 pg/mL，由于分析方法中 PFOA 的背景干扰（209 pg/mL），造成了 PFOA 较低的检出率。同时 Kärrman 等[33]还分析了 1996~2004 年瑞典母乳样品中全氟有机化合物的变化情况，结果显示基本没有变化。Volkel 等[103]分析了来自德国和匈牙利的母乳样品，PFOS 的含量范围为 28~639 pg/mL，而 PFOA 的含量范围为<200 pg/mL~466 pg/mL。Bernsmann 等[104]分析了来自德国 PFASs 工业污染地区 Sauerland 的母乳样品中 PFASs 的污染水平，结果显示 PFOS 的含量为 80 pg/mL（中位数），范围为 50~280 pg/mL，而该地区母乳中 PFOA 的污染水平明显高于 PFOS，含量为 140 pg/mL（中位数），范围为 80~610 pg/mL。

西班牙[105]最新数据显示，2014 年采集的 67 份母乳样品中 5 种 PFCAs（C_8~C_{12}）的含量为<10~397 ng/mL（中位数 29 ng/mL），检出率为 74.6%，而且母乳样品中 PFCAs 的含量和怀孕次数有关。对日本、韩国、中国 3 个国家[106]的母乳样品中 6 种 PFCAs 检测后发现，3 个国家母乳样品中均以 PFOA 为主要污染物，检出率均大于 60%，日本母乳中 C_8~C_{11} 的 PFCAs 水平显著高于韩国和中国（$p<0.05$），PFTrDA 在韩国母乳中含量最高，日本母乳中 PFOA 的浓度为 89 pg/mL，占 PFASs 总污染浓度的 48%，中国母乳中 PFOA 的浓度为 51 pg/mL，占 PFASs 总污染浓度的 61%，韩国母乳中 PFOA 的浓度为 62 pg/mL，占 PFASs 总污染浓度的 54%。

So 等[107]分析了 2004 年采集于中国舟山的 19 份母乳样品中 PFASs 的污染情况，结果显示 PFHxS、PFOS、PFOA、PFNA、PFDA、PFUdA 在所有母乳样品中均有检出，其中 PFOS 和 PFOA 为最主要的污染物，其含量均值（范围）分别为 121 pg/mL（45~360 pg/mL）和 106 pg/mL（47~210 pg/mL）。Liu 等[108]分析我国 12 个省（自治区、直辖市）的 1237 份母乳样品，结果显示 PFOS 和 PFOA 在所有母乳样品中均有检出，PFOS 是最主要的污染物（几何均数 46 ng/mL，中位数 49 ng/mL），其次为 PFOA（几何均数 46 ng/mL，中位数 34.5 ng/mL），12 个省份中上海的城市和农村样品中 PFASs 总含量最高，分别为 616 ng/mL 和 814 ng/mL，PFNA、PFDA 和 PFUdA 在上海母乳样品中都被检出，宁夏 PFASs 总含量最低。PFOS 在辽宁母乳样品中的含量最高，是宁夏的 10 倍（11 pg/mL），而上海样品中 PFCAs 含量最高，且上海母乳样品的污染模式与其他省份不同，是以 PFOA 为主。该次调查采样范围广，很好地代表了我国人群母乳中 PFASs 的暴露水平，并且显著高于国外母乳的污染水平。这与我国 PFASs 的生产和使用密切相关，也对我国环境治理提出了新的要求。

有关母乳中前体化合物含量水平的研究较少，Kubwabo 等[109]指出加拿大金斯郭区域 13 份母乳单样中含有 4 种 diPAP，其中 4∶2 diPAP 含量范围为＜0.01～0.26 ng/mL，6∶2 diPAP 含量范围为＜0.01～0.14 ng/mL，10∶2 diPAP 含量范围为＜0.01～0.83 ng/mL，8∶2 diPAP 仅在三份样品中检出。在 4 种检出化合物中 4∶2 diPAP 的检出率最高(61.5%)。杨琳等[110]首次对中国 12 个省份城市与农村母乳样品中的前体化合物进行了测定，检出 6∶2 FTS、FHUEA 和 6∶2 diPAP，含量范围分别为＜LOD～47.46 pg/mL、＜LOD～70.68 pg/mL 和＜LOD～35.08 pg/mL。不同省份母乳中全氟有机化合物前体物质含量水平差异较大，陕西城市母乳样品中前体物质总含量最高，为 77.70 pg/mL，而湖北城市母乳样品中全氟有机化合物前体物质总含量最低，小于 LOD。多个地区农村与城市母乳样品中全氟有机化合物前体物质含量水平差异较大，陕西农村和城市样品中分别为 1.51 pg/mL、77.70 pg/mL，上海农村和城市样品中分别为 1.13 pg/mL、71.88 pg/mL，江西农村和城市样品中分别为 65.39 pg/mL、0.55 pg/mL。

参 考 文 献

[1] 李敬光. 全氟有机化合物: 具有潜在健康风险的新型环境污染物. 中华预防医学, 2015, 49(6): 467-469.

[2] Apelberg B J, Calafat A M, Needham L L, et al. Cord serum concentrations of perfluorooctane sulfonate (PFOS) and perfluorooctanoate (PFOA) in relation to weight and size at birth. Environmental Health Perspectives, 2007, 115(11):1670-1676.

[3] 胡存丽, 仲来福. 全氟辛烷磺酸和全氟辛酸毒理学研究进展. 中国工学医学杂志, 2006, 19(6): 354-358.

[4] Prevedouros K, Cousins I T, Buck R C, et al. Sources, fate and transport of perfluorocarboxylates. Environmental Science & Technology, 2006, 40(1): 32-44.

[5] 张义峰, 赵丽霞, 单国强, 等. 全氟化合物同分异构体的环境行为及毒性效应研究进展. 生态毒理学报, 2012, 7(5): 464-476.

[6] Benskin J P, De Silva A O, Martin J W. Isomer profiling of perfluorinated substances as a tool for source tracking: A review of early findings and future applications. Reviews of Environmental Contamination and Toxicology, 2010, 208: 111-160.

[7] Benskin J P, Bataineh M, Martin J W. Simultaneous characterization of perfluoroalkyl carboxylate, sulfonate, and sulfonamide isomers by liquid chromatographytandem mass spectrometry. Analytical Chemistry, 2007, 79(17): 6455- 6464.

[8] Roos P, Angerer J H, Wilhelm M, et al. Perfluorinated compounds (PFC) hit the headlines: Meeting report on a satellite symposium of the annual meeting of the German society of toxicology. Archives of Toxicology, 2008, 82(1): 57-59.

[9] EFSA. Perfluorooctane sulfonate (PFOS), perfluorooctanoic acid (PFOA) and their salts. The EFSA Journal, 2008, 653:1-131.

[10] Fromme H, Tittlemier S A, Völkel W, et al. Perfluorinated compounds: Exposure assessment for the general population in Western countries. International Journal of Hygiene & Environmental Health, 2009, 212(3): 239-270.

[11] Vestergren R, Cousins I T, Trudel D, et al. Estimating the contribution of precursor compounds in consumer exposure to PFOS and PFOA. Chemosphere, 2008, 73(10): 1617-1624.

[12] Martin J W, Asher B J, Beesoon S, et al. PFOS or PreFOS? Are perfluorooctane sulfonate precursors (PreFOS) important determinants of human and environmental perfluorooctane sulfonate (PFOS) exposure? Journal of Environmental Monitoring, 2010, 12(11): 1979-2004.

[13] Deon J C, Mabury S A. Is indirect exposure a significant contributor to the burden of perfluorinated acids observed in humans? Environmental Science & Technology, 2011, 45:7974-7984.

[14] 杨琳, 李敬光. 全氟化合物前体物质生物转化与毒性研究进展. 环境化学, 2015, 34(4): 649-655.

[15] Tittlemier S A, Pepper K, Seymour C, et al. Dietary exposure of Canadians to perfluorinated carboxylates and perfluorooctane sulfonate via consumption of meat, fish, fast foods, and food items prepared in their packaging. Journal of Agricultural & Food Chemistry, 2007,55: 3203-3210.

[16] Fromme H, Schlummer M, Möller A, et al. Exposure of an adult population to perfluorinated substances using duplicate diet portions and biomonitoring data. Environmental Science & Technology, 2007, 41(22): 7928-7933.

[17] Ericson I, Martícid R, Nadal M, et al. Human exposure to perfluorinated chemicals through the diet: Intake of perfluorinated compounds in foods from the Catalan (Spain) market. Journal of Agricultural & Food Chemistry, 2008, 56(5): 1787-1794.

[18] Powley C R, George S W, Russell M H, et al. Polyfluorinated chemicals in a spatially and temporally integrated food web in the Western Arctic. Chemosphere, 2008, 70(4): 664-672.

[19] Gulkowska A, Jiang Q, So M K, et al. Persistent perfluorinated acids in seafood collected from two cities of China. Environmental Science & Technology, 2006, 40(12): 3736-3741.

[20] Zhang T, Sun H W, Wu Q, et al. Perfluorochemicals in meat, eggs and indoor dust in China: Assessment of sources and pathways of human exposure to perfluorochemicals. Environmental Science & Technology, 2010, 44(9): 3572-3579.

[21] Shi Y, Pan Y, Yang R, et al. Occurrence of perfluorinated compounds in fish from Qinghai-Tibetan Plateau. Environment International, 2010, 36(1): 46-50.

[22] Pérez F, Llorca M, Köck-Schulmeyer M, et al. Assessment of perfluoroalkyl substances in food items at global scale. Environmental Research, 2014, 135: 181-189.

[23] 郭萌萌, 吴海燕, 李兆新, 等. 超快速液相色谱-串联质谱法检测水产品中 23 种全氟烷基化合物. 分析化学, 2013, 41(9):1322-1327.

[24] 中华人民共和国国家卫生和计划生育委员会. GB 5009.253—2016. 食品安全国家标准 动物源性食品中全氟辛烷磺酸(PFOS)和全氟辛酸(PFOA)的测定. 2016.

[25] Ylinen M H, Peura P, Ramo O. Quantitative gas chromatographic determination of perfluorooctanoic acid as the benzyl ester in plasma and urine. Archives of Environmental Contamination & Toxicology, 1985, 14(6): 713-717.

[26] Hansen K J, Clemen L A, And M E E, et al. Compound-specific, quantitative characterization of organic fluorochemicals in biological matrices. Environmental Science & Technology, 2001, 35(4): 766-770.

[27] Bossi R, Riget F F, Dietz R, et al. Preliminary screening of perfluorooctane sulfonate (PFOS) and other fluorochemicals in fish, birds and marine mammals from Greenland and the Faroe Islands. Environmental Pollution, 2005, 136(2): 323-329.

[28] Taniyasu S, Kannan K, Horii Y, et al. A survey of perfluorooctane sulfonate and related perfluorinated organic compounds in water, fish, birds, and humans from Japan. Environmental Science & Technology, 2003, 37(12): 2634-2639.

[29] Belisle J, Hagen D F. A method for the determination of perfluorooctanoic acid in blood and other biological samples. Analytical Biochemistry, 1980, 101(2): 369-376.

[30] Berger U, Haukas M. Validation of a screening method based on liquid chromatography coupled to high-resolution mass spectrometry for analysis of perfluoroalkylated substances in biota. Journal of Chromatography A, 2005, 1081 (2): 210-217.

[31] Taniyasu S, Kannan K, So M K, et al. Analysis of fluorotelomer alcohols, fluorotelomer acids, and short-and long-chain perfluorinated acids in water and biota. Journal of Chromatography A, 2005, 1093 (1-2): 89-97.

[32] Maestri L, Negri S, Ferrari M, et al. Determination of perfluorooctanoic acid and perfluorooctanesulfonate in human tissues by liquid chromatography/single quadrupole mass spectrometry. Rapid Communications in Mass Spectrometry, 2006, 20(18): 2728-2734.

[33] Kärrman A, Ericson I, van Bavel B, et al. Exposure of perfluorinated chemicals through lactation: Levels of matched human milk and serum and a temporal trend, 1996—2004, in Sweden. Environmental Health Perspectives, 2007, 115: 226-230.

[34] Fromme H, Midasch O, Twardella D, et al. Occurrence of perfluorinated substances in an adult German population in Southern Bavaria. International Archives of Occupational & Environmental Health, 2007, 80(4): 313.

[35] Flaherty J M, Connolly P D, Decker E R, et al. Quantitative determination of perfluorooctanoic acid in serum and plasma by liquid chromatography tandem mass spectrometry. Journal of Chromatography B: Analytical Technologies in the Biomedical & Life Sciences, 2005, 819 (2): 329-338.

[36] Kuklenyik Z, Reich A J, Tully S J, et al. Automated solid-phase extraction and measurement of perfluorinated organic acids and amides in human serum and milk. Environmental Science & Technology, 2004, 38: 3698-3704.

[37] Inoue K, Okada F, Ito R, et al. Determination of perfluorooctane sulfonate, perfluorooctanoate and perfluorooctane sulfonylamide in human plasma by column-switching liquid chromatography-electrospray mass spectrometry coupled with solid-phase extraction. Journal of Chromatography B: Analytical Technologies in the Biomedical & Life Sciences, 2004, 810 (1): 49-56.

[38] Gosetti F, Chiuminatto U, Zampieri D, et al. Determination of perfluorochemicals in biological, environmental and food samples by an automated on-line solid phase extraction ultra high

performance liquid chromatography tandem mass spectrometry method. Journal of Chromatography A, 2010, 1217(50): 7864-7872.

[39] Martin J W, Muir D C G, Moody C A, et al. Collection of airborne fluorinated organics and analysis by gas chromatography/chemical ionization mass spectrometry. Analytical Chemistry, 2002, 74(3): 584-590.

[40] Gledhill A, Karman A, Ericson I, 等. 超高效液相色谱/电喷雾串联质谱(UPLC/MS/MS)分析全氟代化合物(PFCs). 环境化学, 2007, 26(5): 717-720.

[41] Berger U, Langlois I, Oehme M, et al. Comparison of three types of mass spectrometers for HPLC/MS analysis of perfluoroalkylated substances and fluorotelomer alcohols. European Journal of Mass Spectrometry, 2004, 10(5): 579-588.

[42] Stevenson L A. U. S. Environmental Protection Agency Public Docket AR-2261 150: Comparative analysis of fluorochemicals in human serum samples obtained commercially. U. S. Environmental Protection Agency, Office of Pollution Prevention and Toxic Substances, Washington, DC, 2002.

[43] De Silva A O, Mabury S A. Isolating isomers of perfluorocarboxylates in polar bears (*Ursus maritimus*) from two geographical locations. Environmental Science & Technology, 2004, 38: 6538-6545.

[44] Chu S, Letcher R J. Linear and branched perfluorooctane sulfonate isomers in technical product and environmental samples by in-port derivatization-gas chromatography-mass spectrometry. Analytical Chemistry, 2009, 81(11):4256-4262.

[45] Benskin J P, Ikonomou M G, Woudneh M B, et al. Rapid characterization of perfluoralkyl carboxylate, sulfonate, and sulfonamide isomers by high-performance liquid chromatography-tandem mass spectrometry. Journal of Chromatography A, 2012, 1247(14): 165-170.

[46] Zhang Y, Beesoon S, Zhu L, et al. Biomonitoring of perfluoroalkyl acids in human urine and estimates of biological half-life. Environmental Science & Technology, 2013, 47(18): 10619-10627.

[47] 牛夏梦, 史亚利, 张春晖, 等. 全氟辛烷磺酸和全氟辛烷羧酸异构体的高效液相色谱-串联质谱联用分析方法. 环境化学, 2015, 34(8): 1453-1459.

[48] EU. Commission Recommendation of 17 March 2010 on the monitoring of perfluoroalkylated substances in food. Official Journal of the European Union, 2010, 18(3): 68/22-68/23.

[49] Vassiliadou I, Costopoulou D, Kalogeropoulos N, et al. Levels of perfluorinated compounds in raw and cooked Mediterranean finfish and shellfish. Chemosphere, 2015, 127:117-126.

[50] Gebbink W A, Glynn A, Darnerud P O, et al. Perfluoroalkyl acids and their precursors in Swedish food: The relative importance of direct and indirect dietary exposure. Environmental Pollution, 2015, 198:108-115.

[51] He X, Dai K, Li A, et al. Occurrence and assessment of perfluorinated compounds in fish from the Danjiangkou reservoir and Hanjiang river in China. Food Chemistry, 2015, 174:180-187.

[52] Ciccotelli V, Abete M C, Squadrone S. PFOS and PFOA in cereals and fish: Development and validation of a high performance liquid chromatography-tandem mass spectrometry method. Food Control, 2016, 59:46-52.

[53] Rose M, Fernandes A, Mortimer D, et al. Contamination of fish in UK fresh water systems: Risk assessment for human consumption. Chemosphere, 2015, 122:183-189.

[54] Squadrone S, Ciccotelli V, Favaro L, et al. Fish consumption as a source of human exposure to perfluorinated alkyl substances in Italy: Analysis of two edible fish from Lake Maggiore. Chemosphere, 2014, 114:181-186.

[55] Yamada A, Bemrah N, Veyrand B, et al. Dietary exposure to perfluoroalkyl acids of specific French adult sub-populations: High seafood consumers, high freshwater fish consumers and pregnant women. Science of the Total Environment, 2014, 491-492:170-175.

[56] Koponen J, Airaksinen R, Hallikainen A, et al. Perfluoroalkyl acids in various edible Baltic, freshwater, and farmed fish in Finland. Chemosphere, 2015, 129:186-191.

[57] Bhavsar S P, Zhang X, Guo R, et al. Cooking fish is not effective in reducing exposure to perfluoroalkyl and polyfluoroalkyl substances. Environment International, 2014, 66:107-114.

[58] Del Gobbo L, Tittlemier S, Diamond M, et al. Cooking decreases observed perfluorinated compound concentrations in fish. Journal of Agricultural and Food Chemistry, 2008, 56(16):7551-7559.

[59] Zhang T, Sun H W, Wu Q, et al. Perfluorochemicals in meat, eggs and indoor dust in China: Assessment of sources and pathways of human exposure to perfluorochemicals. Environmental Science & Technology, 2010, 44(9):3572-3579.

[60] Noorlander C W, van Leeuwen S P, Te Biesebeek J D, et al. Levels of perfluorinated compounds in food and dietary intake of PFOS and PFOA in the Netherlands. Journal of Agricultural and Food Chemistry, 2011, 59(13):7496-7505.

[61] D'Hollander W, Herzke D, Huber S, et al. Occurrence of perfluorinated alkylated substances in cereals, salt, sweets and fruit items collected in four European countries. Chemosphere, 2015, 129:179-185.

[62] Zheng H, Li J L, Li H H, et al. Analysis of trace metals and perfluorinated compounds in 43 representative tea products from South China. Journal of Food Science, 2014, 79(6):C1123-1129.

[63] Herzke D, Huber S, Bervoets L, et al. Perfluorinated alkylated substances in vegetables collected in four European countries: Occurrence and human exposure estimations. Environmental Science and Pollution Research International, 2013, 20(11):7930-7939.

[64] Haug L S, Salihovic S, Jogsten I E, et al. Levels in food and beverages and daily intake of perfluorinated compounds in Norway. Chemosphere, 2010, 80(10):1137-1143.

[65] D'Hollander W, Herzke D, Huber S, et al. Occurrence of perfluorinated alkylated substances in cereals, salt, sweets and fruit items collected in four European countries. Chemosphere, 2015, 129:179-185.

[66] Gebbink W A, Letcher R J. Linear and branched perfluorooctane sulfonate isomer patterns in herring gull eggs from colonial sites across the Laurentian Great Lakes. Environmental Science & Technology, 2010, 44(10): 3739-3745.

[67] Ullah S, Huber S, Bignert A, et al. Temporal trends of perfluoroalkane sulfonic acids and their sulfonamide-based precursors in herring from the Swedish west coast 1991—2011 including isomer-specific considerations. Environment International, 2014, 65:63-72.

[68] Gebbink W A, Hebert C E, Letcher R J. Perfluorinated carboxylates and sulfonates and precursor compounds in herring gull eggs from colonies spanning the Laurentian Great Lakes of North America. Environmental Science & Technology, 2009, 43(19):7443-7449.

[69] Tittlemier S A, Pepper K, Edwards L. Concentrations of perfluorooctanesulfonamides in Canadian total diet study composite food samples collected between 1992 and 2004. Journal of Agricultural and Food Chemistry, 2006, 54(21):8385-8389.

[70] Kannan K, Corsolini S, Falandysz J, et al. Perfluorooctanesulfonate and related fluorochemicals in human blood from several countries. Environmental Science & Technology, 2004, 38(17): 4489-4495.

[71] Karrman A, Mueller J F, van Bavel B, et al. Levels of 12 perfluorinated chemicals in pooled australian serum, collected 2002—2003, in relation to age, gender, and region. Environmental Science & Technology, 2006, 40(12): 3742-3748.

[72] Yeung L W, So M K, Jiang G, et al. Perfluorooctanesulfonate and related fluorochemicals in human blood samples from China. Environmental Science & Technology, 2006, 40(3): 715-720.

[73] 金一和, 董光辉, 舒为群, 等. 沈阳和重庆人群中全氟辛烷磺酸和全氟辛酸的污染水平比较研究. 卫生研究, 2006, 35(5): 560-563.

[74] Liu J, Li J, Luan Y, et al. Geographical distribution of perfluorinated compounds in human blood from Liaoning province, China. Environmental Science & Technology, 2009, 43(11): 4044.

[75] Guo F, Zhong Y, Wang Y, et al. Perfluorinated compounds in human blood around Bohai Sea, China. Chemosphere, 2011, 85: 156-162.

[76] Haug L S, Thomsen C, Bechert G. Time trends and the influence of age and gender on serum concentrations of perfluorinated compounds in archived human samples. Environmental Science & Technology, 2009, 43:2131-2136.

[77] Riddell N, Arsenault G, Benskin J P, et al. Branched perfluorooctane sulfonate isomer quantification and characterization in blood serum samples by HPLC/ESI-MS(/MS). Environmental Science & Technology, 2009, 43(20): 7902-7908.

[78] Zhang Y, Beesoon S, Zhu L, et al. Isomers of perfluorooctanesulfonate and perfluorooctanoate and total perfluoroalkyl acids in human serum from two cities in North China. Environment International, 2013, 53(2):9-17.

[79] Zhang Y, Jiang W, Fang S, et al. Perfluoroalkyl acids and the isomers of perfluorooctanesulfonate and perfluorooctanoate in the sera of 50 new couples in Tianjin, China. Environment International, 2014, 68: 185-191.

[80] 张义峰. 全氟化合物以及典型异构体的人体暴露和肾排泄研究. 天津: 南开大学, 2013.

[81] Arnold S, Noor M B, Calafat A M, et al. Polyfluoroalkyl compounds in texas children from birth through 12 years of age. Environmental Health Perspectives, 2012, 120(4): 590-594.

[82] Dong G H, Tung K Y, Tsai C H, et al. Serum polyfluoroalkyl concentrations, asthma outcomes, and immunological markers in a case-control study of Taiwanese children. Environmental Health Perspectives, 2013, 121(4): 507-513.

[83] Inoue K, Okada F, Ito R, et al. Perfluorooctane sulfonate(PFOS)and related perfluorinated compounds in human maternal and cord blood samples: Assessment of PFOS exposure in a susceptible population during pregnancy. Environmental Health Perspectives, 2004, 112(11): 1204-1207.

[84] Fei C, Mclaughlin J K, Tarone R E, et al. Perfluorinated chemicals and fetal growth: A study within the danish national birth cohort. Environmental Health Perspectives, 2007, 115(11): 1677-1682.
[85] Monroy R, Morrison K, Teo K, et al. Serum levels of perfluoroalkyl compounds in human maternal and umbilical cord blood samples. Environmental Research, 2008, 108(1): 56-62.
[86] Lee Y J, Kim M K, Bae J, et al. Concentrations of perfluoroalkyl compounds in maternal and umbilical cord sera and birth outcomes in Korea. Chemosphere, 2013, 90(5): 1603-1609.
[87] Liu J, Li J, Liu Y, et al. Comparison on gestation and lactation exposure of perfluorinated compounds for newborns. Environment International, 2011, 37: 1206-1212.
[88] Cariou R, Veyrand B, Yamada A, et al. Perfluoroalkyl acid (PFAA) levels and profiles in breast milk, maternal and cord serum of French women and their newborns. Environment International, 2015, 84: 71-81.
[89] Chen F, Yin S, Kelly B C, et al. Isomer-specific transplacental transfer of perfluoroalkyl acids: Results from a survey of paired maternal, cord sera, and placentas. Environmental Science & Technology, 2017, 51: 5756-5763.
[90] Kato K, Wong L-Y, Chen A, et al. Changes in serum concentrations of maternal poly-and perfluoroalkyl substances over the course of pregnancy and predictors of exposure in a multiethnic cohort of cincinnati, ohio pregnant women during 2003—2006. Environmental Science & Technology, 2014, 48: 9600-9608.
[91] Zhang T, Sun H, Lin Y, et al. Distribution of poly- and perfluoroalkyl substances in matched samples from pregnant women and carbon chain length related maternal transfer. Environmental Science & Technology, 2013, 47: 7974-7981.
[92] Fromme H, Mosch C, Morovitz M, et al. Pre- and postnatal exposure to perfluorinated compounds (PFCs). Environmental Science & Technology, 2010, 44: 7123-7129.
[93] Hanssen L, Röllin H, Odland J Ø, et al. Perfluorinated compounds in maternal serum and cord blood from selected areas of South Africa: Results of a pilot study. Journal of Environmental Monitoring, 2010, 12: 1355-1361.
[94] Porpora M, Lucchini R, Abballe A, et al. Placental transfer of persistent organic pollutants: A preliminary study on mother-newborn pairs. International Journal of Environmental Research and Public Health, 2013, 10:699-711.
[95] Needham L L, Grandjean P, Heinzow B, et al. Partition of environmental chemicals between maternal and fetal blood and tissues. Environmental Science & Technology, 2011, 45:1121-1126.
[96] Beesoon S, Webster G M, Shoeib M, et al. Isomer profiles of perfluorochemicals in matched maternal, cord, and house dust samples: Manufacturing sources and transplacental transfer. Environmental Health Perspectives, 2011, 119(11):1659-1664.
[97] Wu X M, Bennett D H, Calafat A M, et al. Serum concentrations of perfluorinated compounds (PFC) among selected populations of children and adults in California. Environmental Research, 2015, 136:264-273.
[98] Gebbink W A, Glynn A, Berger U. Temporal changes (1997—2012) of perfluoroalkyl acids and selected precursors (including isomers) in Swedish human serum. Environmental Pollution, 2015, 199: 166-173.
[99] Yang L, Li J G, Lai J Q, et al. Placental transfer of perfluoroalkyl substances and associations with thyroid hormones: Beijing prenatal exposure study. Scientific Reports, 2016, 6: 21699.

[100] 杨琳, 李敬光, 石玥, 等. 北京母亲静脉血与脐带血中全氟化合物前体物质含量分析. 环境化学, 2015, 34(5): 869-874.

[101] Tao L, Kannan K, Wong C M, et al. Perfluorinated compounds in human milk from massachusetts, USA. Environmental Science & Technology, 2008, 42(8): 3096-3101.

[102] Tao L, Ma J, Kunisue T, et al. Perfluorinated compounds in human breast milk from several Asian countries, and in infant formula and dairy milk from the United States. Environmental Science & Technology, 2008, 42(22): 8597-8602.

[103] Volkel W, Genzel-Boroviczény O, Demmelmair H, et al. Perfluorooctane sulphonate (PFOS) and perfluorooctanoic acid (PFOA) in human breast milk: Results of a pilot study. International Journal of Hygiene and Environmental Health, 2008, 211: 440-446.

[104] Bernsmann T, Furst P. determination of perfluorinated compounds in human milk. Organohalogen Compounds, 2008, 70: 718-721.

[105] Motas Guzmàn M, Clementini C, Pérez-Carceles M D, et al. Perfluorinated carboxylic acids in human breast milk from Spain and estimation of infant's daily intake. Science of the Total Environment, 2016, 544:595-600.

[106] Fujii Y, Yan J, Harada K H, et al. Levels and profiles of long-chain perfluorinated carboxylic acids in human breast milk and infant formulas in East Asia. Chemosphere, 2012, 86(3):315-321.

[107] So M K, Yamashita N, Taniyasu S, et al. Health risks in infants associated with exposure to perfluorinated compounds in human breast milk from Zhoushan, China. Environmental Science & Technology, 2006, 40(9): 2924-2929.

[108] Liu J, Li J, Zhao Y, et al. The occurrence of perfluorinated alkyl compounds in human milk from different regions of China. Environment International, 2010, 36(5):433-438.

[109] Kubwabo C, Kosarac I, Lalonde K. Determination of selected perfluorinated compounds and polyfluoroalkyl phosphate surfactants in human milk. Chemosphere, 2013, 91(6):771-777.

[110] 杨琳, 王梦, 李敬光, 等. 中国12个省份母乳中全氟化合物前体物质含量分析. 中华预防医学, 2015, 49(6): 529-533.

第7章 食品和人体中六溴环十二烷及其他溴系阻燃剂

本章导读

- 介绍六溴环十二烷的理化性质、毒性效应及禁用/限用情况。
- 介绍食品中六溴环十二烷及其他溴系阻燃剂的分析方法及实例,对前处理方法、仪器分析方法做归纳整理。
- 介绍食品中六溴环十二烷及其他溴系阻燃剂的含量水平及膳食暴露现状以及膳食暴露评估。
- 介绍六溴环十二烷及其他溴系阻燃剂的人体负荷研究,人体负荷研究主要基于对血清、母乳、人体脂肪等样本的采集与监测。

7.1 背景介绍

阻燃剂是添加到材料中用以提高材料的抗燃性,阻止材料被引燃及抑制火焰传播的一大类助剂。按阻燃元素的类别,阻燃剂分为卤系(卤系又分为氯系和溴系)、磷系、锑系等。其中溴系阻燃剂(brominated flame retardants, BFRs)由于阻燃效率高、热稳定性好、价格低廉等优点成为目前世界上产量最大的有机阻燃剂,主要用于以电子电气产品为主的各类产品中,在防火阻燃、保护生命财产安全方面起到了重要作用。但BFRs在生产、使用和产品废弃过程中均容易以渗溢等形式释放到周围环境中,造成土壤、大气及水体污染,并通过食物链的富集放大在哺乳动物及人体内累积,并对人类健康造成威胁。已有多项流行病学调查认为BFRs不但易在人体内累积,且可通过血脑屏障与胎盘屏障,并与神经发育异常、糖尿病、肿瘤和甲状腺功能紊乱等多种疾病具有相关性。但由于尚未找到合适的替代品,BFRs的生产和使用依然在持续。BFRs的大量应用带来的环境污染与人体健康问题已经引起了国际社会的广泛关注。

六溴环十二烷(hexabromocyclododecane,HBCD)是一种非芳香的溴代环烷烃,主要作为添加型阻燃剂添加在热塑性塑料,如苯乙烯树脂中。另外在纺织品涂层、电缆线、橡胶黏合剂及不饱和聚酯的生产中也有应用。全球 HBCD 的产量约为 16 700 t/a，我国产量约为 7000 t/a。HBCD 可以通过生产、使用和产品的废弃过程而进入到环境中并且富集到生物体内。HBCD 曾经被广泛用作多溴二苯醚的替代品。但现有研究表明 HBCD 具有很强的生物累积性和持久性，2013 年《斯德哥尔摩公约》第六次缔约方大会上 HBCD 被明确为持久性有机污染物并建议禁止生产和使用。

商品化 HBCD 由 3 种非对映异构体（α-HBCD、β-HBCD、γ-HBCD）组成，商品化 HBCD 中 γ-HBCD 所占比重最高，达 75%～89%，α-HBCD 占 10%～13%，β-HBCD 占 0.5%～12%。但研究发现在非生物类样品，如土壤、污泥、污水等中 HBCD 的主要成分是 γ-HBCD，占总 HBCD 的 60%以上，在空气中，β-HBCD 含量很少，主要为 α-HBCD 和 γ-HBCD，而在生物体内 α-HBCD 占 HBCD 总量的 80%以上。可见 HBCD 的三种异构体在生物体内存在代谢差异。因此，建立适宜的分析方法对样品中 HBCD 的三种异构体分别进行准确定量是了解 HBCD 污染状况的重要环节。

除了 PBDEs 和 HBCD 外，四溴双酚 A（tetrabromobisphenol A，TBBPA）、十溴二苯乙烷（decabromodiphenyl ethane，DBDPE）等 BFRs 近年来也得到了迅速推广应用，但这些 BFRs 是否应该属于 POPs 目前仍有争议。TBBPA 是目前全球产量最大的一种反应型 BFRs。根据溴科学与环境论坛（Bromine Science and Environmental Forum，BSEF）的统计，TBBPA 全球消费量为 120 000～150 000 t/a。其中亚洲消费量最高，达 89 400 t/a，其次是美洲和欧洲，分别为 18 000 t/a 和 11 600 t/a。2007 年中国 TBBPA 产能为 18 000 t。它广泛应用于环氧树脂、聚酯树脂、酚醛树脂及 ABS 等树脂中，可使制品具有良好的阻燃性和自熄性。根据 BSEF 的报告，有 58%的 TBBPA 作为反应型阻燃剂用于环氧树脂、聚碳酸酯和苯酚树脂的生产中，有 18%的 TBBPA 作为添加型阻燃剂用于 ABS 树脂的生产，剩下的 TBBPA 用于其他途径。尽管有一半以上的 TBBPA 作为反应型阻燃剂使用，但是在产品中仍然有大量的非聚合的 TBBPA 存在，再加上作为添加型阻燃剂使用的 TBBPA，均有可能在生产、使用和产品废弃过程中释放，从而导致环境污染。欧盟已将 TBBPA 列在优先控制化学品的名单上，并且一直进行针对人体健康的危险性评估，但其评估还未结束。作为电子电器产品中的一种重要的 BFRs，欧盟将 TBBPA 列入了《废弃电子电气设备指令》（Waste Electrical & Electronic Equipment，WEEE），要求缩减、循环利用及再利用这些产品。日本在 2001 年颁布了一项类似的缩减指令（《家电再生利用法》）。加拿大正在进行 TBBPA 及其乙氧基和烯丙基醚衍生物的人体及环境危险性评估。

随着传统 BFRs，如 PBDEs 和 HBCD 不断被列入 POPs 名单，一些新型 BFRs 被迅速推广，其中作为十溴二苯醚替代品的十溴二苯乙烷（DBDPE）于 21 世纪初开始推广使用,其与十溴二苯醚结构类似,但阻燃性能更好,很快成为最受市场欢迎的新型 BFRs,产量和使用量迅速增长。其他一些阻燃剂,如五溴苯、六溴苯等也在推广应用。

本章将依据现有文献,对 HBCD 及其他 BFRs 的分析方法、食品中污染水平、膳食摄入情况以及人体负荷情况进行分析。

7.2 食品中六溴环十二烷及其他溴系阻燃剂的分析方法

7.2.1 食品中 HBCD 的分析方法

1. 食品中 HBCD 的提取与净化

对于不同种类的食品样品,提取方法的选择取决于所研究样品基质的性质,对于固体样品和液体样品显然要采用不同的处理方法。而且在取样前要估计样品中待测物的污染水平,并根据检测仪器的性能决定采样量。表 7-1 中总结了食品样品中 HBCD 分析的常见方法,涉及的基质种类包括含脂肪的动物源性食品和动物组织样本,以及液态或半液态食物(如鸡蛋、鲜奶等)样品。对于液态或半液态食品,通常要经冷冻干燥后按照固态生物样品的处理方法进行前处理。

表 7-1　食品样品中 HBCD 分析方法

基质	前处理技术	提取技术	净化技术	仪器方法	检测限/(ng/mL, pg/g, ng/m³)
脂肪组织	—	液-液萃取(乙腈+正己烷)	Oasis HLB+Si SPE	LC-MS/MS	30~500
母乳	冷冻干燥+混匀	液固萃取(丙酮:正己烷,1:1,$V:V$)+液-液萃取(乙腈+正己烷)	SPE	LC-MS/MS	100
蛋	匀浆	液固萃取(丙酮:正己烷+乙醚:正己烷)	浓硫酸除脂	GC-ECNI-MS	13
鳕鱼肉	无水 Na_2SO_4 干燥	索氏提取(丙酮:正己烷)	GPC+SiO_2+浓硫酸+去活性硅胶(1.5%H_2O)	LC-ESI-MS	1~200
鱼组织	冷冻干燥+混匀	加速溶剂萃取(Al_2O_3,二氯甲烷:正己烷,100℃,10 MPa)	—	GC-ECNI-MS	2~19

总体来说,对于富含油脂的食物基质中的 BFRs 的提取多采用液固萃取法。最常用的是基于二元混合溶剂的索氏提取法,也可以采用加速溶剂萃取法,常用的混合溶剂有丙酮:正己烷[1]和二氯甲烷:正己烷[2],索氏提取法虽耗时间且溶剂使用量较大,但能保证较高的提取效率和回收率(绝对回收率一般大于 80%),而且操作简便,所需样品量少。加速溶剂萃取法与索氏提取法相比能更加节省时间,

且溶剂耗费量较少[1,3]。

在前处理过程中，脂肪的去除是重要的一步。由于食品样品尤其是动物源性食品样品中含有大量脂肪，这些脂肪在提取过程中会与 BFRs 一同提取出来，如果不能有效地除尽脂肪，会影响检测结果并污染仪器。样品经索氏提取或加速溶剂萃取后，提取液的除脂方法主要分两类：一类是破坏性方法，如酸化硅胶处理、硫酸处理等；另一类是非破坏性方法，如凝胶渗透色谱法、吸附色谱等。HBCD、DBDPE 等 BFRs 在酸性环境下很稳定，但 TBBPA 含有两个活性羟基，使用酸化硅胶处理时 TBBPA 与硅胶反应导致回收率很低，用浓硫酸除脂肪时，由于 TBBPA 对酸稳定，因此能得到较好的回收率，但需要多次连续进行液-液萃取操作，耗时费力。浓硫酸去除脂肪的另一个缺点是对于某些样品中含有的蜡质物质无法有效去除，导致样品净化液在浓缩过程中，会在样品小瓶中形成固体蜡状结晶，对测定的准确性和仪器都有不良影响。采用碱化硅胶处理同样没有明显改善，这时可采用低温析出结晶然后高速离心取上层清液的方法最大限度地除去这些蜡质物质。若要消除这些蜡质物质的影响，采用凝胶色谱分离也可以取得理想的效果。

在非破坏性方法中，GPC 净化是最有效的手段。Shi 等采用全自动凝胶净化系统对奶类样品的提取液进行净化，得到了满意的回收率。GPC 法和浓硫酸处理法可以结合使用，可先用 GPC 作初步处理除去大部分脂肪及色素，再用浓硫酸进行进一步净化[1]。

基质固相分散萃取法是近年来发展迅速的一种前处理方法，Lankova 等采用基质固相分散萃取法结合 UPLC 和线性离子阱质谱同时分析鱼肉中的 HBCD 和 TBBPA，样本与水、甲酸和乙腈混合后，再加入硫酸镁和氯化钠，混匀后离心取上清液，然后用 C_{18} 硅胶、N-丙基乙二胺(primary secondary amine，PSA)固相吸附剂和硫酸镁共同去除杂质，LOQ 为 0.1～1 ng/g[4]。

2. HBCD 的仪器分析方法

GC-MS 技术可用于测定 HBCD，使用的是负化学源，测定 HBCD 脱溴生成的[Br]⁻，能获得较高的灵敏度。但 GC-MS 技术测定 HBCD 时也面临诸多困难，HBCD 的三种异构体 α-HBCD、β-HBCD、γ-HBCD 在 160℃以上会相互转化导致三者无法准确定量。此外，当温度高于 240℃时，HBCD 会发生脱溴降解导致结果不准确，同时会污染色谱柱[5]。

与气相色谱法相比，反相高效液相色谱与电喷雾电离-质谱(ESI-MS)或大气压化学电离-质谱(APCI-MS)联用是测定环境样品中 HBCD 异构体的有效手段。ESI 比 APCI 的响应要高一些。Budakowski 和 Tomy 使用液相色谱和串联电喷雾质谱联用，以多反应监测模式测定[M–H]⁻(m/z 640.6)→[Br]⁻(m/z 79 和 81)，方法灵敏度和选择性均很高，柱上 LOD 为 4～6 pg[6]。Janak 等对液相方法和质谱方法进行了优化，测定了标准溶液和鱼肉提取液中的 HBCD 异构体，LOD 分别为 0.5 pg 和 5 pg[7]。Shi 等利用超高效液相色谱结合三重四极杆质谱，实现了对母乳和血清等基质中 HBCD 异构体和 TBBPA 的同时测定，LOD 为 20～60 pg/g[1]。

虽然 LC-MS/MS 法现已成为分析 HBCD 异构体的最佳选择，但依然存在诸多缺点，Tomy 等分析了对结果会造成较大影响的一些重要因素，如共流出物的影响和基质化合物的影响，这些因素均会引起离子抑制效应。同时他们也提出了几个解决问题的途径：①采用标准加入法；②对样品进行稀释；③提高净化效率；④提高色谱分离度；⑤使用基质匹配外标法或同位素稀释法。其中最具优势的是同位素稀释法，这种方法既能补偿仪器的波动造成的影响，也能补偿基质中其他离子的干扰。Tomy 等的最后结论是，对环境基质中 HBCD 异构体的精确测定如不使用同位素内标是很难做到的[8]。

为了提高响应和灵敏度，可在流动相中添加乙酸铵或乙酸等添加剂。但 Tomy 等发现 HBCD 的三种异构体在不同溶剂中的稳定性不同。这也许和 γ-HBCD 在甲醇和乙腈中的溶解性不同有关。Tomy 等建议最后一步用甲醇溶解样品[8]。

目前三重四极杆质谱由于高选择性和高灵敏度成为测定 HBCD 的首选，但也有些文献采用其他种类的质谱仪测定 HBCD。Morris 等比较了单四极杆和离子阱质谱在测定 HBCD 时的差异。使用单四极杆质谱显然只能测定分子离子，无法测定子离子，但在离子阱质谱上 HBCD 的子离子只有[Br]⁻，而[Br]⁻的质量数低于离子阱质谱仪的测定临界值，因此在离子阱上也只能测定 HBCD 的分子离子。此外，作者发现 HBCD 的不同异构体在这两种质谱仪上的响应也不相同，在单四极杆质谱上 α-HBCD 响应最强，而在离子阱上则是 γ-HBCD 响应最强[9]。

虽然 Budakowski 等和 Tomy 等发现在测定 HBCD 时使用 ESI 比 APCI 效果更好，但 Suzuki 和 Hasegawa 报道了他们使用 LC-APCI-MS 测定沥出物中 HBCD 和 TBBPA 的方法，实验中发现 HBCD 使用 APCI 得到的信噪比比 ESI 要高 2～5 倍，但对于 TBBPA，使用 APCI 的信噪比只有 ESI 的一半，作者还认为 ESI 对基质化合物的响应更灵敏[10]。其他的电离方法还有大气压光电离源(APPI)等，但 APPI 测定 HBCD 的灵敏度明显低于 ESI 和 APCI。

超高效液相色谱-飞行时间-高分辨率质谱(UPLC-TOF-HRMS)也被尝试用于鱼肉样本中 HBCD 的分析，并和超高效液相色谱-轨道离子阱-高分辨率质谱(UPLC-Orbitrap-HRMS)以及三重四极杆质谱进行比较，其方法定量限为 7～29 pg/g ww。但作者经过比较发现无论是飞行时间-高分辨率质谱、轨道离子阱-高分辨率质谱还是三重四极杆质谱，均适合用于分析痕量 HBCD[11]。

3. 食品中其他 BFRs 的提取与净化

TBBPA 的 pK_{a1} 值和 pK_{a2} 值分别是 7.5 和 8.5，这意味着在中性环境中，TBBPA 将有一部分以阴离子的形式存在。和中性的 PBDEs 和 HBCD 相比，能够电离是 TBBPA 最显著的一个特点。在净化过程中，只要有强极性的溶剂存在，就会导致 TBBPA 的损失。因此，在 TBBPA 的分析过程中必须尽可能避免这种损失。

食品样品中 TBBPA 的提取与 HBCD 类似，一般也采用液固萃取法或液-液萃取法，TBBPA 的检测主要基于液相色谱-质谱联用技术。TBBPA 测定的难点在于净化阶段，若要避免共存的有机卤素化合物对 TBBPA 测定的干扰，就需要在净化阶段将 TBBPA 和其他共存化合物分离。已有文献报道去活性硅胶柱能有效分离 TBBPA 和 PBDEs，分离过程中，先用极性较弱的异辛烷洗脱 PBDEs，再用较强极性的溶剂，如乙醚：异辛烷（15∶85，$V∶V$）洗脱 TBBPA。活性弗罗里硅土也能用于分离酚类化合物和中性有机卤素化合物。弗罗里硅土的活化方法是先 450℃活化 12 h，然后用 0.5%的水去活化，分离时先用二氯甲烷：正己烷（1∶3，$V∶V$）洗脱中性化合物，再用极性混合溶剂丙酮：正己烷（15∶85，$V∶V$）和甲醇：二氯甲烷（12∶88，$V∶V$）洗脱酚类化合物[2]。此外，Oasis HLB 固相萃取柱也曾用来快速分离 TBBPA 和 HBCD，即先用二氯甲烷：正己烷（1∶1，$V∶V$）洗脱 HBCD，再用二氯甲烷洗脱 TBBPA[12]。

其他一些 BFRs，如 DBDPE 等，物理化学性质与 PBDEs 类似，可直接采用与 PBDEs 类似的提取与净化方法。

7.2.2 食品中其他 BFRs 的分析方法

在几种主要的 BFRs 中，TBBPA 是极性最强的一种，食品及母乳中 TBBPA 的仪器分析方法主要采用 LC-MS 或 LC-MS/MS 技术[13-16]。但也有少部分研究采用 GC-MS 测定 TBBPA，因带有两个酚羟基，导致其在气相色谱仪的毛细管色谱柱中保留时间很短，因此若使用 GC-MS 方法测定 TBBPA，需要先进行衍生化。Berger 等采用 GC-HRMS 和 LC-ESI-TOF-MS 两种方法测定了蛋样中的 TBBPA，在 GC-MS 方法的建立过程中，发现由于 TBBPA 不能完全衍生化导致方法线性范围窄且样品回收率低，不完全衍生化的原因在于酚羟基两边存在的溴基团阻碍了衍生化反应的完全进行。因此，虽然 GC-MS 方法分离效果好而且测试标准品时灵敏度高，但由于高分辨的 LC-TOF-MS 方法能够大大减少基质的背景干扰，因此更适合于蛋样提取物中 TBBPA 的定量分析，柱上定量限能达到 3 pg[2]。

二维气相色谱和 ECD 或 TOF-MS 检测器联用，能够提供更好的分离能力。Korytar 等用二维气相色谱法分析 PBDEs 和可能的共流出物，发现当第一维 GC

使用 DB-1 或 DB-5 柱时，第二维 GC 柱能够有效地分离 TBBPA 和 PBDEs[17]。

使用 LC-MS 测定 TBBPA 可无需衍生化直接进样，因此成为测定 TBBPA 最主要的手段。Frederiksen 等利用 LC-MS/MS 和 GC-MS 测定了生物样品中的 TBBPA，并对两种方法进行了比较，发现 LC 方法不仅无需衍生化，而且能提供更高的灵敏度和更低的检测限[18]。Chu 等发现在用 LC-MS 分析 TBBPA 时，流动相能够在很大程度上影响 LC 的分离效果和 MS 的灵敏度。用甲醇做流动相时质谱响应值比用乙腈做流动相高 30%，而且检测器的基线更稳定，能得到更低的 LOQ。此外，流动相中添加 1 mmol/L 的乙酸铵能提高响应，这可能是乙酸铵的加入促进了电离[19]。使用 LC-MS 测定 TBBPA 的另一优势是可以使用 ^{13}C-TBBPA 作为同位素内标，通过对与基质相关的因素的补偿而大大提高定量的准确性[20]。

Tollback 等报道在使用 LC-MS 分析 TBBPA 时最适宜的接口是负电离模式下的 ESI(ESI⁻)。与 APCI 相比，ESI 的 LOD 为 APCI 的 1/40～1/30。此外，通过 ESI 接口的软电离方式还能够监测完整的 TBBPA 分子离子，从而提高了方法的选择性和准确度[21]。

Suzuki 和 Hasegawa 用 LC-APCI-MS 测定 HBCD 和 TBBPA，发现对于 HBCD，APCI 的信噪比比 ESI 高 2～5 倍，但对于 TBBPA，APCI 的信噪比只有 ESI 的 1/2[22]。Debrauwer 使用 LC 技术分析 PBDEs 和其他 BFRs，发现 APPI 的使用能促进 PBDEs 和酚类化合物，如 TBBPA 的分析。柱上 LOD 为 200～1500 pg[10]。在更先进的 UPLC 技术出现之后，已有文献用 UPLC-MS/MS 分析食品样品中的 TBBPA[23]。UPLC-MS/MS 技术不但继承了 LC-MS/MS 技术的所有优点，还因为采用了 1.7 μm 小颗粒固定相，从而能大大缩短待测物分析时间，在提高了分析效率的同时还提高了检测灵敏度。

毛细管电泳是一种分离可电离样品的有效手段，也可用于 TBBPA 的分析。Blanco 等使用非水毛细管技术和光电二极管阵列检测器分析环境样品中的 TBBPA 和其他酚类化合物，TBBPA 的检测波长为 210 nm，以甲醇为流动相。作者还优化了影响毛细管电泳分析的一些参数，如盐的浓度、缓冲液 pH、溶液温度等。标准曲线的范围为 0.5～10 ng/μL。在分析水样时，方法的 LOQ 能达到 12 pg/μL[24]。

DBDPE 等其他常用的新型 BFRs 与 PBDEs 性质类似，仪器分析方法也与 PBDEs 类似，多采用气相色谱-质谱法测定。Gao 等应用气相色谱-负化学源质谱法建立了血清中 PBDEs 和 DBDPE 等多种新型 BFRs 的仪器分析方法，除 DBDPE 外，其他 BFRs 的 LOD 为 0.3～50.8 pg/mL，但该研究同时发现 DBDPE 由于易高温降解导致其 LOD 较高，达 300 pg/mL 以上，且由于其在负化学源上无法采用同位素内标定量，DBDPE 的精确灵敏测定仍是亟待解决的难题[25]。

7.3 食品中六溴环十二烷及其他溴系阻燃剂的污染水平

7.3.1 食品中 HBCD 的污染水平

相对于 PBDEs，涉及食品中 HBCD 污染水平的文献要少得多。水产品是最常见的食物之一，由于其多处在食物链的高端，成为研究的关注点。现有研究发现 HBCD 在鱼体内的不同部位分布不同，而且和鱼的种类密切相关。例如，在白鱼体内，肝脏中 HBCD 浓度高于肌肉，而在鲽鱼体内，肌肉中 HBCD 浓度最高[7,26]。在大多数水生无脊椎动物和鱼类体内，α-HBCD 的浓度是三种异构体中最高的，但 α-HBCD 在鱼体中(80%)比无脊椎动物中(70%)更高。研究表明在沉积物、淤泥与水中 γ-HBCD 占主要地位，但在高级生物体中，如人类、鱼、海洋动物和鸟类中，α-HBCD 则占主要地位，而 β-HBCD 无论在生物基质还是非生物基质中含量都是最低的。目前认为高级生物体中 α-HBCD 高比例的原因是生物体内 γ-HBCD 的代谢要更快，结果导致了 α-HBCD 在生物体内的富集[27,28]。此外，还发现 α-HBCD 在脂肪组织中更容易累积并且随粪便排泄的速度明显比 γ-HBCD 要慢，这也是在生物体中 α-HBCD 高比例的原因[29]。

在常见的食物种类中，水产品中的 HBCD 含量普遍高于其他类食品，因此对水产品的关注度明显高于其他类食品。Xian 等检测了 17 种长江三角洲水域采集的淡水鱼，检测出其中 HBCD 含量为 12~330 ng/g lw。在所采集的大多数样本中，α-HBCD 浓度是三种异构体中最高的，但在少数样本中，如鳜鱼肉和卵中，γ-HBCD 的浓度是最高的，这一现象目前仍无法得到解释，可能与代谢或暴露来源有关[30]。Qiu 等采集并检测了上海市场上常见的两种水产品——鳜鱼和小龙虾，小龙虾体内 HBCD 含量平均为 3.7 ng/g lw，鳜鱼体内 HBCD 含量则与产地有关，来自广东的鳜鱼体内 HBCD 中值(范围)为 5.6(3.1~17) ng/g lw，而产自太湖流域的鳜鱼体内 HBCD 中值(范围)则为 11(10~14) ng/g lw[31]。Meng 等采集并测定了中国广东市售的 12 种鱼类，其中 70%检出 HBCD，含量在 ND~194 ng/g ww，同时作者发现在食物链高端的鱼类比低端的鱼类体内 HBCD 含量更高，再一次证明 HBCD 可沿着食物链富集。此外作者还发现无论是淡水鱼还是海鱼，人工养殖的鱼比野生鱼有着更高的污染水平，说明人类活动对水产养殖业的污染不可忽视[32]。

Shi 等检测了 2007 年中国总膳食研究样品，测定了采集自全国 12 个省份的鱼类、肉类、奶类和蛋类 4 类动物源性食品，其中鱼类中 HBCD 含量最高，平均含量为 721 pg/g lw[13]。在后续的 2011 年中国总膳食研究中，采样范围扩大到 20 个省份，测定的同样是鱼类、肉类、奶类和蛋类 4 类动物源性食品，同样发现其中鱼类中 HBCD 含量最高，平均含量为 4290 pg/g lw[33]。Zhu 等测定了 79 份在青藏高原河湖中采集的鱼样，66%的样本中检出了 HBCD，其中 α-HBCD 占比例最高，鱼肉中 HBCD 含量为 ND～13.7 ng/g lw，均值为 2.12 ng/g lw，此外作者还发现青藏高原的鱼体内 HBCD 含量与年降雨量存在正相关关系，提示 HBCD 可通过大气进行远距离传输[34]。Xia 等测定了从大连到厦门一带沿海采集的 46 份大黄鱼和白鲳鱼样本，所有样本中均可检出 HBCD，均值（范围）为 3.7（0.57～10.1）ng/g lw，显示我国鱼类普遍存在 HBCD 污染，但与其他国家尤其是欧洲沿海国家相比，我国沿海鱼体中 HBCD 污染水平相对较低[35]。

在日本沿海采集的 65 份海产品样本中，HBCD 污染水平最高的是鳗鱼、鲈鱼、鲱鱼和鲑鱼，其 HBCD 中值（范围）分别为 2.09（0.05～36.9）ng/g ww、0.75（ND～26.2）ng/g ww、0.12（0.09～77.3）ng/g ww 和 1.29（1.09～1.34）ng/g ww，而在软体类、甲壳类海产品中 HBCD 含量很低，在三种异构体中，一般是 α-HBCD 占比例最高，但如果海产品体内 HBCD 含量在 20 ng/g ww 以上，则发现 γ-HBCD 比例最高，作者推测可能与附近工厂的排污有关[36]。在日本市场上购买的鱼肉样本中，20 个样本里有 18 个检出 HBCD，含量为 ND～21.9 ng/g ww，并且作者发现所检测的鱼样无论是来自东中国海还是日本海，HBCD 含量均无差别[37]。Munschy 等测定了法国沿海的贝类样本，所有样本中均可检出 α-HBCD 和 γ-HBCD，但污染水平在各个海域之间各不相同，均值为 0.05～0.19 ng/g ww，此外还发现 HBCD 的污染水平在 1981～2011 年不断上升[38]。荷兰的一项研究重点检测了鱼和贝类中的 HBCD，作者采用 GC/ECNI-MS 测定 HBCD，发现人工饲养的三文鱼或鳝鱼体内几乎未检出 HBCD，海鱼以及海贝类体内检出率也不高，含量为＜LOD～7.3 ng/g ww，但在野生鳝鱼体内发现了高浓度的 HBCD，含量在＜0.1～230 ng/g ww，且检出率在 90% 以上[39]。Fernandes 等在苏格兰采集并测定了一些贝类样品，发现其中 HBCD 为 0.03～12.1 ng/g[40]。

总膳食研究是分析食物中污染物含量及人群暴露水平的最佳方法。Driffield 等在英国开展了一项总膳食研究，测定了 20 大类食品样品中 HBCD 的含量，结果为检出的 HBCD 含量很低，动物源性食品中 HBCD 含量为＜LOD～240 pg/g ww，而植物源性食品中均未能检出 HBCD[41]。在 2007 年中国总膳食研究样品中，HBCD 含量为＜LOD～9208 pg/g lw，在肉、蛋、水产和奶类食品中的平均含量分别为 252 pg/g lw、269 pg/g lw、1441 pg/g lw 和 194 pg/g lw，水产类食品中 HBCD 的检出率、最高值和平均值均是四类食品中最高的[13]。在后续的 2011 年中国总膳食研究中，HBCD 含量为＜LOD～25 600 pg/g lw，在肉、蛋、水产和奶类食品中的平均含量分别为 2520 pg/g lw、2230 pg/g lw、4290 pg/g lw 和 1980 pg/g lw，很显然无论是哪类样品，2011 年样本中 HBCD 含量水平均高于 2007 年，提示 2007～2011 年我国食品中 HBCD 污染水平明显升高[33]。在 2007～2009 年开展的第二次法国总膳食研究中，所采集的 212 种食物被分成了 41 类，其中鱼、熟肉、甲壳类动物和肉类中 HBCD 含量最高,含量分别为 0.141 ng/g ww、0.141 ng/g ww、0.135 ng/g ww 和 0.126 ng/g ww,其他种类食物中的 HBCD 均在 0.1 ng/g ww 以下[42]。

双份饭研究是分析污染物膳食摄入水平最精确的方法,但操作难度较大,因此相关报道不多。Roosens 等在比利时开展了一次双份饭研究,收集了 16 位成年人一周共 165 份双份饭样本,这些样本中 HBCD 污染水平中值、均值和含量范围分别为 0.1 ng/g ww、0.13 ng/g ww 和 <0.01～0.35 ng/g ww,但在这些双份饭样本中,γ-HBCD 被发现具有最高的比例[43]。

对市售食品进行较为系统地采集与检测也是评估食物中 HBCD 污染水平的方法之一,精确度虽然比不上总膳食研究和双份饭研究,但该方法操作较为简单,因此被普遍采用。王翼飞等测定了北京市场上采集的鱼、肉、蛋、奶等 50 份动物源性食品样本,HBCD 含量为 ND～26.83 ng/g lw,均值和中值分别为 4.32 ng/g lw 和 2.45 ng/g lw[44]。Hu 等测定了在湖北省采集的鲶鱼、龙虾和鸡蛋等食品样本,但仅在三个蛋类样本中检出 HBCD,含量为 0.39～0.74 ng/g ww[45]。Labunska 等在电子垃圾拆解区浙江台州市开展了食物中 HBCD 污染水平监测,共采集了包括鱼、虾、肉、蛋等 127 份当地的食物样本并制成混样,与 62 份采集自非污染区的食品样本进行对比,发现在污染区采集的大多数样本中 HBCD 污染水平比非污染区样本高 1～3 倍,其中鱼肉样本中污染水平最高,达 310 ng/g lw,其次是鸡肉、鸡蛋和鸡肝样本,含量分别为 79 ng/g lw、47 ng/g lw 和 43 ng/g lw[46]。

Schecter 等在 2009～2010 年采集并测定了美国达拉斯市售食品,主要是鱼、肉、花生酱等富含油脂的食品,其中既有单样也有混样,36 个单样中有 15 个检出 HBCD,三种异构体 α-HBCD、β-HBCD、γ-HBCD 中值(范围)分别为 0.003(<0.005～1.307)ng/g ww、0.003(<0.005～0.019)ng/g ww 和 0.005(<0.01～0.143)ng/g ww,在混样中则分别为 0.077(0.01～0.31)ng/g ww、0.008(<0.002～0.07)ng/g ww 和 0.024(0.012～0.17)ng/g ww,在这些市售食品中,α-HBCD 依然是最主要的异构体[47]。在对 162 份采集自加拿大的蛋黄样本的分析中,有 85% 的样本检出了 HBCD,中值(范围)为 0.053 ng/g lw(ND～71.9 ng/g lw),α-HBCD 也是最主要的异构体[48]。

HBCD 在欧洲的使用量较大,因此来自欧洲国家的研究较多。在罗马尼亚采集的 71 个动物源性食品样本中均未检出 HBCD,但该研究采用的是气相色谱-质谱法测定 HBCD[49]。在比利时开展的一项市售食品调查中,分析了鱼、肉、蛋、奶和一些诸如面包、黄油之类的其他食品样本,80% 的样本中检出了 HBCD,鱼类样本中 HBCD 含量最高,均值为 42 ng/g lw,其次是肉、奶和其他类食品样本,均值分别为 14.65 ng/g lw、4.4 ng/g lw 和 2.4 ng/g lw,在鱼样中 α-HBCD 是最主要的异构体,但在奶样中,只检出了 γ-HBCD[50]。在对比利时家养的鸡蛋的检测中发现鸡蛋中的 HBCD 含量与季节有关,秋季出产的鸡蛋均值(中值、范围)为 6.55(<

LOQ、<LOD～62)ng/g lw；而春季出产的鸡蛋均值（中值、范围）则为 8.52(2.85、<LOD～39.3)ng/g lw，此外作者还发现土壤是鸡蛋中 HBCD 的主要来源，但不是唯一来源[51]。瑞典的 Remberger 等测定了 1999 年采集的一些市售食品样本，其中 HBCD 含量为<1～51 ng/g lw，HBCD 含量较高的是混合鱼样和野生波罗的海鲑鱼样，含量分别为 48 ng/g lw 和 51 ng/g lw；HBCD 含量较低的是羊肉、猪肉和牛肉样，含量为<1～1.4 ng/g lw[52]。Törnkvist 等通过对市售食品的检测分析了瑞典食物中 HBCD 污染水平，对鱼、肉、蛋、奶和油脂 5 类食品开展了研究，发现 HBCD 在鱼类中含量最高，平均含量为 0.145 ng/g，肉类、奶类、蛋类的平均含量均为 0.005 ng/g，脂肪中 HBCD 平均含量则为 0.025 ng/g[53]。Eljarrat 等为评估西班牙食物中的 HBCD 污染水平并评估普通人群的摄入水平，采集并测定了 6 类食品样本，包括鱼和海产品、肉类、动物油脂、奶制品、蛋和植物油，与其他研究类似，在鱼和海产品中 HBCD 含量最高，均值达 11.6 ng/g lw，其次是肉类、蛋、奶制品、动物油脂和植物油，均值分别为 2.68 ng/g lw、1.75 ng/g lw、0.78 ng/g lw、0.74 ng/g lw 和 0.45 ng/g lw[54]。在挪威开展的一项膳食调查中，对水产品、肉、奶、蛋、植物油等食品进行了采集与检测，水产品中的污染水平依旧明显高于其他各类食品[55]。

7.3.2 食品中 TBBPA 等其他 BFRs 含量水平

涉及食品中 TBBPA 含量水平的报道很少，当前普遍认为 TBBPA 不具有很强的生物放大作用，即便在动物源性食品中含量也不会非常高。Driffield 等测定了在英国采集的 19 类食品样品，但均未检出 TBBPA[41]。英国食品标准局评估了从鱼的食用中摄入的 TBBPA 的量，检测的样品包括 48 份野生的鱼或人工饲养的鱼，还包括贝类和作为膳食补充剂的鱼油，但在所有的样品中均未检出 TBBPA。基于这一结论，英国食品、消费品及环境中化学品毒性委员会（COT）认为鱼类和贝类体内的 TBBPA 含量及消费者的每日摄入量（<1.6 ng/kg bw）不会对消费者健康构成威胁。Fernandes 等采集并测定了苏格兰地区扇贝、牡蛎等海产品中的 TBBPA，但在所有采集的样本中均未检出 TBBPA[40]。Ashizuka 等在日本海沿岸采集了 45 份鱼类样本，其中 29 份检出了 TBBPA，污染水平在 0.01～0.11 ng/g ww，TBBPA 的平均污染水平不到 PBDEs 的 1/10，研究中还发现 PBDEs 污染水平与鱼体脂肪含量呈正相关，但 TBBPA 含量与鱼体脂肪含量无相关性，按照此污染水平，日本居民从鱼类中摄入的 TBBPA 量为 0.03 ng/(kg bw·d)[56]。

在 2007 年中国总膳食研究中，于 12 个省份所采集的 4 类动物源性食品的 48 份混样中 TBBPA 的含量为<LOD～2044 pg/g lw，在肉类、蛋类、水产类和奶类食品中 TBBPA 的平均含量分别为 251 pg/g lw、179 pg/g lw、721 pg/g lw 和 194 pg/g lw[13]。在后续的 2011 年中国总膳食研究中，于 20 个省份所采集的 4 类动物源性食品的

80 份混样中 TBBPA 的含量为＜LOD～52 000 pg/g lw，肉类、蛋类、水产类和奶类中的 TBBPA 平均含量分别为 560 pg/g lw、85 pg/g lw、1270 pg/g lw 和 1490 pg/g lw。与 2007 年中国总膳食研究相比，我国食物中 TBBPA 含量也呈现上升趋势[33]。

虽然在已完成的研究中发现食物中 TBBPA 污染处在较低的水平，但欧盟食品安全局(European Food Safety Authority)仍建议对食品及饲料中的 BFRs 进行例行检查，并且将 TBBPA 列入监测计划中。同时认为应该启动一个新的特别研究项目，针对反应型 BFRs，如 TBBPA 等，进行全面的研究。

涉及其他 BFRs 的文献也较少，基于 2011 年中国总膳食研究和全国母乳监测，Shi 等第一次报道了新型阻燃剂在我国食品和母乳中的污染水平。该研究涉及 6 种新型阻燃剂，包括 DBDPE、1,2-二(2,4,6-三溴苯氧基)乙烷(BTBPE)、五溴甲苯等，研究结果显示在新型阻燃剂中，DBDPE 在食品中的污染水平明显高于其他 BFRs，在近 90%的膳食样中均可检出 DBDPE，其平均污染水平达 9030 pg/g lw，是其他新型 BFRs 的 70～1100 倍，同时已明显超过 PBDEs、HBCD 等传统阻燃剂，成为我国食品中污染水平最高的一种 BFRs。该研究基于对食品混样的监测，虽只能粗略反映各地食品污染水平及人群暴露水平，但作为我国首次新型 BFRs 的全国性调查，可证明 DBDPE 的快速推广已带来广泛的环境污染与人群暴露，并且我国的 BFRs 应用状况可能已经由主要使用 PBDEs 转向 DBDPE 等新型阻燃剂[57]。

7.4 六溴环十二烷及其他溴系阻燃剂的膳食摄入情况

BFRs 对人体暴露的来源主要有膳食摄入、经灰尘和空气吸入以及通过与消费产品皮肤接触吸收，但目前普遍认为经膳食摄入是最主要的暴露途径。

Roosens 等在比利时开展的双份饭研究中，估算出比利时普通人 HBCD 的摄入水平是 1.2～20 ng/d，平均为 7.2 ng/d。这一数值低于其他很多研究，作者认为原因有几个方面：一是采样人数较少和采样时间较短，不具备普遍性；二是研究中参与人员膳食以瘦肉和蔬菜为主，其中 HBCD 含量均较低；三是其他研究多用 LOD 来代替未检出样本的污染水平[43]。Goscinny 等通过对奶、肉、蛋、鱼，以及蛋糕、披萨、深海鱼油等其他类食品的测定，估算比利时普通人群的 HBCD 摄入水平为 0.99 ng/(kg bw·d)，其中 γ-HBCD 占 67%，其次是 α-HBCD(25%)和 β-HBCD(8%)。在所检测的 5 类食品中，肉制品由于其消费量高，贡献也最大(43%)，在肉类中牛肉是主要来源；除了肉类，贡献率最高的是蛋糕、派等其他类食品(36.6%)；奶制品的贡献率也不低(22%)；在所检测的食物中，水产品的污染水平最高，但由于消费量低，贡献仅有 7.1%[50]。

2004 年和 2009 年，Fujii 等通过双份饭研究探索了日本膳食中 TBBPA 的污染水平。在 80%的样本中检出了 TBBPA，通过 2004 年的双份饭研究估算日本普通人群经膳食的 TBBPA 摄入水平中值为 10.6 ng/d，均值和摄入水平范围分别为 15.6 ng/d 和 3.9～40.2 ng/d；2009 年的双份饭研究发现，摄入水平中值降到了 2.7 ng/d，均值和范围分别为 3.0 ng/d 和＜LOQ～7.5 ng/d。作者还通过对双份饭样本、血清样和母乳样的分析探讨了三者的相关性，认为膳食是摄入 TBBPA 的可能途径，并且通过膳食摄入水平可预测 TBBPA 在母乳和血清中的水平[58]。

Knutsen 等在挪威开展了一项队列研究，通过一个 184 人的队列调查膳食 HBCD 摄入及暴露来源，HBCD 每日摄入量的均值、中值和范围分别为 0.33 ng/kg bw、0.27 ng/kg bw 和 0.06～1.35 ng/kg bw，高脂鱼类是 HBCD 暴露的最主要来源，其次是肉、蛋和奶制品[55]。Fernandes 等根据在苏格兰采集的贝类样品，估算当地居民通过贝类海产品摄入的 HBCD 量为 5.9～7.9 ng/(kg bw·d)[40]。

Roosens 等通过对食品、母乳和灰尘样本的采集和测定分析了比利时普通人群的 HBCD 污染水平，其中采集了蔬菜、水果、猪肉、鱼和牛肉 5 类样本，而且所有的这些食物都是在比利时种植或生产的，还采集了 22 份混合母乳样本，以及 53 份室内灰尘样本。结果发现经母乳的 P50 摄入水平是 3.0 ng/(kg bw·d)，而 P90 摄入水平则是 15.2 ng/(kg bw·d)；对于膳食摄入，3～6 岁儿童经膳食的 HBCD 摄入水平为 6.4 ng/(kg bw·d)，而成年人则仅有 1.1 ng/(kg bw·d)；室内灰尘方面，经灰尘的 P50 摄入量为 670 pg/(kg bw·d)（1 岁以下婴儿）和 52.9 pg/(kg bw·d)（成年人）。根据以上数据，作者估算了比利时普通人群的总 HBCD 摄入水平，发现摄入水平大致随着年龄的增长呈下降趋势，P50 摄入水平最高的是 3～6 岁儿童，达 6.59 ng/(kg bw·d)，最低的则是 71 岁以上人群，仅为 1.09 ng/(kg bw·d)，对于成年人，膳食摄入是最主要的 HBCD 摄入来源，占总摄入量的 90%以上，其余为经灰尘和空气摄入，但对于儿童及婴儿，灰尘摄入的比例则要高一些[59]。

Eljarrat 等估算了西班牙市民经膳食的 HBCD 暴露水平，通过对水产品、肉类、动物脂肪、奶制品、蛋类和蔬菜油的检测，估算出普通人经膳食的 HBCD 摄入水平为 2.58 ng/(kg bw·d)，其中水产品贡献最大，达 56%，其次是奶制品（14%）和肉类（12%）[54]。

Shi 等通过 2007 年中国总膳食研究估算了全国 12 个省份普通人群的 TBBPA 和 HBCD 膳食摄入水平。这次总膳食研究覆盖了 12 个省份，调查了 1080 户共 4000 余人，总共采集了 662 类食品样本，并归类为 13 大类食品样本。Shi 等测定了其中水产、肉、蛋、奶 4 类动物源性食品样本，结合膳食消费量数据估算出中国普通人群的 TBBPA 每日平均摄入量为 256 pg/kg bw，其中来自肉、蛋、奶和水产的贡献分别为 133 pg/kg bw、20 pg/kg bw、25 pg/kg bw 和 78 pg/kg bw，作者发现虽然水产品中 TBBPA 含量最高，但由于肉类在中国人的膳食消费习惯中占比重大，因此来自肉类的 TBBPA 摄入贡献最大；HBCD 每日摄入量为 432 pg/kg bw，其中来自肉类、蛋类、奶类和水产类的贡献分别为 144 pg/kg bw、56 pg/kg bw、

51 pg/kg bw 和 181 pg/kg bw，虽然从总体上看来自水产品的贡献最大，但经分析发现主要是因为上海市的水产中发现了高浓度的 HBCD，如果不考虑上海水产的贡献，那么在 HBCD 的膳食摄入中，来自肉类的贡献依然最高，达 44%[13]。在 2011 年的中国总膳食研究中，样本采集省份扩大到 20 个，此次总膳食研究结果显示中国普通人群的 TBBPA 每日平均摄入量上升至 1340 pg/kg bw，其中来自肉类的 TBBPA 摄入贡献最大[33]。此外，在比较 2007 年和 2011 年中国总膳食研究时，如果比较同一样本采集省份，则发现在某些省份，如陕西、江西、四川和广西，普通人群经膳食的 TBBPA 摄入量在 2007~2011 年有显著升高，提示在这些省份 TBBPA 食物污染水平快速上升，而其他一些省份，2011 年 TBBPA 摄入量则与 2007 年差距不大；在 2011 年中国总膳食研究中，HBCD 每日摄入量相比 2007 年上升至 1510 pg/kg bw，其中来自肉类的贡献依然最高，但与 TBBPA 不同的是，HBCD 的膳食摄入量在每个省份均有显著升高，提示我国的 HBCD 食物污染水平在 2007~2011 年普遍上升[33]。通过 2011 年中国总膳食研究，Shi 等同时计算了基于膳食摄入的 DBDPE 等新型阻燃剂人群暴露量，发现 DBDPE 的膳食摄入量平均为 4600 ng/(kg bw·d)，这一摄入量不但远高于其他新型 BFRs，同时也高于 HBCD、TBBPA 等其他常用阻燃剂[57]。

母乳是新生儿摄入环境污染物的最主要途径，母乳中污染物含量乘以婴儿每日母乳摄入量，即可得到婴儿的污染物每日摄入量。

Eljarrat 等根据在西班牙采集的母乳样监测结果，估算西班牙婴儿每日 HBCD 摄入量为 175 ng/kg bw，这是至今为止文献报道中最高的摄入量[60]。在仅有的一篇来自美国的文献中，根据母乳中 TBBPA 和 HBCD 的含量估算出 HBCD 摄入量均值为 5.7 ng/(kg bw·d)，而 TBBPA 则为 <0.17 ng/(kg bw·d)~4.2 ng/(kg bw·d)[61]。而在英国的研究中，HBCD 和 TBBPA 的摄入量分别为 35 pg/(kg bw·d) 和 1 ng/(kg bw·d)[62]。

Shi 等测定了 2007 年中国母乳监测中所采集的母乳样本，得出新生儿经母乳的 TBBPA 平均摄入量是 39.73 ng/d，HBCD 平均摄入量是 45.52 ng/d，若假设婴儿体重 7.8 kg，则 TBBPA 和 HBCD 摄入量分别为 5.09 pg/(kg bw·d) 和 5.84 ng/(kg bw·d)[13]。在后续的 2011 年中国母乳监测中，新生儿经母乳的 TBBPA 平均摄入量是 235 ng/d，HBCD 平均摄入量是 310 ng/d，若假设婴儿体重 7.8 kg，则 TBBPA 和 HBCD 摄入量分别为 30.1 pg/(kg bw·d) 和 39.4 ng/(kg bw·d)，两次全国性母乳监测显示婴儿经母乳的 TBBPA 和 HBCD 摄入量在 2007~2011 年也呈现出迅速上升的趋势[63]。在北京开展的母乳监测研究中，婴儿经母乳的 TBBPA 摄入量在 55.47 ng/(kg bw·d) 以下，平均摄入量为 2.34 ng/(kg bw·d)，HBCD 摄入量在 189.29 ng/(kg bw·d) 以下，平均摄入量为 24.89 ng/(kg bw·d)[64]。由此可见我国的婴儿 HBCD 摄入量远小于西班牙和英国的婴儿 HBCD 摄入量，与美国的婴儿 HBCD 摄入量相当，但北京地区摄入量较高,高于全国平均水平。我国婴儿 TBBPA 摄入量则与欧美国家的婴儿 HBCD 摄入量类似,均处在一个较低的水平。

7.5 六溴环十二烷及其他溴系阻燃剂的人体负荷情况

7.5.1 HBCD 的人体负荷情况

目前普遍通过对母乳、血液、脂肪组织等人体基质的监测探索 HBCD 和 TBBPA 的人体负荷情况。HBCD 在职业暴露人群中的污染水平显然要比普通人群高得多。Thomsen 等对聚苯乙烯生产工厂工人展开了研究,工人血清中 HBCD 均值、中值和含量范围分别为 190 ng/g lw、101 ng/g lw 和 6~856 ng/g lw,而作为对照组的普通人群血清中 HBCD 含量均在 1 ng/g lw 以下[65]。Strid 等测定了飞机机组人员及飞机维修人员血清中 HBCD 的污染水平,发现 HBCD 仅在少部分人员中有检出[66]。在希腊的一项研究中,对 30 份来自计算机公司职员血清和 31 份普通人群血清进行了对比,在 71%的血样中检出了 HBCD,均值、中值和含量范围分别为 3.39 ng/g lw、1.32 ng/g lw 和 0.49~38.8 ng/g lw,在计算机公司职员和普通人群血清间未发现有明显差异,但发现女性血清中 HBCD 水平低于男性[67]。李鹏等在 HBCD 的生产源区采集了 80 份血清样,发现其中 HBCD 含量在 ND~2702.5 ng/g lw,均值和中值分别为 104.9 ng/g lw 和 5.9 ng/g lw,这一污染水平显著高于普通人群,但与职业暴露人群相比水平较低且存在显著的个体差异,此外作者还发现 HBCD 暴露可能会显著增加甲状腺 5 项指标异常的发生率[68]。Thomsen 等调查了被阻燃剂严重污染的挪威 Mjøsa 湖周边人群,在所采集的 66 份血清样中有 49 份检出了 HBCD,其中 41 名男性血清中 HBCD 均值、中值和含量范围分别为 9.6 ng/g lw、4.1 ng/g lw 和 <LOQ~ 52 ng/g lw,25 名女性则为 3.7 ng/g lw、2.6 ng/g lw 和 <LOQ~18 ng/g lw,并且作者发现被调查人群中鲑鱼和鲈鱼的摄入量与血清中 HBCD 污染水平存在正相关关系[69]。

Weiss 等研究了瑞典中老年女性的血清中 HBCD 暴露水平及其影响因素,在所调查的 50 份血清样中,HBCD 的中值和含量范围分别为 0.46 ng/g lw 和 <LOD~3.4 ng/g lw,并且血清中 HBCD 污染水平被发现与年龄存在正相关关系,但该研究中却未发现血清中 PBDEs 污染水平与年龄有相关性,作者认为这可能与 HBCD 的持续使用有关,HBCD 的半衰期只有 64 天,比 BDE-209 的半衰期(15 天)长一些,但与低溴代二苯醚相比(1~10 年)短很多[70]。

Kicinski 等通过一项横断面研究探索了比利时青少年血清 HBCD 水平和神经功能的相关性,共有 515 人纳入研究队列,血清中 HBCD 污染水平在 <LOD~234 ng/L,未发现与神经行为测试结果具有相关性[71]。Roosens 等在比利时征集了 16 位成年人,采集了血清样并探索了血清中 HBCD 污染水平与双份饭样和室内灰

尘中 HBCD 污染水平的相关性，发现血清中仅检出 α-HBCD，平均值和含量范围分别为 2.9 ng/g lw 和＜0.5～11 ng/g lw，但血清中 HBCD 污染水平被发现与室内灰尘含量相关，而与膳食摄入水平无关[43]。

在欧盟的一项人群流行病学调查中，Meijer 等在荷兰调查了 35 周孕妇血清中 HBCD 水平、新生儿脐带血中 HBCD 污染水平以及孕妇血清中 HBCD 污染水平与婴儿出生后血中性激素含量的相关性，发现孕妇血清中 HBCD 中值和含量范围分别为 0.7 ng/g lw 和 ND～7.4 ng/g lw，脐带血中 HBCD 中值和含量范围分别为 0.2 ng/g lw 和 0.2～4.3 ng/g lw，同时发现血清中 HBCD 污染水平与婴儿游离睾酮水平之间存在负相关性，但原因不明[72,73]。

为了探索胎儿和新生儿的 BFRs 暴露水平，Antignac 等在法国采集了 26 对母婴的母血、脐带血、体脂和母乳样，但在所有血样中均未检出 HBCD[74]。

Rawn 等测定了加拿大的血清混样，59 份血清混样来自于近 5000 份普通人群的血清单样，所有血样中均可检出 HBCD，均值与含量范围分别为 1.0 ng/g lw 和 0.33～8.9 ng/g lw，α-HBCD 是最主要的异构体，但 HBCD 含量与年龄和性别没有显著相关性[75]。

Kim 等在韩国征集了 26 位患有甲状腺疾病的婴儿和 12 位健康婴儿，采集了这些儿童及其母亲的静脉血，血清中 HBCD 均值为 8.55 ng/g lw，含量范围在＜LOD～166 ng/g，与 TBBPA 类似，患病组和正常组婴儿间 HBCD 含量无显著差异，但婴儿与母亲血清中的 HBCD 存在明显的相关性，此外研究中发现母亲血清中 HBCD 污染水平与工作场所室内空气质量呈正相关关系[76]。

Shi 等在北京采集并测定了 42 份来自普通人群的混合血清样，其中 HBCD 均值、中值与含量范围分别为 0.84 ng/g lw、1.77 ng/g lw 和＜LOD～7.22 ng/g lw[1]。Zhu 等在天津采集了 113 份血清样，但其中均未检出 HBCD[77]。

Tue 等在越南的三个电子垃圾拆解区采集了共 24 份母乳样本，并与背景地区进行比对，3 个电子垃圾拆解区的污染水平中值分别为 0.42 ng/g lw、0.38 ng/g lw 和 2.0 ng/g lw，含量范围为 0.11～7.6 ng/g lw，而背景地区的中值为 0.33 ng/g lw，范围为 0.07～1.4 ng/g lw[78]。

Eggesbo 等在挪威开展了一项研究，探索母乳中 HBCD 污染水平与新生儿促甲状腺激素(thyroid stimulating hormone，TSH)水平的相关性，在所检测的 193 份样本中有 68%检出了 HBCD，均值、中值和含量范围分别为 1.1 ng/g lw、0.54 ng/g lw 和 0.1～31 ng/g lw，但未发现母乳中 HBCD 污染水平与 TSH 的相关性[79]。Thomsen 等在挪威开展了一项较大规模的人群研究，采集并检测了来自挪威各地的共 310 份母乳样本，57%的样本中检出了 HBCD，均值、中值和含量范围分别为 1.7 ng/g lw、0.86 ng/g lw 和＜LOD～56.8 ng/g lw，这一结果与欧洲其他地区的结果相当，此外，母亲年龄以及是否居住在城市与母乳中 HBCD 具有相关性，但母乳中 HBCD 含量与膳食无关，作者认为除了膳食，其他来源，如室内空气摄入应该成为未来的研究重点[80]。

为了探索胎儿和新生儿的 BFRs 暴露水平，Antignac 等在法国采集了 26 对母婴的母血、脐带血、体脂和母乳样，母乳中仅有 7 个样本检出 HBCD，含量为 2.5～5 ng/g lw[74]。

Lankova 等测定了在捷克采集的 50 份母乳样本，大约 30%的样本中检出了 HBCD，含量为 <LOD～76 ng/g[81]。Pratt 等在爱尔兰征集了 109 位初次怀孕的母亲并采集了母乳样，混成 11 份混合样，其中 70%的样本检出了 HBCD，均值为 3.52 ng/g lw[82]。Roosens 等测定了比利时 22 份母乳混样中的 HBCD，中值和含量范围分别为 0.6 ng/g lw 和 0.6～5.7 ng/g lw[83]。

Colles 等在世界卫生组织开展的第四次母乳中持久性有机污染物监测项目中，采集了来自比利时各地的 178 份母乳样本，并制成了一份混样，这份混样中 HBCD 含量为 1.5 ng/g lw[84]。Croes 等的另一项研究侧重于对比利时乡村地区普通人群母乳中 HBCD 的监测，作者从乡村地区采集了 84 份母乳样，混成一份混样，HBCD 污染水平为 3.8 ng/g lw，其中 α-HBCD 占比最高，为 3.2 ng/g lw[85]。

在瑞典开展的一项研究中，Lignell 等分析了 1996～2006 年采集的 335 份母乳样本，但作者指出 60%以上的样本均未检出 HBCD[86]。Glynn 分析了瑞典母乳中 HBCD 的污染特征和地域特征，在从瑞典 4 个地方随机采集的 204 份母乳样中，HBCD 中值为 0.3～0.4 ng/g lw，含量为 0.09～10 ng/g lw，按中值比较各地的污染水平差异很小，母乳间污染水平差异很大，最高污染浓度是最低浓度的 200 倍左右[87]。

Eljarrat 等在西班牙采集了 33 份母乳样本，在其中 30 份样本中检出了 HBCD，含量为 3～188 ng/g lw，中值为 27 ng/g lw，这是目前在普通人群母乳中监测到的最高含量，在大部分样本中 γ-HBCD 是主要的异构体，但在 6 个样本中 α-HBCD 含量最高，以此含量估算西班牙婴儿每日 HBCD 摄入量为 175 ng/kg bw[60]。

Abdallah 等在英国采集了 34 份母乳样，均能检出 HBCD，均值、中值和含量范围分别为 5.95 ng/g lw、3.83 ng/g lw 和 1.04～22.37 ng/g lw[62]。

Toms 等分析了 1993～2009 年澳大利亚母乳中 HBCD 的变化趋势，测定了在这些年间采集的 12 份母乳混样，结果显示 HBCD 含量为 ND～19 ng/g lw，其中 α-HBCD 含量为 ND～10 ng/g lw，γ-HBCD 含量为 ND～9.2 ng/g lw，而 β-HBCD 仅在一个样本中检出（3.6 ng/g lw），但由于样本量较小，未能发现 HBCD 随时间变化的趋势，但可以看出从 20 世纪 90 年代开始母乳中便可检出 HBCD[88]。

Schecter 等采集了美国得克萨斯州 2002 年和 2004 年的母乳样本，其中仅检出 α-HBCD，2002 年的样本均值、中值和含量范围分别为 0.46 ng/g lw、0.4 ng/g lw 和 0.16～0.9 ng/g lw，2004 年的样本则为 0.49 ng/g lw、0.4 ng/g lw 和 0.16～1.2 ng/g lw[89]。

Darnerud 等在南非采集了 14 份母乳样本，采用气相色谱-质谱法检测其中的 HBCD，均值、中值和含量范围分别为 0.55 ng/g lw、0.34 ng/g lw 和<0.23～1.4 ng/g lw，这一污染水平与欧洲一些发达国家相近，但这 14 份样本均采集自南非的农业地区，作者仍不清楚为何这些母乳中会含有相对较高浓度的 HBCD[90]。

Kakimoto 等采集并测定了 1976～2006 年在日本采集的母乳样本，并探索母乳中 HBCD 随时间变化的趋势，仅在 1988～2006 年采集的样本中可检出 HBCD，含量为 0.43～4.0 ng/g lw，作者认为母乳中的 HBCD 随时间变化的趋势和 HBCD 在日本的消费趋势是一致的[91]。

Shi 等在 2007 年中国母乳监测所采集的 24 份混合母乳样中，大部分检出了 α-HBCD、β-HBCD、γ-HBCD，含量为<LOD～2776 pg/g lw，γ-HBCD 仅在一个样本中检出（462 pg/g lw），而 β-HBCD 在所有样本中均未能检出[13]。在 2011 年中国母乳监测中，发现 HBCD 在母乳中污染水平有了显著上升，HBCD 在所有母乳样中均能检出，含量范围为 1.02～81.1 ng/g lw，平均值达 10.1 ng/g lw[63]。

除了血清和母乳，也有少数文献采用吸脂手术中采集到的脂肪样本监测 HBCD 的体内暴露水平。Pulkrabova 在捷克采集了 98 份脂肪样本，其中 HBCD 均值和含量范围分别为 1.2 ng/g lw 和<0.5～7.5 ng/g lw，由于该研究中是采用 GC-MS 检测 HBCD，因此无法判断 3 种异构体在体脂样本中的比例关系[92]。Johnson-Restrepo 等在美国采集并检测了 20 个体脂样本，HBCD 的均值、中值和含量范围分别为 0.333 ng/g lw、0.111 ng/g lw 和<LOD～2.41 ng/g lw，从平均值来看 γ-HBCD 比例占 83%，α-HBCD 比例占 17%，但在 35%的体脂样中，α-HBCD 所占的比例最高，作者认为还需要进一步探索体内各异构体的来源[16]。Antignac 等在法国采集了 26 位母亲的体脂样，其中 50%检出了 α-HBCD，大多数含量为 1～3 ng/g lw，但有 3 个样本中含量为 6～12 ng/g lw，β-HBCD、γ-HBCD 均未检出，此外作者发现同一样本中 HBCD 的污染水平与其他 BFRs，如 TBBPA 和 PBDEs 没有相关性，作者由此认为 BFFs 的暴露来源是多样化的，而暴露水平则取决于当地环境、室内环境、使用了 BFRs 的设备的情况等因素[74]。

7.5.2 TBBPA 及其他 BFRs 的人体负荷情况

涉及 TBBPA 的数据较少，主要集中于母乳和血清的监测，且集中在职业暴露人群体内 TBBPA 的监测。由于 TBBPA 在食品中含量较低，因此有学者认为人体内 TBBPA 的主要来源是通过吸入的方式摄入[93]。根据这一考虑，显然职业暴露工人面临的危险比一般人群要高，如在一个电子产品的拆解回收工厂的室内空气中曾检出高浓度的 TBBPA（30 ng/m³），该工厂工人血清中 TBBPA 浓度为 1.1～4.0 ng/g lw，作者认为职业暴露人群对 TBBPA 有系统性的摄入[93]。

Jakobsson 等调查了计算机从业人员体内 TBBPA 污染水平，发现其中 80%的人血清中检出了 TBBPA，浓度为<0.55~1.84 ng/g lw，而在由办公室文员和医院清洁工组成的对照组中未检出 TBBPA[94]。Thomsen 等分析了挪威一家电子产品拆解工厂中印刷电路板拆解工人血清中 TBBPA 的水平，同时以实验室职员作为对照组，发现两组人血清中 TBBPA 含量有显著不同，工人体内 TBBPA 含量可达 1.3 ng/g lw，对照组人员体内 TBBPA 只有 0.34 ng/g lw[95]。

Thomsen 等测定了采集于 1977~1999 年的挪威普通人群血清中 TBBPA 的含量，在 1977~1981 年的血清样品中，TBBPA 均未检出，但在其他年份的样品中，TBBPA 均能检出，含量为 0.34~0.71 ng/g lw[96]。Cariou 等在法国采集了 91 份母血样和 90 份脐带血样，如果以湿重计算，母血样和脐带血样中 TBBPA 中值分别为 154 ng/g 和 199 pg/g，但如果以脂肪重计算则两者间差别较大，TBBPA 中值分别为 16.14 ng/g lw 和 54.77 ng/g lw，作者发现血清 TBBPA 水平和血清脂肪含量之间并没有相关性，原因可能是 TBBPA 的亲脂性较弱，此外脐带血脂肪含量明显低于静脉血，由此作者推荐应该用湿重来反映血清 TBBPA 含量，此外，母血 TBBPA 水平和脐带血 TBBPA 水平之间存在着正相关关系[97]。

为了探索胎儿和新生儿的 TBBPA 暴露水平，Antignac 等在法国采集了 26 对母婴的母血、脐带血、体脂和母乳样，母血样中 TBBPA 均值、中值和含量范围分别为 54 pg/g ww、7 pg/g ww 和 2~783 pg/g ww，脐带血中均值、中值和含量范围分别为 152 pg/g ww、10 pg/g ww 和 2~1012 pg/g ww，但母血中 TBBPA 含量和脐带血中 TBBPA 含量无相关性，作者认为需要采集更多样本来确定 TBBPA 的母婴传递规律[74]。

Fujii 等测定了日本 1989~2010 年收集的血样，所检测的 60 份血样中仅有 17 份检出 TBBPA，最高含量为 950 pg/g ww，且未发现 1989~2010 年的血样中 TBBPA 含量有升高或降低的趋势[98]。在 Fujii 等的另一项研究中，2006 年采集的 10 份血清样中有 3 份检出 TBBPA，中值、均值和含量范围分别为 1.0 ng/g lw、40.5 ng/g lw 和<LOD~238 ng/g lw[58]。Kawashiro 等在日本征集了 6 位处在围产期的志愿者，采集了母血、脐带血和脐带样进行分析，在所有脐带样中均可检出 TBBPA，均值、中值和含量范围分别为 10 pg/g ww、15 pg/g ww 和 10~24 pg/g ww，有 4 个母血样中检出了 TBBPA，均值、中值和含量分别为 26 pg/g ww、17 pg/g ww 和<LOQ~100 pg/g ww，但在 6 个脐带血样本中均未检出 TBBPA，作者认为 TBBPA 可通过胎盘屏障由母体传递至胎儿，但母体可快速代谢 TBBPA，而胎儿由于代谢系统不成熟则较难将 TBBPA 快速排泄出去，因此导致 TBBPA 滞留在脐带中，从而有可能对胎儿造成不良影响[99]。Kim 等在韩国征集了 26 位患有甲状腺疾病的婴儿和 12 位健康婴儿，采集了这些儿童及其母亲的静脉血，血清中 TBBPA 均值为 45.6 ng/g lw，含量范围在<LOD~713 ng/g，患病组和正常组婴儿间 TBBPA 含量

无显著差异，但婴儿与母亲血清中的 TBBPA 存在明显的相关性，且婴儿血清 TBBPA 水平是母亲的 2～5 倍，不过作者还发现婴儿出生 2～3 个月后血清 TBBPA 水平便会显著下降，可能是因为 TBBPA 具有高的母体转移率以及较短的半衰期和较快的代谢速度，此外，研究中还发现 TBBPA 与甲状腺激素水平显示出弱相关性[76]。Kicinski 等在比利时开展的一项包括 515 人的横断面研究中发现人血清中 TBBPA 水平在＜LOD～186 ng/L，与 HBCD 类似，未发现血清 TBBPA 水平与神经行为测试结果具有相关性[71]。Shi 等在北京采集并测定了 42 份来自普通人群的混合血清样，其中 TBBPA 均值与含量范围分别为 1.03 和＜LOD～6.58 ng/g lw[1]。

Fujii 等采集并测定了 2005～2006 年在日本采集的 9 份母乳样，其中 TBBPA 含量中值、均值和范围分别为 0.72 ng/g lw、1.04 ng/g lw 和 0.39～2.22 ng/g lw，通过母乳中污染水平与血清中的比较，发现 TBBPA 的母乳/血清含量比其他一些酚类物质高，说明 TBBPA 有从血液向母乳转移的趋势[58]。Lankova 等测定了在捷克采集的 50 份母乳样，大约 30%的样本中检出了 TBBPA，含量为＜LOD～688 ng/g[81]。在来自美国的唯一一项研究中，Carignan 等测定了采集自波士顿的 43 份母乳样，其中仅有不到 35%的样本检出 TBBPA，含量在＜30～550 pg/g lw[61]。在英国开展的一项研究中，所检测的 34 份样本中仅有 36%检出了 TBBPA，均值和范围分别为 0.06 ng/g lw 和＜0.04～0.65 ng/g lw[100]。Cariou 等在法国采集了 77 份母乳样，有 34 个样检出了 TBBPA，均值和范围分别为 4.11 ng/g lw 和 0.06～37.34 ng/g lw[97]。Antignac 等在法国采集了 26 份母乳样，其中 TBBPA 含量为 34～9400 pg/g lw，中值为 172 pg/g lw[74]。

Shi 等测定了 2007 年中国母乳监测中所采集的母乳样本，在全国 12 个省份共采集了 1237 份母乳样，每个省混合成一个农村样和一个城市样，全国共 24 份混样，其中 80%检出了 TBBPA，含量为＜LOD～5.12 ng/g lw，75%的样本中 TBBPA 含量在 1 ng/g lw 以下，且城市样本和农村样本之间未发现浓度有差异[13]。在后续的 2011 年中国母乳监测中，样本采集范围扩大到了 16 个省份，在所测定的 29 份母乳混样中均可检出 TBBPA，含量为 0.14～62.9 ng/g lw，平均值为 7.58 ng/g lw[63]。对比两次母乳监测结果，可发现 TBBPA 的人体负荷加重趋势与食品污染趋势类似，2007～2011 年，人体负荷水平呈现显著上升。Shi 等在北京开展的一项研究中，采集了 103 份母乳样，其中 55 份检出了 TBBPA，中值、均值和含量范围分别为 0.1 ng/g lw、0.41 ng/g lw 和 ND～12.46 ng/g lw，同时发现母乳中 TBBPA 含量与产妇年龄存在负相关关系，即产妇年龄越大，母乳中 TBBPA 含量越低[64]。

除了血清和母乳，也有少数文献采用吸脂手术中采集到的脂肪样本监测 TBBPA 的体内暴露水平。Johnson-Restrepo 等在美国采集并检测了 20 个体脂样本，TBBPA 的均值、中值和含量范围分别为 47.9 pg/g lw、15.2 pg/g lw 和＜LOD～

464 pg/g lw，同一样品中 TBBPA 的浓度仅为 HBCD 浓度的 1/10，未发现 TBBPA 水平与年龄有相关性，也未发现 TBBPA 水平与 HBCD 水平具有相关性，说明两种阻燃剂可能有不同的来源和暴露途径[16]。但在法国开展的研究中，研究人员在所检测的 44 份体脂样中均未检出 TBBPA，作者认为 TBBPA 的低脂溶性导致其在脂肪组织中含量不高[97]。

由于 TBBPA 在体内生物半衰期较短，只有 2 天，因此人体样品中 TBBPA 的测定较为困难[101]。半衰期较短的原因在于 TBBPA 是一种酚类化合物，在体内容易互相结合成共轭物然后快速地排出体外。

涉及其他 BFRs 的人体负荷的文献极少。在 2011 年中国母乳监测中，Shi 等测定了采集自全国 16 个省份的母乳混样中的新型 BFRs，在所有母乳样中均可检出 DBDPE，平均值为 8061 pg/g lw，是其他新型 BFRs 的 60 倍以上，与三种传统 BFRs 相比仅略低于 HBCD，但高于 PBDEs 和 TBBPA，表明 DBDPE 的快速推广导致人群负荷水平也在迅速上升。Zhou 等测定了采集自加拿大的 105 份母乳样中的 DBDPE 和 BTBPE，其中 DBDPE 仅在 8.6%的样本中有检出，而 BTBPE 在所有样本中均未能检出[102]。还有些文献报道了来自爱尔兰、新西兰和坦桑尼亚等国家的母乳样中的新型 BFRs 的情况，但污染水平均很低[82,103,104]。总之，涉及新型 BFRs 的数据目前依然非常缺乏，需不断开展新型 BFRs 的环境污染与人群暴露评估。

参 考 文 献

[1] Shi Z, Wang Y, Niu P, et al. Concurrent extraction, clean-up, and analysis of polybrominated diphenyl ethers, hexabromocyclododecane isomers, and tetrabromobisphenol A in human milk and serum. Journal of Separation Science, 2013, 36(20): 3402-3410.

[2] Berger U, Herzke D, Sandanger T M. Two trace analytical methods for determination of hydroxylated PCBs and other halogenated phenolic compounds in eggs from Norwegian birds of prey. Analytical Chemistry, 2004, 76(2): 441-452.

[3] ten Dam G, Pardo O, Traag W, et al. Simultaneous extraction and determination of HBCD isomers and TBBPA by ASE and LC-MSMS in fish. Journal of Chromatography B: Analytical Technologies in the Biomedical and Life Sciences, 2012, 898: 101-110.

[4] Lankova D, Kockovska M, Lacina O, et al. Rapid and simple method for determination of hexabromocyclododecanes and other LC-MS-MS-amenable brominated flame retardants in fish. Analytical and Bioanalytical Chemistry, 2013, 405(24): 7829-7839.

[5] Covaci A, Voorspoels S, de Boer J. Determination of brominated flame retardants, with emphasis on polybrominated diphenyl ethers (PBDEs) in environmental and human samples: A review. Environment International, 2003, 29(6): 735-756.

[6] Budakowski W, Tomy G. Congener-specific analysis of hexabromocyclododecane by high-performance liquid chromatography/electrospray tandem mass spectrometry. Rapid Communications in Mass Spectrometry : RCM, 2003, 17(13): 1399-1404.

[7] Janak K, Covaci A, Voorspoels S, et al. Hexabromocyclododecane in marine species from the Western Scheldt Estuary: Diastereoisomer- and enantiomer-specific accumulation. Environmental Science & Technology, 2005, 39(7): 1987-1994.

[8] Tomy G T, Halldorson T, Danell R, et al. Refinements to the diastereoisomer-specific method for the analysis of hexabromocyclododecane. Rapid Communications in Mass Spectrometry : RCM, 2005, 19(19): 2819-2826.

[9] Morris S, Bersuder P, Allchin C R, et al. Determination of the brominated flame retardant, hexabromocyclodocane, in sediments and biota by liquid chromatography-electrospray ionisation mass spectrometry. TrAC Trends in Analytical Chemistry, 2006, 25(4): 343-349.

[10] Debrauwer L, Riu A, Jouahri M, et al. Probing new approaches using atmospheric pressure photo ionization for the analysis of brominated flame retardants and their related degradation products by liquid chromatography-mass spectrometry. Journal of Chromatography A, 2005, 1082(1): 98-109.

[11] Zacs D, Rjabova J, Pugajeva I, et al. Ultra high performance liquid chromatography-time-of-flight high resolution mass spectrometry in the analysis of hexabromocyclododecane diastereomers: Method development and comparative evaluation versus ultra high performance liquid chromatography coupled to Orbitrap high resolution mass spectrometry and triple quadrupole tandem mass spectrometry. Journal of Chromatography A, 2014, 1366: 73-83.

[12] Cariou R, Antignac J P, Marchand P, et al. New multiresidue analytical method dedicated to trace level measurement of brominated flame retardants in human biological matrices. Journal of Chromatography A, 2005, 1100(2): 144-152.

[13] Shi Z X, Wu Y N, Li J G, et al. Dietary exposure assessment of Chinese adults and nursing infants to tetrabromobisphenol-A and hexabromocyclododecanes: Occurrence measurements in foods and human milk. Environmental Science & Technology, 2009, 43(12): 4314-4319.

[14] Law R J, Bersuder P, Allchin C R, et al. Levels of the flame retardants hexabromo-cyclododecane and tetrabromobisphenol A in the blubber of harbor porpoises (*Phocoena phocoena*) stranded or bycaught in the U.K., with evidence for an increase in HBCD concentrations in recent years. Environmental Science & Technology, 2006, 40(7): 2177-2183.

[15] Morris S, Allchin C R, Zegers B N, et al. Distribution and fate of HBCD and TBBPA brominated flame retardants in North Sea estuaries and aquatic food webs. Environmental Science & Technology, 2004, 38(21): 5497-5504.

[16] Johnson-Restrepo B, Adams D H, Kannan K. Tetrabromobisphenol A (TBBPA) and hexabromocyclododecanes (HBCDs) in tissues of humans, dolphins, and sharks from the United States. Chemosphere, 2008, 70(11): 1935-1944.

[17] Korytar P, Covaci A, Leonards P E, et al. Comprehensive two-dimensional gas chromatography of polybrominated diphenyl ethers. Journal of Chromatography A, 2005, 1100(2): 200-207.

[18] Frederiksen M, Vorkamp K, Bossi R, et al. Method development for simultaneous analysis of HBCD, TBBPA, and dimethyl-TBBPA in marine biota from Greenland and the Faroe Islands. International Journal of Environmental Analytical Chemistry, 2007, 87(15): 1095-1109.

[19] Chu S, Haffner G D, Letcher R J. Simultaneous determination of tetrabromobisphenol A, tetrachlorobisphenol A, bisphenol A and other halogenated analogues in sediment and sludge by high performance liquid chromatography-electrospray tandem mass spectrometry. Journal of Chromatography A, 2005, 1097(1-2): 25-32.

[20] Covaci A, Voorspoels S, Ramos L, et al. Recent developments in the analysis of brominated flame retardants and brominated natural compounds. Journal of Chromatography A, 2007, 1153(1-2): 145-171.

[21] Tollback J, Crescenzi C, Dyremark E. Determination of the flame retardant tetrabromobisphenol A in air samples by liquid chromatography-mass spectrometry. Journal of Chromatography A, 2006, 1104(1-2): 106-112.

[22] Suzuki S, Hasegawa A. Determination of hexabromocyclododecane diastereoisomers and tetrabromobisphenol A in water and sediment by liquid chromatography/mass spectrometry. Analytical Sciences : The International Journal of the Japan Society for Analytical Chemistry, 2006, 22(3): 469-474.

[23] 封锦芳, 施致雄, 李芳菲, 等. 超高效液相色谱-串联质谱测定动物源食品中四溴双酚 A 和六溴环十二烷. 中华预防医学杂志, 2010, 44(7): 645-648.

[24] Blanco E, Casais M C, Mejuto M C, et al. Analysis of tetrabromobisphenol A and other phenolic compounds in water samples by non-aqueous capillary electrophoresis coupled to photodiode array ultraviolet detection. Journal of Chromatography A, 2005, 1071(1-2): 205-211.

[25] Gao L, Li J, Wu Y, et al. Determination of novel brominated flame retardants and polybrominated diphenyl ethers in serum using gas chromatography-mass spectrometry with two simplified sample preparation procedures. Analytical and Bioanalytical Chemistry, 2016, 408(27): 7835-7844.

[26] Eljarrat E, de la Cal A, Raldua D, et al. Occurrence and bioavailability of polybrominated diphenyl ethers and hexabromocyclododecane in sediment and fish from the Cinca River, a tributary of the Ebro River (Spain). Environmental Science & Technology, 2004, 38(9): 2603-2608.

[27] Law K, Palace V P, Halldorson T, et al. Dietary accumulation of hexabromocyclododecane diastereoisomers in juvenile rainbow trout (*Oncorhynchus mykiss*) I: Bioaccumulation parameters and evidence of bioisomerization. Environmental Toxicology and Chemistry/ SETAC, 2006, 25(7): 1757-1761.

[28] Zegers B N, Mets A, Van Bommel R, et al. Levels of hexabromocyclododecane in harbor porpoises and common dolphins from western European seas, with evidence for stereoisomer-specific biotransformation by cytochrome P450. Environmental Science & Technology, 2005, 39(7): 2095-2100.

[29] Szabo D T, Diliberto J J, Hakk H, et al. Toxicokinetics of the flame retardant hexabromocyclododecane gamma: Effect of dose, timing, route, repeated exposure, and metabolism. Toxicological Sciences: An Official Journal of the Society of Toxicology, 2010, 117(2): 282-293.

[30] Xian Q, Ramu K, Isobe T, et al. Levels and body distribution of polybrominated diphenyl ethers (PBDEs) and hexabromocyclododecanes (HBCDs) in freshwater fishes from the Yangtze River, China. Chemosphere, 2008, 71(2): 268-276.

[31] Qiu Y, Strid A, Bignert A, et al.Chlorinated and brominated organic contaminants in fish from Shanghai markets: A case study of human exposure. Chemosphere, 2012, 89(4): 458-466.

[32] Meng X Z, Xiang N, Duan Y P, et al. Hexabromocyclododecane in consumer fish from South China: Implications for human exposure via dietary intake. Environmental Toxicology and Chemistry / SETAC, 2012, 31(7): 1424-1430.

[33] Shi Z, Zhang L, Zhao Y, et al. Dietary exposure assessment of Chinese population to tetrabromobisphenol-A, hexabromocyclododecane and decabrominated diphenyl ether: Results

of the 5th Chinese Total Diet Study. Environmental Pollution (Barking, Essex : 1987), 2017, 229: 539-547.
[34] Zhu N, Fu J, Gao Y, et al. Hexabromocyclododecane in alpine fish from the Tibetan Plateau, China. Environmental Pollution (Barking, Essex : 1987), 2013, 181: 7-13.
[35] Xia C, Lam J C, Wu X, et al. Hexabromocyclododecanes (HBCDs) in marine fishes along the Chinese coastline. Chemosphere, 2011, 82(11): 1662-1668.
[36] Nakagawa R, Murata S, Ashizuka Y, et al.Hexabromocyclododecane determination in seafood samples collected from Japanese coastal areas. Chemosphere, 2010, 81(4): 445-452.
[37] Kakimoto K, Nagayoshi H, Yoshida J, et al. Detection of dechlorane plus and brominated flame retardants in marketed fish in Japan. Chemosphere, 2012, 89(4): 416-419.
[38] Munschy C, Marchand P, Venisseau A, et al. Levels and trends of the emerging contaminants HBCDs (hexabromocyclododecanes) and PFCs (perfluorinated compounds) in marine shellfish along French coasts. Chemosphere, 2013, 91(2): 233-240.
[39] van Leeuwen S P, de Boer J. Brominated flame retardants in fish and shellfish-levels and contribution of fish consumption to dietary exposure of Dutch citizens to HBCD. Molecular Nutrition & Food Research, 2008, 52(2): 194-203.
[40] Fernandes A, Dicks P, Mortimer D, et al. Brominated and chlorinated dioxins, PCBs and brominated flame retardants in Scottish shellfish: Methodology, occurrence and human dietary exposure. Molecular Nutrition & Food Research, 2008, 52(2): 238-249.
[41] Driffield M, Harmer N, Bradley E, et al. Determination of brominated flame retardants in food by LC-MS/MS: Diastereoisomer-specific hexabromocyclododecane and tetrabromobisphenol A. Food Additives & Contaminants. Part A: Chemistry, Analysis, Control, Exposure & Risk Assessment, 2008, 25(7): 895-903.
[42] Riviere G, Sirot V, Tard A, et al. Food risk assessment for perfluoroalkyl acids and brominated flame retardants in the French population: Results from the second French total diet study. Science of the Total Environment, 2014, 491-492: 176-183.
[43] Roosens L, Abdallah M A, Harrad S, et al. Exposure to hexabromocyclododecanes (HBCDs) via dust ingestion, but not diet, correlates with concentrations in human serum: Preliminary results. Environmental Health Perspectives, 2009, 117(11): 1707-1712.
[44] 王翼飞, 黄默容, 张淑华, 等. 北京市市售动物源性食品中十溴联苯醚和六溴环十二烷污染水平分析. 食品安全质量检测学报, 2014, 5 (2): 486-491.
[45] Hu X, Hu D, Song Q, et al. Determinations of hexabromocyclododecane (HBCD) isomers in channel catfish, crayfish, hen eggs and fish feeds from China by isotopic dilution LC-MS/MS. Chemosphere, 2011, 82(5): 698-707.
[46] Labunska I, Abdallah M A, Eulaers I, et al. Human dietary intake of organohalogen contaminants at E-waste recycling sites in Eastern China. Environment International, 2015, 74, 209-220.
[47] Schecter A, Szabo D T, Miller J, et al. Hexabromocyclododecane (HBCD) stereoisomers in U.S. food from Dallas, Texas. Environmental Health Perspectives, 2012, 120(9): 1260-1264.
[48] Rawn D F, Sadler A, Quade S C, et al. Brominated flame retardants in Canadian chicken egg yolks. Food Additives & Contaminants. Part A: Chemistry, Analysis, Control, Exposure & Risk Assessment, 2011, 28(6): 807-815.
[49] Dirtu A C, Covaci A. Estimation of daily intake of organohalogenated contaminants from food consumption and indoor dust ingestion in Romania. Environmental Science & Technology, 2010, 44(16): 6297-6304.

[50] Goscinny S, Vandevijvere S, Maleki M, et al. Dietary intake of hexabromocyclododecane diastereoisomers (alpha-, beta-, and gamma-HBCD) in the Belgian adult population. Chemosphere, 2011, 84(3): 279-288.

[51] Covaci A, Roosens L, Dirtu A C, et al.Brominated flame retardants in Belgian home-produced eggs: Levels and contamination sources. Science of the Total Environment, 2009, 407(15): 4387-4396.

[52] Remberger M, Sternbeck J, Palm A, et al. The environmental occurrence of hexabromo-cyclododecane in Sweden. Chemosphere, 2004, 54(1): 9-21.

[53] Tornkvist A, Glynn A, Aune M, et al. PCDD/F, PCB, PBDE, HBCD and chlorinated pesticides in a Swedish market basket from 2005: Levels and dietary intake estimations. Chemosphere, 2011, 83(2): 193-199.

[54] Eljarrat E, Gorga M, Gasser M, et al. Dietary exposure assessment of Spanish citizens to hexabromocyclododecane through the diet. Journal of Agricultural and Food Chemistry, 2014, 62(12): 2462-2468.

[55] Knutsen H K, Kvalem H E, Thomsen C, et al. Dietary exposure to brominated flame retardants correlates with male blood levels in a selected group of Norwegians with a wide range of seafood consumption. Molecular Nutrition & Food Research, 2008, 52(2): 217-227.

[56] Ashizuka Y, Nakagawa R, Hori T, et al. Determination of brominated flame retardants and brominated dioxins in fish collected from three regions of Japan. Molecular Nutrition & Food Research, 2008, 52(2): 273-283.

[57] Shi Z, Zhang L, Li J, et al. Novel brominated flame retardants in food composites and human milk from the Chinese Total Diet Study in 2011: Concentrations and a dietary exposure assessment. Environment International, 2016, 96: 82-90.

[58] Fujii Y, Nishimura E, Kato Y, et al. Dietary exposure to phenolic and methoxylated organohalogen contaminants in relation to their concentrations in breast milk and serum in Japan. Environment International, 2014, 63: 19-25.

[59] Roosens L, Cornelis C, D' Hollander W, et al. Exposure of the Flemish population to brominated flame retardants: Model and risk assessment. Environment International, 2010, 36(4): 368-376.

[60] Eljarrat E, Guerra P, Martinez E, et al. Hexabromocyclododecane in human breast milk: Levels and enantiomeric patterns. Environmental Science & Technology, 2009, 43(6): 1940-1946.

[61] Carignan C C, Abdallah M A, Wu N, et al. Predictors of tetrabromobisphenol-A (TBBP-A) and hexabromocyclododecanes (HBCD) in milk from Boston mothers. Environmental Science & Technology, 2012, 46(21): 12146-12153.

[62] Abdallah M A, Harrad S. Tetrabromobisphenol-A, hexabromocyclododecane and its degradation products in UK human milk: Relationship to external exposure. Environment International, 2011, 37(2): 443-448.

[63] Shi Z, Zhang L, Zhao Y, et al. A national survey of tetrabromobisphenol-A, hexabromo-cyclododecane and decabrominated diphenyl ether in human milk from China: Occurrence and exposure assessment. Science of the Total Environment, 2017, 599-600: 237-245.

[64] Shi Z, Jiao Y, Hu Y, et al. Levels of tetrabromobisphenol A, hexabromocyclododecanes and polybrominated diphenyl ethers in human milk from the general population in Beijing, China. Science of the Total Environment, 2013, 452-453: 10-18.

[65] Thomsen C, Molander P, Fau-Daae H L, et al. Occupational exposure to hexabromocyclodo-decane at an industrial plant. Environmental science & technology, 2007, 41 (15): 5210-5216.

[66] Strid A, Smedje G, Athanassiadis I, et al. Brominated flame retardant exposure of aircraft personnel. Chemosphere, 2014, 116: 83-90.
[67] Kalantzi O I, Geens T, Covaci A, et al. Distribution of polybrominated diphenyl ethers (PBDEs) and other persistent organic pollutants in human serum from Greece. Environment International, 2011, 37: 349-353+258-265.
[68] 李鹏, 杨从巧, 金军, 等. 生产源区人血清中六溴环十二烷水平与甲状腺激素相关性研究. 环境科学, 2014, 35(10): 3970-3975.
[69] Thomsen C, Knutsen H K, Liane V H, et al. Consumption of fish from a contaminated lake strongly affects the concentrations of polybrominated diphenyl ethers and hexabromo-cyclododecane in serum. Molecular Nutrition & Food Research, 2008, 52(2): 228-237.
[70] Weiss J, Wallin E, Axmon A J, et al. Hydroxy-PCBs, PBDEs, and HBCDDs in serum from an elderly population of Swedish fishermen's wives and associations with bone density. Environmental Science & Technology, 2006, 40(20): 6282-6289.
[71] Kicinski M, Viaene M K, Den Hond E S, et al. Neurobehavioral function and low-level exposure to brominated flame retardants in adolescents: A cross-sectional study. Environmental Health: A Global Access Science Source, 2012, 11: 86.
[72] Meijer L, Martijn A, Melessen J, et al. Influence of prenatal organohalogen levels on infant male sexual development: Sex hormone levels, testes volume and penile length. Human Reproduction (Oxford, England), 2012, 27(3): 867-872.
[73] Meijer L, Weiss J, Van Velzen M, et al. Serum concentrations of neutral and phenolic organohalogens in pregnant women and some of their infants in The Netherlands. Environmental Science & Technology, 2008, 42(9): 3428-3433.
[74] Antignac J P, Cariou R, Maume D, et al. Exposure assessment of fetus and newborn to brominated flame retardants in France: Preliminary data. Molecular Nutrition & Food Research, 2008, 52(2): 258-265.
[75] Rawn D F, Ryan J J, Sadler A R, et al. Brominated flame retardant concentrations in sera from the Canadian Health Measures Survey (CHMS) from 2007 to 2009. Environment International, 2014, 63: 26-34.
[76] Kim U J, Oh J E. Tetrabromobisphenol A and hexabromocyclododecane flame retardants in infant-mother paired serum samples, and their relationships with thyroid hormones and environmental factors. Environmental Pollution, 2014, 184: 193-200.
[77] Zhu L, Ma B, Hites R A. Brominated flame retardants in serum from the general population in northern China. Environmental Science & Technology, 2009, 43(18): 6963-6968.
[78] Tue N M, Sudaryanto A, Minh T B, et al. Accumulation of polychlorinated biphenyls and brominated flame retardants in breast milk from women living in Vietnamese E-waste recycling sites. Science of the Total Environment, 2010, 408(9): 2155-2162.
[79] Eggesbo M, Thomsen C, Fau-Jorgensen J V, et al. Associations between brominated flame retardants in human milk and thyroid-stimulating hormone (TSH) in neonates. Environmental Research, 2011, 111 (6): 737-743.
[80] Thomsen C, Stigum H, Froshaug M, et al. Determinants of brominated flame retardants in breast milk from a large scale Norwegian study. Environment International, 2010, 36(1): 68-74.
[81] Lankova D, Lacina O, Pulkrabova J, et al. The determination of perfluoroalkyl substances, brominated flame retardants and their metabolites in human breast milk and infant formula. Talanta, 2013, 117: 318-325.

[82] Pratt I, Anderson W, Crowley D, et al. Brominated and fluorinated organic pollutants in the breast milk of first-time Irish mothers: Is there a relationship to levels in food? Food Additives & Contaminants. Part A: Chemistry, Analysis, Control, Exposure & Risk Assessment, 2013, 30(10): 1788-1798.

[83] Roosens L, D' Hollander W, Bervoets L, et al. Brominated flame retardants and perfluorinated chemicals, two groups of persistent contaminants in Belgian human blood and milk. Environmental Pollution, 2010, 158(8): 2546-2552.

[84] Colles A, Koppen G, Hanot V, et al. Fourth WHO-coordinated survey of human milk for persistent organic pollutants (POPs): Belgian results. Chemosphere, 2008, 73(6): 907-914.

[85] Croes K, Colles A, Koppen G, et al. Persistent organic pollutants (POPs) in human milk: A biomonitoring study in rural areas of Flanders (Belgium). Chemosphere, 2012, 89(8): 988-994.

[86] Lignell S, Aune M, Darnerud P O, et al. Persistent organochlorine and organobromine compounds in mother's milk from Sweden 1996—2006: Compound-specific temporal trends. Environmental Research, 2009, 109(6): 760-767.

[87] Glynn A, Lignell S, Darnerud P O, et al. Regional differences in levels of chlorinated and brominated pollutants in mother's milk from primiparous women in Sweden. Environment International, 2011, 37(1): 71-79.

[88] Toms L M, Guerra P, Eljarrat E, et al. Brominated flame retardants in the Australian population: 1993—2009. Chemosphere, 2012, 89(4): 398-403.

[89] Schecter A, Harris T R, Shah N, et al. Brominated flame retardants in US food. Molecular Nutrition & Food Research, 2008, 52(2): 266-272.

[90] Darnerud P O, Aune M, Larsson L, et al. Levels of brominated flame retardants and other pesistent organic pollutants in breast milk samples from Limpopo Province, South Africa. Science of the Total Environment, 2011, 409(19): 4048-4053.

[91] Kakimoto K, Akutsu K, Konishi Y, et al. Time trend of hexabromocyclododecane in the breast milk of Japanese women. Chemosphere, 2008, 71(6): 1110-1114.

[92] Pulkrabova J, Hradkova P, Hajslova J, et al. Brominated flame retardants and other organochlorine pollutants in human adipose tissue samples from the Czech Republic. Environment International, 2009, 35(1): 63-68.

[93] Sjödin A, Patterson Jr D G, Bergman Å. A review on human exposure to brominated flame retardants: Particularly polybrominated diphenyl ethers. Environment International, 2003, 29(6): 829-839.

[94] Jakobsson K, Thuresson K, Rylander L, et al. Exposure to polybrominated diphenyl ethers and tetrabromobisphenol A among computer technicians. Chemosphere, 2002, 46(5): 709-716.

[95] Thomsen C, Lundanes E, Becher G. Brominated flame retardants in plasma samples from three different occupational groups in Norway. Journal of Environmental Monitoring, 2001, 3(4): 366-370.

[96] Thomsen C, Lundanes E, Becher G. Brominated flame retardants in archived serum samples from Norway: A study on temporal trends and the role of age. Environmental Science & Technology, 2002, 36(7): 1414-1418.

[97] Cariou R, Antignac J-P, Zalko D, et al. Exposure assessment of French women and their newborns to tetrabromobisphenol-A: Occurrence measurements in maternal adipose tissue, serum, breast milk and cord serum. Chemosphere, 2008, 73(7): 1036-1041.

[98] Fujii Y, Harada K H, Hitomi T, et al. Temporal trend and age-dependent serum concentration of phenolic organohalogen contaminants in Japanese men during 1989—2010. Environmental Pollution, 2014, 185: 228-233.

[99] Kawashiro Y, Fukata H, Omori-Inoue M, et al. Perinatal exposure to brominated flame retardants and polychlorinated biphenyls in Japan. Endocrine Journal, 2008, 55(6): 1071-1084.

[100] Abdallah M A-E, Harrad S. Tetrabromobisphenol-A, hexabromocyclododecane and its degradation products in UK human milk: Relationship to external exposure. Environment International, 2011, 37(2): 443-448.

[101] Covaci A, Voorspoels S, Abdallah M A, et al. Analytical and environmental aspects of the flame retardant tetrabromobisphenol-A and its derivatives. Journal of Chromatography A, 2009, 1216(3): 3463.

[102] Zhou S N, Buchar A, Siddique S, et al. Measurements of selected brominated flame retardants in nursing women: Implications for human exposure. Environmental Science & Technology, 2014, 48(15): 8873-8880.

[103] Mannetje A, Coakley J, Bridgen P, et al. Current concentrations, temporal trends and determinants of persistent organic pollutants in breast milk of New Zealand women. Science of the Total Environment, 2013, 458-460: 399-407.

[104] Muller M H, Polder A, Brynildsrud O B, et al. Brominated flame retardants (BFRs) in breast milk and associated health risks to nursing infants in Northern Tanzania. Environment International, 2016, 89-90: 38-47.

第 8 章 食品和人体中短链和中链氯化石蜡

> **本章导读**
> - 介绍短链和中链氯化石蜡的背景资料。
> - 介绍食品中短链和中链氯化石蜡的样品前处理方法和仪器分析方法,探讨食品中短链和中链氯化石蜡的含量水平。
> - 介绍短链和中链氯化石蜡的膳食摄入情况,主要为膳食中短链和中链氯化石蜡的含量水平及其带来的健康风险。
> - 评估短链和中链氯化石蜡的人体负荷情况,主要为母乳中短链和中链氯化石蜡的含量水平。

8.1 背 景 介 绍

2007 年,由欧盟及其成员国提议,在联合国环境规划署 UNEP/POPS/COP.3/12 文件中,短链氯化石蜡(short chain chlorinated paraffins,SCCPs)被列入 POPs 的新增候选名单。2008 年 10 月召开的《斯德哥尔摩公约》POPs 审查委员会第四次会议上,委员会对 SCCPs 终点的危害评估进行了审核[1]。2012 年,公约的缔约方对于 SCCPs 具有持久性、生物累积性、长距离环境迁移潜力和毒性达成一致;2017 年 5 月在第八次缔约方大会上,新型持久性有机污染物——短链氯化石蜡(SCCPs)列入公约附件 A 受控名单[2]。

氯化石蜡(chlorinated paraffins,CPs)是人工合成的正构烷烃氯化衍生物,化学式为 $C_nH_{2n+2-x}Cl_x$。由于氯原子个数和取代位置的不同,因而有上万种同系物和同分异构体,是一类非常复杂的混合物。按照碳链长度的不同,氯化石蜡分为短链氯化石蜡($C_{10\sim13}$)、中链氯化石蜡($C_{14\sim17}$, medium chain chlorinated paraffins,MCCPs)和长链氯化石蜡($C_{18\sim30}$, long chain chlorinated paraffins,LCCPs)。由于 CPs 的碳链长度不同、氯原子个数不同以及氯原子的取代位置不同,它们的物理化学性质有很大差别[3]。CPs 的熔点随着碳原子个数和含氯量的增加而增加[4]。CPs 的含氯量通常为 30%~70%(质量分数)。随着含氯量的增加,其黏性增加,挥发性减小。室温下，含氯量 40%左右的氯化石蜡是无色或者淡黄色液体，含氯量 70%的氯化石蜡是白色固体[5]。CPs 的水溶性低，SCCPs 的溶解度范围是 0.49～1260 μg/L；MCCPs 的溶解度范围是 0.029～14 μg/L；LCCPs 的溶解度范围是 1.6×10^{-6}～0.086 μg/L，见表 8-1。CPs 的溶解度随着碳原子和氯原子个数的增加而降低。CPs 的蒸气压非常低，SCCPs 的蒸气压范围是 2.8×10^{-7}～0.066 Pa，MCCPs 的蒸气压范围是 1.7×10^{-8}～2.5 Pa，LCCPs 的蒸气压范围是 6.3×10^{-15}～7.9×10^{-7} Pa，见表 8-1。SCCPs、MCCPs 和 LCCPs 三者的溶解度相差较大，它们的蒸气压值也相差较大，而 SCCPs、MCCPs 和 LCCPs 三者的亨利常数相差不大，SCCPs 的亨利常数范围是 0.34～14.67 Pa·m³/mol；MCCPs 的亨利常数范围是 0.01～51.3 Pa·m³/mol；LCCPs 的亨利常数范围是 0.003～54.8 Pa·m³/mol[6, 7]。CPs 的蒸气压值和亨利常数与在空气中传输的 PCBs 和一些 OCPs 的相应值是相似的[8, 9]。CPs 的蒸气压值和亨利常数随着碳链长度和氯化度的增加而降低[7]。

表 8-1 氯化石蜡的物理化学性质

氯化石蜡	溶解度 /(μg/L)	蒸气压 /Pa	亨利常数 /(Pa·m³/mol)	log K_{ow}
SCCPs	0.49～1260	2.8×10^{-7}～0.066	0.34～14.67	5.06～8.12
MCCPs	0.029～14	1.7×10^{-8}～2.5	0.01～51.3	6.83～8.96
LCCPs	1.6×10^{-6}～0.086	6.3×10^{-15}～7.9×10^{-7}	0.003～54.8	8.70～12.68

SCCPs 的辛醇/水分配系数的对数值（log K_{ow}）范围是 5.06～8.12；MCCPs 的 log K_{ow} 范围是 6.83～8.96；LCCPs 的 log K_{ow} 范围是 8.70～12.68（表 8-1）。氯化石蜡的 log K_{ow} 值非常大，并且 log K_{ow} 值随着碳原子和氯原子个数的增加而增加[10]。正辛醇/空气分配系数（K_{oa}）不是直接测量的，而是通过 K_{aw} 和亨利常数值估算的（K_{aw} 是空气/水分配系数）。含氯量 50%～60%的 SCCPs 的 log K_{oa} 值为 8.2～9.8[11]。含氯量 69%的 C_{12} 的有机碳分配系数的对数值（log K_{oc}）的值是 4.7，含氯量 35%和 70%的 C_{16} 的 log K_{oc} 的值分别是 5.0 和 5.2。CPs 的 K_{oc} 比较高，在水生生态系统中会分布于颗粒有机碳和溶解有机碳中。CPs 在生物中难降解，其在生物中的半衰期估计为 7～53 天[12,13]。Thompson 等[14]发现，在有氧条件下氯含量为 65%的 $^{14}C_{10-13}$-SCCPs 在淡水和海洋沉积物中的半衰期分别为 1630 天和 450 天，而厌氧条件下几乎没有变化。总的来说，氯原子的碳链长度、氯化度和取代位置会影响 CPs 的理化性质，碳链长度越长，氯化度越高，K_{ow} 越高，溶解度越小，饱和蒸气压越大。

20 世纪 30 年代，国外首次合成 CPs 并开始工业化生产。由于 CPs 具有挥发性低、电绝缘性良好、阻燃性、高黏性、原料丰富和价格便宜等优点，被广泛用作增塑剂、密封剂和皮革中的阻燃剂，金属加工的切削液、润滑剂和涂料添加剂等，也曾用作 PCBs 和多氯萘（polychlorinated naphthalene，PCNs）在某些应用领域的替代品。1964 年全世界氯化石蜡的总产量为 3 万～5 万 t，1985 年其产量为 30 万 t，90 年代末 SCCPs 的全球产量达到 50 万 t。美国、欧盟和加拿大等出台相关的法律法规限制 SCCPs 的生产和使用，使得 SCCPs 的产量降低，MCCPs 和 LCCPs 的产量提高。1998 年北美洲的 MCCPs（17 800 t）和 LCCPs（12 700 t）的产量均高于 SCCPs 的产量（7900 t）。

为了平衡氯碱生产企业产生的氯气，20 世纪 50 年代末我国开始生产 CPs，自此之后 CPs 工业品的总产量连续几年不断增长。2003 年，我国 CPs 的年产量约为 15 万 t[15]。自 2004 年，我国 CPs 产量呈直线上升趋势，2007 年增加到 60 万 t[16]，2015 年增加到 100 万 t[17]，见图 8-1。我国成为世界上最大的氯化石蜡生产国和出口国。我国氯化石蜡的生产工厂有 100 多家，它们主要分布在我国的东北、中部和东部发达地区等。

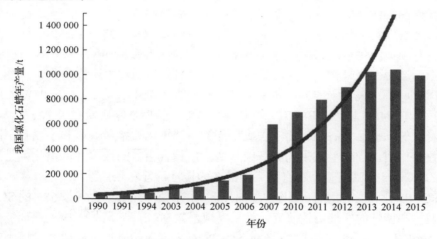

图 8-1 我国氯化石蜡的年产量

我国 CPs 工业品主要有 CP-42（氯含量 42%±2%）、CP-52（氯含量 52%±2%）和 CP-70（氯含量 70%±2%），此外还有 CP-13、CP-30、CP-40、CP-45、CP-55 和 CP-60 等，其中 CPs 总产量的 80%以上是 CP-52[18]。CPs 的产品中大部分含有 SCCPs，尤其是 CP-42 和 CP-52。不同氯含量的氯化石蜡的用途不同，如 CP-42 广泛应用于电缆、薄膜、塑料、地板、橡胶制品以及人造革等领域，也可用作润滑油的抗凝剂以及油漆和抗极压的添加剂等；和 CP-42 相比，CP-52 的相容性和耐热性更好，主要用于聚氯乙烯制品的增塑剂，橡胶、切削油、油漆等的添加剂，具有防火和耐燃的作用；CP-70 的阻燃性较高，主要用作橡胶制品、聚乙烯和聚苯乙烯制品的阻燃剂等，也用作车辆、船舶、建筑物塑料的阻燃剂等。CPs 是人工合成的产物，没有证据表明自然界中会产生 CPs，因此环境中的 CPs 来源于工业品 CPs 和含 CPs 产品在其生产、运输、储存、使用、回收和处置过程中的释放。

目前对 CPs 的毒性效应研究还十分缺乏。已有研究表明，CPs 的毒性整体较低，其目标器官包括甲状腺、肝脏和肾脏等，长期暴露可能会导致这些器官的致癌性，并扰乱内分泌功能[19]。其毒性效应与碳链长度有关，CPs 的碳链长度越短，毒性越高[20]，SCCPs 的毒性高于 MCCPs 和 LCCPs 的毒性[21]。长期接触 SCCPs 可能引起皮肤干裂，并且 SCCPs 对水生生物有剧毒，对水生环境可能带来长期有害的影响，属于第三类致癌物质[22]。

基于对大鼠作为最敏感的哺乳动物而开展的一项为期 13 周的大鼠毒性效应研究显示，SCCPs 和 MCCPs 的无可见有害作用水平（no observed adverse effect level，NOAEL）值分别为 100 mg/(kg·d) 和 23 mg/(kg·d)[23, 24]。加拿大环境保护部推荐 CPs 允许 TDI 为 6 μg/(kg·d)[25]。SCCPs 和 MCCPs 已列入欧盟内分泌干扰物候选名单。已有研究表明，MCCPs（含氯量 52%）对大鼠的凝血系统产生了一种极为特殊的抑制性影响，在生命的敏感阶段，如生产或产后出现严重大出血的情况下，会导致幼崽和母鼠死亡。鉴于 SCCPs 和 MCCPs 在结构上的相似性，两者可能具有相似的物理-化学特征和毒性特征，因此在繁殖周期中，SCCPs 可能也会通过影响造血系统来产生毒性，从而影响新生哺乳动物的生还情况[26]。

Bucher 等[27]将含氯量 60% 的 C_{12}-SCCPs 和含氯量 43% 的 C_{23}-LCCPs 混入玉米油中，对 F344/N 大鼠和 B6C3F1 小鼠进行填喂，长期暴露实验（2 年）后发现，和含氯量低的长链氯化石蜡相比，含氯量高的短链氯化石蜡对大鼠和小鼠有不同程度的致癌作用，导致受试生物的肝细胞增大，具有明显的致癌性，由此可见高氯含量的 SCCPs 对啮齿类动物有更大的潜在的慢性毒性和致癌性。

SCCPs 对水生动物的毒性较大，Thompson 等[28, 29]开展了含氯量 58% 的 SCCPs 对大型溞和糠虾的慢性毒性研究，结果发现暴露 96 h，它们的半数致死剂量分别为 18 μg/L 和 14 μg/L。为期 21 天的 SCCPs 对大型溞的慢性毒性研究发现，对于大型溞的幼体，无可见毒性浓度是 5 μg/L，最低可见毒性浓度或者成年的大型溞能存活的最高浓度是 8.9 μg/L。刘丽华等[30]以斑马鱼胚胎和幼鱼作为模式生物，观察不同浓度水平的 SCCPs（C_{10}，含氯量为 50.2%）暴露不同时间后斑马鱼胚胎和幼鱼的体长、死亡率和畸形率情况，结果表明 SCCPs（C_{10}，含氯量为 50.2%）对斑马鱼具有显著的发育毒性，当前的环境浓度水平可能有一定程度的水生生态风险。由此可见，对于水生无脊椎动物和鱼类，SCCPs 在微克/升浓度水平就具有慢性毒性效应。

CPs 对于陆生鸟类的急性和慢性毒性较低。Serrone 等[31]以单代繁殖的野鸭为研究对象，通过提供含 SCCPs 的食物来染毒，结果只在最高剂量组（1000 mg/kg）发现野鸭蛋壳轻微变薄以及 14 天后胚胎死亡率轻微上升的现象，而其他暴露组中无任何异常现象。Ueberschär 等[32]对肉鸡和蛋鸡开展了含氯量 60% 的 SCCPs 食物饲喂试验，100 mg/kg 的暴露浓度下，蛋鸡的产卵密度、卵重量、食欲以及肉鸡的生长率和食欲无明显变化,在摄取的 SCCPs 量中,其在鸡体内只有不到 5%,而上述现象可能是最高剂量组的浓度较低的原因。由此可见 SCCPs 对陆生鸟类的毒性较低。

目前,大部分 SCCPs 的健康风险评估是基于模式动物的毒理学暴露实验,体外细胞实验和代谢层面的研究很少。耿柠波等[33]以人体肝癌细胞 HepG2 为研究对象,探索了不同剂量的环境浓度水平 SCCPs 暴露(0 μg/L、1.0 μg/L、10.0 μg/L 和 100.0 μg/L;C_{13}-CPs;55.0% Cl)对细胞小分子代谢物的干扰作用,结果表明细胞在糖代谢、氨基酸代谢和脂肪酸代谢方面发生不同程度的紊乱,Geng 等[34]也发现 SCCPs 的暴露降低了人体肝癌细胞 HepG2 的生存能力并引起了很大程度上的代谢破坏。SCCPs 的短期暴露引起了细胞代谢活动的明显变化,一定程度上从代谢组层面揭示了 SCCPs 的毒性效应。然而,SCCPs 的毒性机制还需要转录组和蛋白质组层面具体的研究。

与 SCCPs 的研究相比,环境介质中 MCCPs 的研究相对较少。SCCPs 和 MCCPs 具有相似的物理化学性质和毒性特征,MCCPs 也被发现在安大略湖和密歇根湖的捕食者和被捕食者之间有生物放大效应[35]。因此同时暴露于它们可能增加人类的风险。有关环境介质中长期暴露于 SCCPs 和 MCCPs 的毒性研究以及 CPs 的神经毒性和引发毒性效应的机理研究还很少,到目前为止还没有任何 CPs 的免疫毒性数据,且 CPs 引发肿瘤的具体原因也不明确。此外,由于缺乏同类物 CPs 的标准物质,链长和氯含量对 CPs 的毒性作用动力学、毒物代谢动力学和在生物体内的新陈代谢的影响还需要进一步的研究。总而言之,CPs(尤其是 SCCPs)能够引发明显的环境和人类健康风险,但针对 CPs 的毒性风险研究仍十分缺乏,SCCPs 和 MCCPs 的毒性机理和人体健康风险效应等方面的研究仍十分迫切[36]。

国际社会对 SCCPs 的管控已有十几年的历史。1998 年,赫尔辛基委员会(Helsinki Commission)把 SCCPs 列为危险物质,并且限制其排放。目前美国环境保护署将 SCCPs 列入排放毒性化学品目录。加拿大环境保护部将 SCCPs 列入优先毒物。2000 年欧洲共同体发布的《水框架指令》第 2000/60/EC 号将 SCCPs 列为水中的首要危险物质之一。2004 年,欧盟限制 SCCPs 在金属加工和皮革行业的使用。2005 年欧盟提议将 SCCPs 列入欧洲经济共同体长距离跨国界大气污染物质清单。2008 年欧洲化学品管理署将 SCCPs 列为首批经许可才能使用的 7 种物质之一。

我国是世界上最大的 CPs 生产国,氯化石蜡的工业品中含有一定量的 SCCPs 和 MCCPs。近几年,我国关于 CPs 的分析方法、环境存量、工业产品中其分布模式及其毒性的研究有所增加,已有文献报道了我国不同环境介质中检测到的 SCCPs 和 MCCPs 可能对生态环境和人类健康造成影响。但研究进展有限,很难依据当前的研究结果制定出合理的限制生产和减排措施及相关的法律法规。

8.2 食品中短链和中链氯化石蜡的分析方法

8.2.1 SCCPs 和 MCCPs 的样品前处理方法

CPs 的样品前处理过程主要包括提取和净化两个部分。总体来说，CPs 的提取方法和其他一些有机氯类化合物相似。对于固体样品的提取，最常用的是索氏提取法，常用的提取溶剂有正己烷、二氯甲烷、甲苯、二氯甲烷/正己烷或正己烷/丙酮的混合溶液。索氏提取法的缺点是费时且需耗费大量的溶剂，因此正在逐渐被一些新的提取技术所取代，如加速溶剂萃取(accelerated solvent extraction，ASE)、超声波辅助萃取法(ultrasonic assisted extraction，UAE)和微波辅助萃取法(microwave assisted extraction，MAE)等[5, 37-40]。对于液体样品，如食用油等，萃取方法有液-液萃取法和固相萃取法，液-液萃取法适用于食用油中有机污染物的富集，而固相萃取法则被广泛应用于萃取环境和生物样品中的有机污染物。

样品净化是指用化学和物理的方法去除提取液中除目标物以外的干扰物质。对于食品样品，去除脂肪和大分子物质是净化过程的关键。主要方法包括 GPC 和浓硫酸酸化法等。GPC 主要基于体积排阻的分离机理，通过具有分子筛性质的固定相，去除对目标组分有干扰的大分子和小分子物质。相比其他 POPs，由于 CPs 的 log K_{ow} 范围很宽，不同同类物物化性质差别较大，这使得 CPs 的净化过程较为复杂。许多卤代有机污染物(如氯代芳烃、毒杀芬、部分 PCBs 同类物等)与 CPs 部分同类物具有相同的色谱保留时间范围和质谱特征离子，会对 CPs 的定量分析造成较大干扰，因此如何最大限度地去除 CPs 分析中存在的干扰化合物是氯化石蜡分析中一个至关重要的步骤。CPs 的净化通常通过柱吸附色谱法进行，常用的方法包括硅胶层析柱、氧化铝柱和弗罗里硅土柱等[5, 37-40]。表 8-2 总结了食品中 CPs 的提取和净化方法，不同食品介质和不同实验室的净化方法有所不同，在诸多净化方法中，硅胶层析柱法是氯化石蜡最常用的净化分离方法。

表 8-2　食品中 CPs 的定量分析方法

样品类型	CPs	提取方法	净化方法	仪器分析方法	色谱柱	定量标准品
鱼体[38]	SCCPs	ASE	Ⅰ. 酸性硅胶 Ⅱ. 多层：氧化铝，硅胶，酸性硅胶，无水硫酸钠	GC×GC-μECD	DM-1(30m×0.25mm×0.25μm)×BPX-50(1m×0.10mm×0.10μm)	SCCPs(51、55.5 和 63)

续表

样品类型	CPs	提取方法	净化方法	仪器分析方法	色谱柱	定量标准品
母乳[56]	SCCPs 和 MCCPs	ASE	Ⅰ.GPC Ⅱ.多层：弗罗里硅土柱，硅胶，酸性硅胶，无水硫酸钠	GC×GC-ECNI-HRTOFMS	DB-5MS(30m×0.25mm×0.25μm)×BPX-50(1m×0.10mm×0.10μm)	SCCPs(51、55.5 和 63)，MCCPs(42、52 和 57)
膳食[57]	SCCPs	CSE	活性弗罗里硅土柱	GC-ECNI-HRMS	DB-5MS(15m×0.25mm×0.25μm)	SCCPs 单标
母乳[58]	SCCPs 和 MCCPs	CSE	Ⅰ.无水硫酸钠 Ⅱ.GPC Ⅲ.弗罗里硅土柱	GC-ECNI-LRMS	DB-5MS(15m×0.25mm×0.25μm)	SCCPs(63)，MCCPs(42、52 和 57)
鱼体[59]	SCCPs 和 MCCPs	CSE	Ⅰ.酸性硅胶 Ⅱ.弗罗里硅土柱	GC-ECNI-LRMS	DB-5MS(15m×0.25mm×0.25μm)	SCCPs(51、55.5 和 63)，MCCPs(52 和 57)
鱼体[55]	SCCPs、MCCPs 和 LCCPs	索氏提取	Ⅰ.酸性硅胶 Ⅱ.弗罗里硅土柱	APCI-qTOF-HRMS	RTX-5MS(15m×0.25mm×0.25μm)	SCCPs(51、55.5 和 63)，MCCPs(42、52 和 57)和 LCCPs(40、49 和 70)
食用油[60]	SCCPs	CSE	活性弗罗里硅土柱	GC-ECNI-HRMS	DB-5MS(15m×0.25mm×0.1μm)	C_{10}-SCCPs(44.82、55.00 和 65.02)，C_{11}-SCCPs(45.50、55.20 和 65.25)，C_{12}-SCCPs(45.32、55.00 和 65.08)和 C_{13}-SCCPs(44.90、55.03 和 65.18)
膳食[60]	SCCPs	索氏提取	Ⅰ.酸性硅胶 Ⅱ.弗罗里硅土柱	GC-ECNI-HRMS	DB-5MS(15m×0.25mm×0.1μm)	SCCPs(51、55.5 和 63)

8.2.2 SCCPs 和 MCCPs 的仪器分析方法

CPs 组成复杂，同类物和同分异构体总数众多。目前普遍使用的是气相色谱分析方法，即利用毛细管色谱柱结合不同的检测器分析 CPs(参见表 8-2)，气相色谱柱有 DB-5MS(5%苯基-甲基聚硅氧烷)、DB-35MS(35%苯基-甲基聚硅氧烷)等。由于各同系物相互重叠，CPs 的色谱峰呈驼峰状[41, 42]，对其准确定量产生很大影响。Coelhan 等[43]研究发现，使用 15 cm 的色谱柱分离氯含量 63%的氯代十一烷，短柱具有和 30 m 长的标准色谱柱一样的分离效果。在使用一维气相色谱时，使用短柱可以获得更高的仪器灵敏度。Zencak 等[44]使用 15 cm 长的短色谱柱来节省分析时间和提高目标物仪器响应灵敏度。但是，较短的色谱柱的使用会增大其他共流出卤代有机污染物的干扰风险，在与低分辨质谱联用时干扰尤其严重。Korytár

等[45]用全二维气相色谱(GC×GC)分离 CPs，明显提高了其分离效果，但对于复杂样品，相邻色谱峰边界出现明显重叠，难以得到有效分离。

1. 电子捕获检测器/火焰离子化检测器

ECD 因其造价低廉，对低氯代化合物的高灵敏度等优点而被使用。Nilsson 等[46]采用 GC-ECD 对家庭垃圾中的氯化石蜡进行检测。但因为 CPs 成分复杂，各组分无法完全分离。Xia 等[47]利用全二维气相色谱(GC×GC)-微电子捕获检测器(μECD)对鱼中的 SCCPs 进行测定，该方法对 SCCPs 的各同系物进行了有效分离，检出限为 1~5 pg/L，远低于 GC-ECD。但因 ECD 的选择性远低于 MS，很难用于复杂样品中痕量浓度水平的准确定量分析。Steinberg 和 Emerson[48]采用火焰离子化检测器检测 CPs，但该法无法获得氯含量信息，因而很少被使用。

2. 气相色谱-电子捕获负化学电离源-低分辨/高分辨质谱

气相色谱-电子捕获负化学电离源-低分辨/高分辨质谱(GC-ECNI-LRMS/HRMS) 是 CPs 分析最常用的检测技术。该技术利用甲烷作为反应气，在 ECNI 电离模式下，离子源产生的热电子被 CPs 捕获，生成$[M-Cl]^-$、$[M-HCl]^-$、$[M+Cl]^-$等特征碎片离子以及$[Cl_2]^-$和$[HCl_2]^-$等其他离子，通过对生成的特征碎片离子进行检测，从而对样品中的 CPs 进行定量分析[49-52]。其中 HRMS 检测灵敏度高但无法避免其他有机氯化合物，如 PCBs 等对 SCCPs 的干扰，且设备昂贵。LRMS 检测成本较低但分辨率低，分子量相近的同类物容易产生相互干扰。但无论是 HRMS 还是 LRMS 都检测不到低氯代同类物。Zencak 等[51]采用甲烷/二氯甲烷作为反应气可检测到低氯代组分，但在电离过程中容易形成炭黑残留物，使离子源信号快速衰减，因此不适用于常规检测。此外，还有离子阱质谱、三重四极杆串联质谱等方法，可以获得 CPs 总浓度，但都不能消除 SCCPs 和 MCCPs 各同类物之间的相互干扰。值得注意的是，在 ECNI 电离模式下，CPs 的碎裂和同位素丰度、氯化度、进样量和离子源温度等因素有关[51]。

Reth 等[50]通过 GC-ECNI-LRMS 对鱼内肝脏进行检测。该方法离子能量 100 eV，离子源温度 200℃，四极杆温度 100℃，传输线温度 280℃。单离子监测(single ion monitor, SIM)扫描模式下最高峰度离子碎片$[M-Cl]^-$为定量离子。首先对 7 个氯含量不同的 SCCPs 和 MCCPs 标准溶液进行分析，对其总响应因子和氯含量进行线性回归分析，可知两者有显著正相关关系，该线性方程用于样品的定量。然后根据样品中 SCCPs 和 MCCPs 的色谱峰面积，换算成氯含量，代入此线性回归方程计算出样品中 SCCPs 和 MCCPs 的总响应因子，即可计算出 SCCPs 和 MCCPs 的浓度。该方法能有效减少小离子碎片的产生，灵敏度高。

3. 全二维气相色谱-电子捕获负化学源飞行时间质谱

目前对氯化石蜡广泛使用的检测方法是 GC-ECNI-MS,图 8-2 为其典型色谱图。由于 SCCPs 和 MCCPs 有大量的同系物,它们具有相似的保留时间,并且存在质谱 m/z 重叠而互相干扰,使得样品中 CPs 浓度在定量分析过程中可能会被高估。全二维气相色谱(GC×GC)是一种新型的色谱技术,GC×GC 通过调制器将两根不同极性、不同分离机理且相互独立的色谱柱串联起来。在全二维气相色谱中,GC×GC 的正交分离是通过线性程序升温的方法和固定相极性的改变共同作用而实现的。GC×GC 的第一维色谱柱多采用非极性或弱极性柱,第二维色谱柱多为中等极性或极性柱。第一柱中因沸点相近而未分离的化合物再根据极性的差异进行第二维分离,检测器检测到的响应信号经数据采集软件处理后,得到三维色谱图,如图 8-3 所示[53]。

Xia 等[54]通过对色谱和质谱条件的优化建立了 SCCPs 和 MCCPs 的全二维气相色谱-电子捕获负化学电离源飞行时间质谱(two-dimensional gas chromatography coupled with electron-capture negative-ionization time-of-flight mass spectrometry,GC×GC- ECNI-TOFMS)定量分析方法并对鱼样进行了检测。该方法选择的色谱柱组

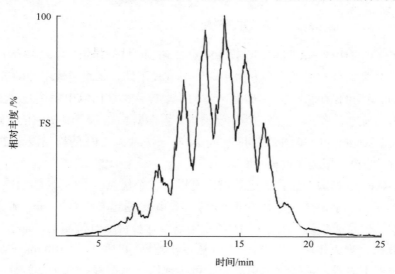

图 8-2　工业氯化石蜡产品 PCA-60 的 GC-ECNI-MS 总离子流图[44]

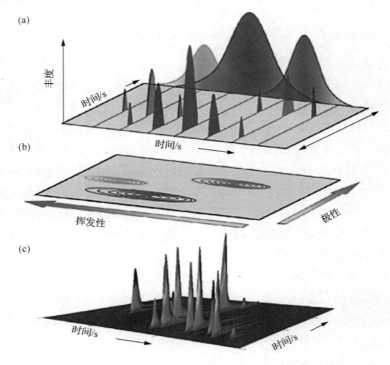

图 8-3　全二维气相色谱的二维谱图以及三维轮廓图[53]

合为 DB-5MS×BPX-50，图 8-4 所示为 SCCPs 和 MCCPs 的 GC×GC-ECNI-TOFMS 色谱图及同类物分布模式。该方法实现了对链长不同、氯原子数不同的 SCCPs 和 MCCPs 同类物的组间分离。然后对产生的主要碎片离子$[M-Cl]^-$进行检测，同位素丰度最高的为定量离子，次高的为定性离子。再根据 Reth 等[50, 52]提出的定量曲线校正法，检测 SCCPs 和 MCCPs 共 48 种同类物，该法对 SCCPs 的检出限为 20 pg/μL，对 MCCPs 的检出限为 100 pg/μL。

GC×GC 定量与一维色谱定量相比有以下几个优点：①GC×GC 由色谱峰重叠引起的干扰更小，更容易对各组分定量；②组分通过 GC×GC 第二维色谱柱的速度很快，相同量的某一组分在 1D-GC 中需要几秒钟通过检测器，而在 GC×GC 中该组分被分割成几块碎片，每一碎片通过检测器的时间仅为 100 ms，因此 GC×GC 的峰形更尖锐，灵敏度也更高；③可实现组分色谱峰的真正基线分离，有利于准确地积分和定量；④调制器的聚焦作用使信噪比大大提高。GC×GC 不仅显著改善了复杂样品的分离度，而且极大地提高了检测灵敏度和分析通量。

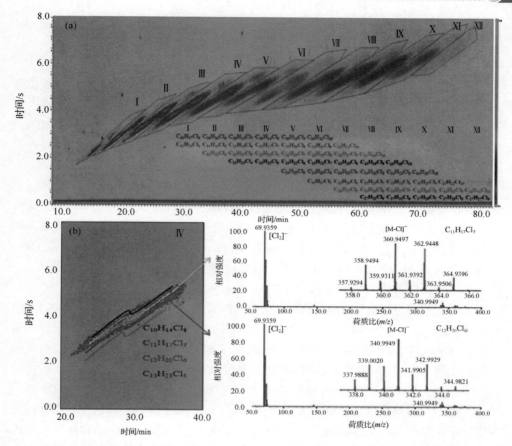

图 8-4 SCCPs 和 MCCPs 的 GC×GC-ECNI-TOFMS 色谱图及同类物分布模式[54]

4. 大气压力化学电离源-高分辨飞行时间质谱

Bogdal 等[55]提出了利用大气压力化学电离源-高分辨飞行时间质谱(APCI-qTOF-HRMS)技术来对 CPs 直接定量的分析方法对鱼样进行检测。该方法利用数学算法将分析样本中的 CP 模式解卷积成技术 CPs 配方中的模式的线性组合,并用外标法对 CPs 定量。这种方法下,即使环境样品中 CPs 同类物分布模式与标准品不同,也可以在环境样品中确定 CPs。与 ECNI 方法类似,不同 CPs 标准的氯化度范围应该足够大,以包含不同的 CPs 同类物分布模式。该方法可作为筛查分析环境样品短链、中链和长链氯化石蜡的良好手段。

8.3 食品中短链和中链氯化石蜡的含量水平

人类暴露于 CPs 的途径是复杂的。加拿大环境保护部评估了人群间接暴露 SCCPs 和 MCCPs 的状况，发现对于所有年龄的人群来说，在环境空气、室内空气、饮用水、土壤和食物摄入中，食物是主要来源，贡献了 SCCPs 总摄入量的 50%～100%和 MCCPs 总摄入量的 71%～100%[61]。有关食物中 SCCPs 和 MCCPs 对人类的暴露，对鱼类来说数据相对较多，但是对于其他主要食物而言信息却很少。

Thomas 和 Jones[62]在来自英国兰开斯特地区的牛奶样本和来自欧洲多个地区的黄油样本中测出了 SCCPs。在来自丹麦的黄油样本中测出的 SCCPs 浓度为 1.2 ng/g，爱尔兰样本的浓度为 2.7 ng/g。而对代表美国人食谱上约 5000 个食物品种的 234 种开袋即食食品 SCCPs 浓度水平进行检测发现，在一种营养面包中检测出了 SCCPs，浓度达到 0.13 μg/g[63]。Lahaniatis 等[64]发现，在各种生物鱼油中，单一链长（C_{10}～C_{13}）的短链氯化石蜡浓度平均值为 7.0～206 ng/g。

Cao 等[60]发现食用油是我国食品中 SCCPs 的主要来源，食用油中 SCCPs 的膳食摄入量为<0.78～38 μg/d。姜国等[65]研究了我国长三角地区 8 种食用鱼，鱼体中 SCCPs 的浓度范围为 36～801 ng/g dw，与文献中报道的全世界范围的水平相比较，上海食用鱼体内 SCCPs 含量处于中等水平，同系物分布主要以低氯代的 SCCPs 为主，SCCPs 在这几种鱼体内的生物累积现象不明显。此外，Houde 等[35]对安大略湖和密歇根湖食物链中 SCCPs 和 MCCPs 的研究发现，它们在动物体内发生生物累积和生物放大。Ma 等[17]和 Zeng 等[66]也发现了水生系统中动物体内 SCCPs 的生物累积和生物放大效应。考虑到 S/MCCPs 的食物链放大，海产品也可能是人体暴露的重要来源。Krogseth 等[67]利用人体暴露模型预测，通过鱼类消费 SCCPs 摄入量比例高达 80%～100%。

当前的研究主要是关于水生生物中 SCCPs 的水平及生物累积，有关 MCCPs 的研究较少，尤其对于我国食物中 SCCPs 和 MCCPs 人类暴露情况知之甚少。因此，我国食物中 SCCPs 和 MCCPs 的污染状况及其潜在的健康风险应该引起关注。

8.4 短链和中链氯化石蜡的膳食摄入情况

人类 CPs 暴露途径包括膳食摄入[57, 68]、呼吸摄入[69]、灰尘摄入[69, 70]和皮肤摄入[71]。到目前为止已有证据表明，在非职业的成年人群暴露于 SCCPs 和 MCCPs 的前提下，主要的膳食摄入占总暴露量的 85%。

Iino 等[68]测定了日本居民日常食品中 SCCPs 的含量，结果发现多种食物，如谷类（2.5 ng/g）、种子和马铃薯（1.4 ng/g）、调料和饮料（2.4 ng/g）、脂肪（人造黄油、油类等，140 ng/g)、蘑菇和海藻(1.7 ng/g)、水果(1.5 ng/g)、鱼类(16 ng/g)、贝类(18 ng/g)、肉类(7 ng/g)、蛋类(2 ng/g)和牛奶(0.75 ng/g)中均检测出了 SCCPs。根据不同年龄段人群的食物消费量和体重等调查数据，调查了日本不同年龄组人群 SCCPs 日摄入总量。结果发现，年龄越小，日摄入 SCCPs 总量越高。95%的 1 岁女孩每天的 SCCPs 摄入量为 0.68 μg/kg。食物是日本普通人群接触 SCCPs 的主要暴露途径，但不会引起任何健康风险。基于无可见有害作用水平[NOAEL，100 mg/(kg·d)]和 SCCPs 的暴露主要来自食物这两个前提，食物中的 SCCPs 未给日本居民带来风险。

中国第五次总膳食研究选取了 20 个省、自治区、直辖市，将调查对象摄入的食物分成 13 个类别。Huang 等[72]研究了我国居民食用肉类及肉制品中的 SCCPs 和 MCCPs 含量，结果发现样品中 SCCPs 平均含量为(129±4.1) ng/g ww，MCCPs 为(5.7±0.59) ng/g ww。中国成年男性通过肉类食物每天摄入 SCCPs 为 0.13 μg/kg bw，MCCPs 为 0.0047 μg/kg bw。Wang 等[73]研究了水产食物中的 SCCPs 和 MCCPs 含量，发现样品中 SCCPs 和 MCCPs 平均含量分别为 1472 ng/g ww 和 80.5 ng/g ww，通过水产食物每天摄入 SCCPs 为 0.87 μg/kg bw，MCCPs 为 0.05 μg/kg bw。不管是肉类还是水产类食物，中国居民膳食中 SCCPs 和 MCCPs 含量都高于日本。

Harada 等[57]测定了中国、日本和韩国食物中 SCCPs，结果表明 2009 年北京食物中 SCCPs 含量(8500～28 000 pg/g)高于 2009 年日本和 2007 年韩国食物中相应的值，与 1993 年北京食物中 SCCPs 含量(200～600 pg/g)比，增大了两个数量级。北京居民通过食物摄入的 SCCPs 量[1200 ng/(kg bw·d)]超过了每日可耐受摄入量的 1%。因此，在中国急需开展全国范围的食物中 SCCPs 含量水平及其风险的研究，通过对 SCCPs 所存在的食物类型和来源进行鉴定，从而改善居民膳食中 SCCPs 的摄入量。

8.5 短链和中链氯化石蜡的人体负荷情况

CPs 作为一类脂溶性 POPs，容易在人体脂肪组织中富集，当前研究也多集中于母乳中。母乳中 CPs 浓度可反映 CPs 的人体负荷水平，同时也可评估母婴 CPs 的潜在暴露风险。

德国联合环境机构的一项研究指出，1995 年德国妇女母乳中的 CPs(C_{10-24} 总量)的含量平均值为 45 ng/g lw(脂重)[57]。Tomy[74]对加拿大魁北克地区妇女母乳中的 SCCPs 进行了检测，SCCPs 的浓度为 11～17 ng/g lw(平均浓度为 13 ng/g lw)。Thomas 等[58]对英国哺乳妇女母乳样本的分析发现，在兰开斯特地区 8 个样本中，有 5 个样本中发现了 SCCPs，其浓度为 4.6～110 ng/g lw；来自伦敦地区的 14 个样本中有 7 个样本中发现了 SCCPs，其浓度为 4.5～43 ng/g lw。在后续的研究中，

Thomas 等[58]对英国城市和乡村哺乳妇女的母乳中 SCCPs 和 MCCPs 的含量进行调查，发现这两个城市的 SCCPs 的浓度为 49~820 ng/g lw（平均值为 180 ng/g lw），MCCPs 的含量为 6.2~320 ng/g lw（平均值为 21 ng/g lw）。城市人口和乡村人口母乳中 CPs 的浓度没有显著差异。几乎所有的样品中 SCCPs 和 MCCPs 的同系物分布是相似的，SCCPs 均以 $C_{10\sim11}$ 为主，MCCPs 均以 C_{14} 为主。只有一个样品中 SCCPs 和 MCCPs 的同系物分布不同，这可能跟该志愿者的暴露情况不同有关。根据 Thomas 等的研究，哺乳妇女母乳中 SCCPs 和 MCCPs 的总量为 55.2~1140 ng/g lw，母乳喂养的婴儿每天从母乳中摄取 CPs 的平均浓度约为 900 ng/kg，处于较低人体健康风险水平。

Xia 等[56, 75]按照《第四次世界卫生组织母乳中持久性有机污染物调查草案导则》，研究了 2007 年和 2011 年中国乡村和城市地区居民母乳中 SCCPs 和 MCCPs 的污染水平和分布特征。研究发现，对于城市地区，2007 年 12 个省份母乳样品中 SCCPs 的浓度范围为 170~6150 ng/g lw，平均值为 681 ng/g lw。MCCPs 的浓度范围为 18.7~350 ng/g lw，平均值为 60.4 ng/g lw。2011 年 SCCPs 的浓度范围和 2007 年在同一水平，浓度范围为 131~16 100 ng/g lw，平均值为 733 ng/g lw。MCCPs 的浓度范围为 22.3~1510 ng/g lw，平均值为 137 ng/g lw。而对于乡村地区，2007 年 8 个省份母乳样品中 SCCPs 的浓度范围为 68.0~1580 ng/g lw，平均值为 304 ng/g lw。MCCPs 的浓度范围为 9.05~139 ng/g lw，平均值为 35.7 ng/g lw。2011 年 SCCPs 的浓度范围和 2007 年在同一水平，浓度范围为 65.6~2310 ng/g lw，平均值为 360 ng/g lw。MCCPs 的浓度范围为 9.51~146 ng/g lw，平均值为 45.7 ng/g lw。中国母乳中 SCCPs 和 MCCPs 污染水平城市高于农村，但是城乡居民在暴露水平和异构体组成上没有显著差异。

相比已有文献对母乳中多种 POPs 浓度水平的报道，CPs 在中国城市居民母乳样品中处于较高的暴露水平。CPs 的浓度水平高于滴滴涕（平均水平 526 ng/g lw），并且母乳中 CPs 的浓度高出 PCBs（平均水平 10.5 ng/g lw）和多氯联苯醚（平均水平 1.49 ng/g lw）1~3 个数量级[76-78]。从全球来看，在欧洲和北美洲等 PCBs 的生产工业区居民母乳样品发现了较高浓度 PCBs 水平。中国是 CPs 最大的生产国和出口国，CPs 的生产和使用可能是我国母乳中 CPs 的主要污染来源，因此对于 CPs 的监管与控制迫在眉睫。

参 考 文 献

[1] Persistent Organic Pollutants Review Committee. Eighth meeting of the conference of the parties to the Stockholm Convention. Geneva:UNEP, 2017.
[2] Persistent Organic Pollutants Review Committee. The 16 New POPs. Geneva:UNEP, 2017.
[3] 王琰, 朱浩霖, 李琦路, 等. 环境中氯化石蜡的研究进展. 科技导报, 2012, 30(22): 68-72.

[4] 于国龙. 海洋环境短链氯化石蜡分析方法及应用研究. 大连: 大连海事大学, 2012.

[5] Feo M L, Eljarrat E, Barcelo D. Occurrence, fate and analysis of polychlorinated *n*-alkanes in the environment. TrAC Trends in Analytical Chemistry, 2009, 28(6): 778-791.

[6] Willis B, Crookes M, Diment J, et al. Environmental hazard assessment: Chlorinated paraffins, toxic substances division. London, UK:Department of Environment, 1994.

[7] Drouillard K G, Tomy G T, Muir D C, et al. Volatility of chlorinated *n*-alkanes (C_{10}~C_{12}): Vapor pressures and Henry's law constants. Environmental Toxicology and Chemistry, 1998, 17(7): 1252-1260.

[8] Mackay D, Shiu W, Ma K. Illustrated Handbook of Physical-Chemical Properties and Environmental Fate for Organic Chemical, Vol. I. Monoaromatic Hydrocarbons, Chlorobenzenes and PCBs. Chelsea, MI, USA: Lewis Publishers, 1992.

[9] Mackay D, Shiu W, Ma K C. Illustrated Handbook of Physical-Chemical Properties and Environmental Fate for Organic Chemical, Vol. V, Pesticide Chemicals. Chelsea, MI, USA: Lewis Publishers, 1997.

[10] Sijm D T, Sinnige T L. Experimental octanol/water partition coefficients of chlorinated paraffins. Chemosphere, 1995, 31(11): 4427-4435.

[11] Harner T, Bidleman T F. Measurements of octanol-air partition coefficients for polychlorinated biphenyls. Journal of Chemical & Engineering Data, 1996, 41(4): 895-899.

[12] Fisk A T, Wiens S C, Webster G R B, et al. Accumulation and depuration of sediment-sorbed C-12- and C-16-polychlorinated alkanes by oligochaetes (*Lumbriculus variegatus*). Environmental Toxicology and Chemistry, 1998, 17(10): 2019-2026.

[13] Fisk A T, Norstrom R J, Cymbalisty C D, et al. Dietary accumulation and depuration of hydrophobic organochlorines: Bioaccumulation parameters and their relationship with the octanol/water partition coefficient. Environmental Toxicology and Chemistry, 1998, 17(5): 951-961.

[14] Thompson R S, Noble H. Short-chain chlorinated paraffins ($C_{10~13}$, 65% chlorinated): Aerobic and anaerobic transformation in marine and freshwater sediment systems. AstraZeneca UK Limited:Brixham Environmental Laboratory, 2007.

[15] Zeng L X, Lam J C W, Wang Y W, et al. Temporal trends and pattern changes of short- and medium-chain chlorinated paraffins in marine mammals from the South China Sea over the past decade. Environmental Science & Technology, 2015, 49(19): 11348-11355.

[16] Strid A, Bruhn C, Sverko E, et al. Brominated and chlorinated flame retardants in liver of Greenland shark (*Somniosus microcephalus*). Chemosphere, 2013, 91(2): 222-228.

[17] Ma X D, Zhang H J, Wang Z, et al. Bioaccumulation and trophic transfer of short chain chlorinated paraffins in a marine food web from Liaodong Bay, North China. Environmental Science & Technology, 2014, 48(10): 5964-5971.

[18] 张海军, 高媛, 马新东, 等. 短链氯化石蜡(SCCPs)的分析方法、环境行为及毒性效应研究进展. 中国科学:化学, 2013, 43(03): 255-264.

[19] Persistent Organic Pollutants Review Committee. Report of the Persistent Organic Pollutants Review Committee on the work of its eleventh meeting-Addendum: Risk profile on short-chained chlorinated paraffins. Geneva:UNEP, 2015.

[20] De Boer J. Chlorinated paraffins. Berlin: Springer-Verlag, 2010.

[21] Wyatt I, Coutss C, Elcombe C. The effect of chlorinated paraffins on hepatic enzymes and thyroid hormones. Toxicology, 1993, 77(1): 81-90.

[22] 白利强. 欧盟 REACH 法规对阻燃剂行业的影响及最新进展（上）. 中国阻燃, 2010(3): 2-4.
[23] European Chemicals Bureau. European Union Risk Assessment Report: Alkanes, $C_{14\sim17}$, chloro. Devon, England: European Commission, 2007.
[24] European Chemicals Bureau. European Union Risk Assessment Report: Alkanes, $C_{10\sim13}$, chloro. Devon, England: European Commission, 2000.
[25] Government of Canada. Priority substances list assessment report: chlorinated paraffins. Canada:Ministry of Supply and Services, 1993.
[26] Geng N B, Zhang H J, Xing L G, et al. Toxicokinetics of short-chain chlorinated paraffins in Sprague-Dawley rats following single oral administration. Chemosphere, 2016, 145: 106-111.
[27] Bucher J R, Alison R H, Montgomery C A, et al. Comparative toxicity and carcinogenicity of 2 chlorinated paraffins in F344/N rats and B6C3F1 mice. Fundamental and Applied Toxicology, 1987, 9(3): 454-468.
[28] Thompson R, Madeley J. The acute and chronic toxicity of a chlorinated paraffin to *Daphnia magna*. Devon, UK:Imperial Chemical Industries PLC, 1983.
[29] Thompson R, Madeley J. The acute and chronic toxicity of a chlorinated paraffin to the mysid shrimp (*Mysidopsis bahia*). Devon, UK:Imperial Chemical Industries PLC, 1983.
[30] 刘丽华, 马万里, 刘丽艳, 等. 短链氯化石蜡 C_{10}(50.2% Cl)对斑马鱼胚胎的发育毒性. 哈尔滨工业大学学报, 2016, 48(08): 127-130+140.
[31] Serrone D M, Birtley R D N, Weigand W, et al. Toxicology of chlorinated paraffins. Food and Chemical Toxicology, 1987, 25(7): 553-562.
[32] Ueberschär K H, Danicke S, Matthes S. Dose-response feeding study of short chain chlorinated paraffins (SCCPs) in laying hens: Effects on laying performance and tissue distribution, accumulation and elimination kinetics. Molecular Nutrition & Food Research, 2007, 51(2): 248-254.
[33] 耿柠波, 张海军, 张保琴, 等. 短链氯化石蜡暴露对 HepG2 细胞代谢的影响. 生态毒理学报, 2015, 10(4): 115-122.
[34] Geng N B, Zhang H J, Zhang B Q, et al. Effects of short-chain chlorinated paraffins exposure on the viability and metabolism of human hepatoma HepG2 cells. Environmental Science & Technology, 2015, 49(5): 3076-3083.
[35] Houde M, Muir D C G, Tomy G T, et al. Bioaccumulation and trophic magnification of short- and medium-chain chlorinated paraffins in food webs from Lake Ontario and Lake Michigan. Environmental Science & Technology, 2008, 42(10): 3893-3899.
[36] Wang T, Wang Y W, Jiang G B. On the environmental health effects and Socio-Economic considerations of the potential listing of short-chain chlorinated paraffins into the Stockholm Convention on persistent organic pollutants. Environmental Science & Technology, 2013, 47(21): 11924-11925.
[37] Chen L G, Huang Y M, Han S, et al. Sample pretreatment optimization for the analysis of short chain chlorinated paraffins in soil with gas chromatography-electron capture negative ion-mass spectrometry. Journal of Chromatography A, 2013, 1274: 36-43.
[38] Gandolfi F, Malleret L, Sergent M, et al. Parameters optimization using experimental design for headspace solid phase micro-extraction analysis of short-chain chlorinated paraffins in waters under the European water framework directive. Journal of Chromatography A, 2015, 1406: 59-67.

[39] Nilsson M L, Waldeback M, Liljegren G, et al. Pressurized-fluid extraction (PFE) of chlorinated paraffins from the biodegradable fraction of source-separated household waste. Fresenius Journal of Analytical Chemistry, 2001, 370(7): 913-918.

[40] Castells P, Santos F J, Galceran M T. Solid-phase extraction versus solid-phase microextraction for the determination of chlorinated paraffins in water using gas chromatography-negative chemical ionisation mass spectrometry. Journal of Chromatography A, 2004, 1025(2): 157-162.

[41] Tomy G T, Stern G A. Analysis of C-14~C-17 polychloro-n-alkanes in environmental matrixes by accelerated solvent extraction-nigh-resolution gas chromatography/electron capture negative ion high-resolution mass spectrometry. Analytical Chemistry, 1999, 71(21): 4860-4865.

[42] Tomy G T, Stern G A, Muir D C G, et al. Quantifying C-10~C-13 polychloroalkanes in environmental samples by high-resolution gas chromatography electron capture negative ion high resolution mass spectrometry. Analytical Chemistry, 1997, 69(14): 2762-2771.

[43] Coelhan M. Determination of short chain polychlorinated paraffins in fish samples by short column GC/ECNI-MS. Analytical Chemistry, 1999, 71(20): 4498-4505.

[44] Zencak Z, Reth M, Oehme M. Determination of total polychlorinated n-alkane concentration in biota by electron ionization-MS/MS. Analytical Chemistry, 2004, 76(7): 1957-1962.

[45] Korytár P, Parera J, Leonards P E G, et al. Characterization of polychlorinated n-alkanes using comprehensive two-dimensional gas chromatography-electron-capture negative. ionisation time-of-flight mass spectrometry. Journal of Chromatography A, 2005, 1086(1-2): 71-82.

[46] Nilsson M L, Bengtsson S, Kylin H. Identification and determination of chlorinated paraffins using multivariate evaluation of gas chromatographic data. Environmental Pollution, 2012, 163: 142-148.

[47] Xia D, Gao L R, Zhu S, et al. Separation and screening of short-chain chlorinated paraffins in environmental samples using comprehensive two-dimensional gas chromatography with micro electron capture detection. Analytical and BioAnalytical Chemistry, 2014, 406(29): 7561-7570.

[48] Steinberg S M, Emerson D W. On-line dechlorination-hydrogenation of chlorinated paraffin mixtures using GC and GC/MS. Environmental Monitoring and Assessment, 2012, 184(4): 2119-2131.

[49] Reth M, Oehme M. Limitations of low resolution mass spectrometry in the electron capture negative ionization mode for the analysis of short- and medium-chain chlorinated paraffins. Analytical and BioAnalytical Chemistry, 2004, 378(7): 1741-1747.

[50] Reth M, Zencak Z, Oehme M. New quantification procedure for the analysis of chlorinated paraffins using electron capture negative ionization mass spectrometry. Journal of Chromatography A, 2005, 1081(2): 225-231.

[51] Zencak Z, Borgen A, Reth M, et al. Evaluation of four mass spectrometric methods for the gas chromatographic analysis of polychlorinated n-alkanes. Journal of Chromatography A, 2005, 1067(1-2): 295-301.

[52] Reth M, Zencak Z, Oehme M. First study of congener group patterns and concentrations of short- and medium-chain chlorinated paraffins in fish from the North and Baltic Sea. Chemosphere, 2005, 58(7): 847-854.

[53] Antle P M, Zeigler C D, Livitz D G, et al. Two-dimensional gas chromatography/mass spectrometry, physical property modeling and automated production of component maps to assess the weathering of pollutants. Journal of Chromatography A, 2014, 1364: 223-233.

[54] Xia D, Gao L R, Zheng M H, et al. A novel method for profiling and quantifying short- and medium-chain chlorinated paraffins in environmental samples using comprehensive two-dimensional gas chromatography-electron capture negative ionization high-resolution time-of-flight mass spectrometry. Environmental Science & Technology, 2016, 50(14): 7601-7609.

[55] Bogdal C, Alsberg T, Diefenbacher P S, et al. Fast quantification of chlorinated paraffins in environmental samples by direct injection high-resolution mass spectrometry with pattern deconvolution. Analytical Chemistry, 2015, 87(5): 2852-2860.

[56] Xia D, Gao L R, Zheng M H, et al. Human exposure to short- and medium-chain chlorinated paraffins via mothers' milk in Chinese urban population. Environmental Science & Technology, 2017, 51(1): 608-615.

[57] Harada K H, Takasuga T, Hitomi T, et al. Dietary exposure to short-chain chlorinated paraffins has increased in Beijing, China. Environmental Science & Technology, 2011, 45(16): 7019-7027.

[58] Thomas G O, Farrar D, Braekevelt E, et al. Short and medium chain length chlorinated paraffins in UK human milk fat. Environment International, 2006, 32(1): 34-40.

[59] Reth M, Ciric A, Christensen G N, et al. Short- and medium-chain chlorinated paraffins in biota from the European Arctic - differences in homologue group patterns. Science of the Total Environment, 2006, 367(1): 252-260.

[60] Cao Y, Harada K H, Liu W Y, et al. Short-chain chlorinated paraffins in cooking oil and related products from China. Chemosphere, 2015, 138: 104-111.

[61] Canada E. Chlorinated paraffins. Canada: Canadian Environmental Protection Act, 2008.

[62] Thomas G O, Jones K C. Chlorinated paraffins in human and bovine milk-fat. Lancaster, U.K: Department of Environmental Sciences, 2002.

[63] Team K-DOaP. Accumulated pesticide and industrial chemical findings from a ten-year study of ready-to-eat foods. KAN-DO Office and Pesticides Team. Journal of AOAC International, 1995, 78(3): 614-631.

[64] Lahaniatis M, Coelhan M, Parlar H, Clean-up and quantification of short and medium chain polychlorinated n-alkanes in fish, fish oil and fish feed. Organohalogen Compounds, 2000, 47: 276-279.

[65] 姜国, 陈来国, 何秋生, 等. 上海食用鱼中短链氯化石蜡的污染特征. 环境科学, 2013, 34(09): 3374-3380.

[66] Zeng L X, Wang T, Wang P, et al. Distribution and trophic transfer of short-chain chlorinated paraffins in an aquatic ecosystem receiving effluents from a sewage treatment plant. Environmental Science & Technology, 2011, 45(13): 5529-5535.

[67] Krogseth I S, Breivik K, Arnot J A, et al. Evaluating the environmental fate of short-chain chlorinated paraffins (SCCPs) in the Nordic environment using a dynamic multimedia model. Environmental Science-Processes & Impacts, 2013, 15(12): 2240-2251.

[68] Iino F, Takasuga T, Senthilkumar K, et al. Risk assessment of short-chain chlorinated paraffins in Japan based on the first market basket study and species sensitivity distributions. Environmental Science & Technology, 2005, 39(3): 859-866.

[69] Fridén U E, McLachlan M S, Berger U. Chlorinated paraffins in indoor air and dust: Concentrations, congener patterns, and human exposure. Environment International, 2011, 37(7): 1169-1174.

[70] Harrad S, Hazrati S, Ibarra C. Concentrations of polychlorinated biphenyls in indoor air and polybrominated diphenyl ethers in indoor air and dust in Birmingham, United Kingdom: Implications for human exposure. Environmental Science & Technology, 2006, 40(15): 4633-4638.
[71] Cherrie J W, Semple S. Dermal exposure to metalworking fluids and medium-chain chlorinated paraffin (MCCP). Annals of Occupational Hygiene, 2010, 54(2): 228-235.
[72] Huang H T, Gao L R, Zheng M H, et al. Dietary exposure to short- and medium-chain chlorinated paraffins in meat and meat products from 20 provinces of China. Environmental Pollution, 2017, 233: 439-445.
[73] Wang R H, Gao L R, Zheng M, et al. Short- and medium-chain chlorinated paraffins in aquatic foods from 18 Chinese provinces: Occurrence, spatial distributions, and risk assessment. Science of the Total Environment, 2018, 615: 1199-1206.
[74] Tomy G T. The mass spectrometric characterization of polychlorinated n-alkanes and the methodology for their analysis in the environment. Winnipeg: University of Manitoba, 1997.
[75] Xia D, Gao L-R, Zheng M-H, et al. Health risks posed to infants in rural China by exposure to short- and medium-chain chlorinated paraffins in breast milk. Environment International, 2017, 103: 1-7.
[76] Li J, Zhang L, Wu Y, et al. A national survey of polychlorinated dioxins, furans (PCDD/Fs) and dioxin-like polychlorinated biphenyls (dl-PCBs) in human milk in China. Chemosphere, 2009, 75(9): 1236-1242.
[77] Zhang L, Li J, Zhao Y, et al. A national survey of polybrominated diphenyl ethers (PBDEs) and indicator polychlorinated biphenyls (PCBs) in Chinese mothers' milk. Chemosphere, 2011, 84(5): 625-633.
[78] Zhou P, Wu Y, Yin S, et al. National survey of the levels of persistent organochlorine pesticides in the breast milk of mothers in China. Environmental Pollution, 2011, 159(2): 524-531.

第9章 持久性有机污染物的生物利用率

本章导读

- 介绍污染物生物利用率和生物可及性的定义,它们在内外暴露研究中的应用,以及生物利用率的测定手段,如动物活体试验、体外胃肠消化模型等。
- 介绍动物活体试验在生物利用率测定中应用的典型实例,比较不同试验基质、动物试验模型、生物利用率评价终点、给药剂量以及给药途径等。
- 介绍体外胃肠消化模型及其研究成果,影响体外胃肠消化试验的因素,以及基于双份饭法的"摄入-排泄"模型、Caco-2 细胞模型等技术在生物利用率研究中的应用。
- 介绍动植物源性食品中持久性有机污染物的生物利用率,以及基于生物利用率校正的膳食暴露评估结果。

9.1 生物利用率与生物可及性概述

生物利用率(bioavailability)是指进入人体后能够通过消化道吸收,最终到达血液或淋巴组织内(即进入人体内循环)的污染物占摄入总量的比例,也称为绝对生物利用度。相对生物利用度是指污染物的不同形态之间,或同一污染物存在于不同基质之间的绝对生物利用度之间的相对比值。生物可及性(bioaccessibility)是指污染物在胃肠道消化过程中,从基质(如土壤、食物等)释放到胃肠液中的量与总量的比值,表示了基质中污染物能被人体吸收的相对量,也是人体可能吸收的最大量[1]。生物可及性一般通过体外(*in vitro*)胃肠消化模型获得污染物在模拟消化液中的释放程度,未涉及跨膜运输,可看作是(经口)生物利用率的首要阶段(图 9-1)。

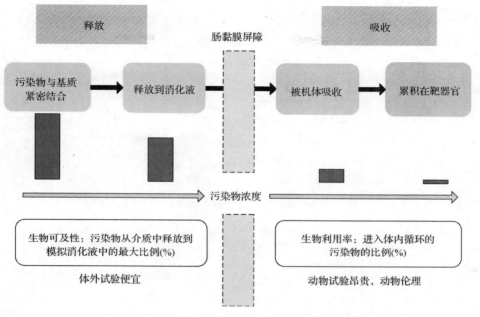

图 9-1　污染物的生物可及性与生物利用率

食品中的污染物被机体摄入后仅有部分从基质中释放出来，且只有释放出来的这部分污染物（即生物可利用部分）可对机体产生毒性作用。在污染物生物利用率实际数据缺乏的情况下，目前各国进行人群污染物膳食暴露评估时，均基于食品中污染物的总剂量（即外暴露剂量），而非污染物被机体摄入后经过消化、吸收而到达组织产生毒性作用的剂量（即内暴露剂量）（图 9-2）。因而可能过高地估计了人类对污染物的暴露量，或导致政府采取不必要且昂贵的干预措施。

生物利用率测定一般通过动物活体（$in\ vivo$）试验得到，这种方法较为准确可靠，不过周期长、费用高、不同实验动物间获得的结果存在较大差异，此外还存在动物伦理、动物福利方面的问题。体外（$in\ vitro$）胃肠消化试验具有分析时间短、试验成本低、结果重现性好、适合大批量样品、易于操作的特点，在人体健康风险评估中具有广阔的应用前景。采用体外胃肠消化试验研究膳食中生物可及性，对发展准确、灵敏、方便的膳食暴露化学污染物风险评估工具，阐明污染物体内代谢产物残留与控制的科学原理，制定科学、实用、与国际接轨的污染物限量标准，具有重要意义。

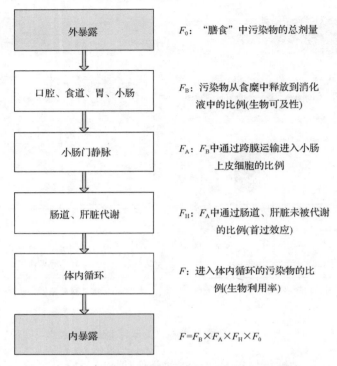

图 9-2 生物利用率与污染物内外暴露的关联

9.2 动物活体试验在生物利用率测定中的应用

生物利用率测定一般通过动物的活体(*in vivo*)试验得到[2-4]。例如，将污染物以粉剂或油的形式均匀分散到饲料中，定餐饲喂动物；或以静脉注射的形式直接将污染物注入动物体内，观察一定暴露时期内生物利用率的终点(endpoint)。生物利用率终点的确立包括测定污染物(原体)在血液、器官、脂肪组织、尿和粪便中代谢物的浓度，以及对脱氧核糖核酸(deoxyribonucleic acid, DNA)加合物和酶诱导的观察等。测定内循环系统中污染物的浓度是测定无机污染物(如砷、铅)生物利用率的常用手段[5-7]。然而对大多数有机污染物来说，由于污染物会在血液和靶器官及脂肪组织中快速分布(动态平衡)，有些污染物的母体进入循环系统后很快被代谢掉，若仅以血液中污染物浓度作为监测终点，可能导致生物利用率结果的高估。

通过测定粪便中污染物的浓度(代表了不被动物体吸收的部分)，或者测定脂肪组织中污染物的浓度也可以得到污染物的生物利用率，其假设是机体摄入的浓度减去不被吸收的浓度即为保留在体内的浓度，也就是能被机体利用的浓度。Wittsiepe 等发现，二噁英类 POPs 主要累积在动物的肝脏，另有少部分累积在脂肪组织和其他器官中[8]。与之相反，未被代谢的多环芳烃则主要累积在脂肪组织中。酶的诱导(如细胞色素 P450 单加氧酶)和 DNA 加合作用也被用于判断生物利用的终点，但它们对化合物单体并不适用。此外，采用这种方式进行方法学验证也非常耗时，有些甚至未经验证[9-11]。

目前已有大量的动物活体($in\ vivo$)试验用于评估污染物的生物利用率。大鼠、小鼠、兔子、狗、猪和灵长类动物曾被用于评估无机污染物的利用率。对持久性有机污染物而言，常用的动物仅限于啮齿类(大鼠、兔子)和猪。灵长类动物在种属上更接近人类，因此是生物利用率研究的最佳选择，然而此类实验成本高昂[12]，限制了它的使用范围。幼猪的生理结构被认为是模拟幼儿胃肠吸收污染物的理想模型[13]。啮齿类动物具有成本低廉、易于饲养等优点，是被广泛用作生物利用率研究的脊椎实验动物。然而，生物利用率评价所需终点也因动物种类的不同而有较大的差异。当以血液中污染物浓度作为判断终点时，在大鼠模型中只有一次取血机会，而对于猪和灵长类模型，则可以多次取血。

体内试验多采用污染物纯品饲喂实验动物，把污染物纯品以合适的途径/载体转入动物体内，如静脉注射和饲喂(均匀分散在复合饲料中)。采用何种"给药"途径，取决于研究者是要测定绝对生物利用率还是相对生物利用率。已有的研究表明，POPs 的生物利用率因动物试验模型、生物利用率评价终点、给药剂量以及给药途径的不同而有较大差异。Ramesh 等报道了通过饲喂实验动物获得的 PAHs 的吸收率和生物利用率，该研究发现按给药剂量和给药方式的不同，苯并[a]芘(BaP)的生物利用率在 5.5%～102%的范围内大幅变动(表 9-1)[14]。体内试验在采用纯品

表 9-1 经口饲喂 BaP 的生物利用率[14]

实验动物模型	BaP 给药剂量/(mg/kg)	载体/途径	生物利用率/%	参考文献
F-344 大鼠(雄)	0.37～3.7	花生油	91	[19]
F-344 大鼠(雄)	0.002	炭火烤汉堡	89	[19]
F-344 大鼠(雄)	100	花生油	40	[14]
SD 大鼠(雄)	2～60	20%乳化剂：80%等渗葡萄糖	>90	[20]
SD 大鼠(雄)	0.002	灌胃	>80	[21]
Wistar 大鼠	1 mmol/L	橄榄油	28	[22]
仓鼠	0.16～5.5	玉米油+合成饲料	97	[23]
绵羊	10～20 μCi*+1 mg (非同位素标记)	苜蓿糠+甲苯	54～67	[24]
山羊	2.5×10^6 Bq	^{14}C 标记植物油	5.5	[25]
小型猪	50 μCi	^{14}C 标记牛奶	33	[26]

* Ci：居里，原放射性活度单位，现已废止。1Ci(居里)=3.7×10^{10} Bq(贝克勒尔)，下同。

(以饲料或其他形式)饲喂的同时,也有研究者采用 POPs 污染的土壤饲喂并观察其在土壤中的生物利用率(表 9-2),有些还特别关注了土壤基质类型和污染物的熟化时间对生物利用率的影响。

表 9-2 利用动物活体(*in vivo*)试验对 POPs 生物利用率进行研究的报道

实验动物模型	POPs 种类	污染基质	生物利用率	参考文献
F-344 大鼠(DNA 加合物)	PAHs	煤焦油污染的土壤,PAHs 总量:3200~3500 ppm,制成 100~250 ppm 的饲料	暴露组肝/体重比率比对照组高 30%,肺部 DNA 加合物水平是肝部的 3 倍	[15]
猪(器官、组织)	PCDD/Fs	28 天饲喂。A 组:污染土壤,2.63 ng I-TEQ/(kg bw·d);B 组:污染物标准品经溶剂分散在饲料中,1.58 ng I-TEQ/(kg bw·d)	土壤组:四氯代 PCDD/Fs 的生物利用率为 0.6%~22%;饲料组:四氯代 PCDD/Fs 的生物利用率为 3%~60%	[8]
SD 大鼠(雌)、猪(EROD 诱导)	PCDD/Fs	冲积平原淤泥(TEQ = 651)城市土壤(TEQ = 264)	大鼠:相对于玉米油、淤泥和土壤中 PCDD/Fs 的相对生物利用率分别为 37%和 60%;猪:分别为 20%和 25%	[18]
SD 大鼠(雄)血液	PCB118 PCB52	PCBs 标准品分别加入土壤和玉米油中,饲喂大鼠;和直接静脉注射的结果比较	PCB52 的绝对生物利用率为 53%~67%,PCB118 的为 61%~70%	[16]
SD 大鼠(雄)尿、粪便、体脂	PCBs	0.25~1.0 μCi/kg ^{14}C-PCBs(18,52,101)标记土壤	PCB18、PCB52 和 PCB101 的生物利用率分别为 78%、88%和 77%	[10]

注:1 ppm=1×10^{-6},下同。

Bordelon 等用 Fischer-433 大鼠模型,以 DNA 加合物形成作为判定终点,对煤焦油中产生 PAHs 的生物利用率进行了研究。他们将煤焦油标准品注射到土壤中并混匀,然后将这种污染土壤均匀拌在饲料中饲喂动物,饲料中 PAHs 的浓度为 100~250 ppm。17 天饲喂期结束后,测定肝脏和肺内 DNA 加合物的水平,结果显示两处 DNA 加合物均有检出,肺部的含量是肝部的 3 倍;此外,试验结果还表明 POPs 在土壤中驻留的时间(熟化时间)对生物利用率无影响[15]。Pu 等采用雄性 SD 大鼠模型研究了不同土壤类型(有机碳含量不同)中菲和多氯联苯生物利用率的区别[26]。给药方式分为饲喂 POPs 污染过的土壤、饲喂玉米油及静脉注射三种,判定终点为测定血液中 POPs 的浓度。

对菲的研究发现,玉米油中菲的绝对生物利用率约为 25%;土壤中菲的生物利用率依土壤有机碳含量不同而略有差异。在饲喂剂量分别为 400 μg/kg bw 和 800 μg/kg bw 时,菲的绝对生物利用率分别为 15%~49%和 22%~23%,相对生物利用率(相对于玉米油)均小于 100%；而添加在低有机碳类土壤中的相对生物利用率则分别达到 203%和 138%。对 PCBs 的研究发现，玉米油中 PCB52 和 PCB118 的绝对生物利用率分别为 53%和 70%，土壤中 PCB52 和 PCB118 的绝对生物利用率分别为 53%～67%和 61%～70%。研究还发现通过饲喂土壤获得的生物利用率比玉米油要低，而且土壤有机碳含量的影响不明显。Fries 等也观察到类似的规律，不过绝对生物利用率的范围为 78%～88%[17]。

土壤中二噁英(PCDD/Fs)的生物利用率研究也曾被关注。Wittsiepe 等以污染土壤和土壤提取物每日饲喂猪，28 天后检测其血液、肝脏、脑、肌肉和脂肪组织中 POPs 的含量，发现污染土壤饲喂得到的绝对生物利用率(0.6%～22%)大大低于土壤提取物饲喂的结果(3%～60%)，四氯代二噁英和呋喃的相对生物利用率为 2%～42%[8]。Budinsky 等采用 EROD 酶诱导活性作为判定终点，研究了两种不同类型的土壤(TCDD/Fs 毒性当量分别为 651 和 264)，发现其相对生物利用率分别为 20%和 25%[18]。不同实验动物模型的选择也会影响生物利用率的测定，采用 SD 大鼠获得的相对生物利用率要比采用猪获得的结果高 1.8～2.4 倍，实验动物胃肠吸收的种间差异、污染物的给药方式等被认为是造成结果差异的可能原因。

9.3 体外胃肠消化试验在生物利用率测定中的应用及其影响因素

为了测定污染土壤中 POPs 的生物利用率，国际上已建立了诸如生理原理提取法(physiologically based extraction test，PBET)、体外胃肠法(in vitro gastrointestinal method，IVG)、荷兰公共卫生与环境国家研究院法(Rijksinstituut voor Volksgezondheid en Milieu，RIVM)、德国标准研究院法(Deutsches Institut fuer Normung，DIN)和人体肠道微生物生态模拟系统(simulator of human intestinal microbial ecosystem，SHIME)等十多种体外模型[1]，这些模型用以模拟土壤基质中的 POPs 在人体消化系统内的释放过程。由于人的消化系统是极其复杂的器官，因此这些模型只对关键的部位进行了模拟(表 9-3)。

污染物生物利用率体外模型始于营养学研究食物中铁对人体的生物有效性，后来这类模型逐渐用来评估人体因无意摄入土壤中的无机污染物(铅、砷)对人体的生物可及性。近年来，这些体外模型在铅、砷、镉等无机离子在土壤和食品(如大米、蔬菜、水产品)中的生物有效性(可及性)评估研究方面取得了很大进展[26-28]。针对 POPs 类有机污染物生物可及性的研究虽偶有报道，但整体数量却十分有限。

表 9-3 主要体外消化模型及其应用比较[1]

		PBET	IVG	SBET	RIVM	MB&SR	DIN	TIM	SHIME
原理		基于人体生理学	基于人体生理学	人体生理机能的简化	与人体生理机能相符	基于人体生理学	与人体生理机能相符	动态模拟与人体生理机能	动态模拟与人体生理机能
模拟器官		胃、小肠	胃、小肠	胃	口腔、胃、小肠	口腔、胃、小肠	口腔、胃、小肠	胃、小肠(十二指肠、空肠、回肠)	胃、小肠、大肠
主要污染物		As, Pb, Cd, Pt, PAHs, PCDDs	As, Pb, Cd	P, As, C, Zn, N, Co, Cr	Pb, As, Cd, PCBs, 林丹	As, Pb, Cd, PAHs, PCDDs	As, Pb, Cd, PAHs, PCBs	As, Pb, Cd, Pt, PAHs	As, Pb, Cd, Pt, PAHs
固液比		1:100	1:150	1:100	1:100 口腔 1:100 胃 1:100 小肠	1:160 口腔 1:2160 胃 1:4770 小肠	1:50 胃 1:100 小肠	1:30 胃 1:51 小肠	1:100 胃 1:160 小肠
混合方式		垂直混合	氩气鼓泡	氩气鼓泡	垂直混合	振荡	搅拌	蠕动	转子搅拌
温度/℃		40	37	37	37	37	37	37	37
口腔模拟	体积/mL	—	—	—	9	8	—	—	—
	主要组分	—	—	—	黏液素、淀粉酶、尿素、无机盐	黏液素、尿素、无机盐	—	—	—
	pH	—	—	—	6.5	5.5	—	—	—
	驻留时间	—	—	—	5min	5s	—	—	—
胃模拟	体积/mL	40	600	—	13.5	100	100	250	25
	主要组分	0.1%胃蛋白酶、有机盐	0.1%胃蛋白酶、有机盐	0.4 mol/L氨基乙酸	0.1%胃蛋白酶	0.3%胃蛋白酶、2%氯化钠	1%胃蛋白酶、黏液素、无机盐	0.2%胃蛋白酶、无机盐	1%胃蛋白酶、3%黏液素、无机盐
	pH	2.0	1.8	1.5	1.1	1.4±0.2	2.0	从5.0降到3.0	4.0
	驻留时间/h	1	1	1	2	2	2	1.5	3
小肠模拟	体积/mL	40	600	—	36	100	100	210	15
	主要组分	0.02%胰液素、0.07%胆汁	0.02%胰液素、0.07%胆汁	—	0.3%胰液素、0.6%胆汁、2.8%牛BSA、无机盐	0.2 mol/L碳酸氢钠	0.9%胰液素、0.9%胆汁、0.9%黏液素、无机盐	10%胰液素、4%胆汁、0.2%胰脂素、无机盐	0.9%胰液素、0.4%胆汁
	pH	7	5.5	—	5.5	6.5	7.5	6.5~7.2	6.5
	驻留时间/h	1~3	1	—	2	4	6	6	5
基质		土壤、尾矿、蔬菜	土壤	土壤	土壤	土壤	土壤	土壤	土壤、尾矿、蔬菜
食物		禾加	可选	不加	可选	不加	可选	加	可选
验证		幼猪、猴子	幼猪	幼猪	未验证	未验证	幼猪	未验证	未验证

体外消化模型主要由口腔模拟、胃部模拟和小肠模拟三部分组成。然而，由于食物在口腔内驻留时间较短(约 2 min)，污染物的释放可能十分有限，因此口腔内的模拟一般作为备选步骤，多数模型重点研究的是胃部和小肠的模拟。另外，体外模型的建立、参数的设置要充分体现儿童的生理特点，因为儿童是环境污染物的易感人群。

影响生物可及性的主要因素包括如下几个方面。

1. 消化液的组分

胃蛋白酶(pepsin)是体外胃肠消化试验中胃液的主要成分之一，它的主要功能是将大分子的蛋白质降解为多肽，也有研究者认为胃蛋白酶能降低消化液的表面张力[29]，从而提高 POPs 在消化液中的溶解性。黏蛋白是一种由黏性末端分泌的大分子糖基化蛋白，是胃液另一类主要成分，在体外胃肠消化试验中也起到提高 POPs 在消化液中的溶解性的作用。胆汁和胰液是体外胃肠模拟中肠道模拟液的核心组分。胆汁是一种消化液，有乳化脂肪的作用，但不含消化酶，胆汁对脂肪的消化和吸收具有重要作用。胆汁中的胆盐、胆固醇和卵磷脂等可降低脂肪的表面张力，使脂肪乳化成许多微滴，利于脂肪的消化；胆盐还可与脂肪酸甘油酯等结合，形成水溶性复合物，促进脂肪消化产物的吸收，并能促进脂溶性维生素的吸收。在非消化期间胆汁存于胆囊中。在消化期间，胆汁则直接由肝脏以及由胆囊大量排至十二指肠内。胰液是脂肪酶(分解脂肪)、蛋白酶(分解蛋白质)和淀粉酶的混合物。胆汁和胰液可以增大有机污染物的生物可及性。由于伦理学的原因，不可能在体外消化模型中使用人的胆汁，故多采用动物胆汁来代替。不同消化模型采用的胆汁类型也不尽相同，如均质纯胆盐(purified uniform bile salts)和动物原生胆汁(animal origin bile)[30]。有试验表明，当采用均质纯胆盐时，胆汁-脂肪乳化型的微滴不易形成，进而影响 POPs 从土壤/食物基质中的析出，而采用动物原生胆汁则能获得较满意的结果[31-35]。鸡的胆汁曾被用于体外模型，但结果重现性较差[34]。采用鸡胆汁所得铅的生物可及性比采用牛或猪的胆汁高 3～5.5 倍[32, 33]。猪和牛的胆汁中胆盐浓度和人胆汁中胆盐浓度最为接近，因此被认为是最佳的替代品[32]。

2. 模拟消化液的 pH

消化液的 pH 对污染物从基质中的释放有重要的影响。对重金属类污染物而言，其生物可及性随着 pH 的降低而升高。人体胃肠系统的 pH 与进食状态(禁食还是饱食)有很大关系，Ruby 等[35]发现，儿童在禁食状态下，胃内的 pH 为 1.7～1.8。当处于消化食物状态时，胃内的 pH 升至 4 以上，随着胃的排空，2 h 后 pH 又降至基础水平(1.7～1.8)。体外模型开发/使用人员一般采取保守策略，对儿童按最坏场景进行模拟(禁食状态)，在评估重金属和矿物质的生物可及性时尤其如此。大多数模型模拟胃部时采用 1~2 的 pH，不过也有研究者在采用 SHIME 模型时曾使用 5.2 的 pH，用以模拟婴儿饱食状态[1]。小肠初始段的 pH 一般设定为 4~4.5，回肠部分设为 7.5。一般情况下，大多数的模型都将小肠部模拟 pH 设为中性（6.5~7.5）。

3. 驻留时间

营养学研究证明胃的排空一般在进食后 1~2 h，食糜/消化液通过小肠到达大肠需要 3~5 h。食物在胃肠中驻留的时间越久，污染物释放到消化液中的比例也越大，直至在消化液和食糜两相间达到动态平衡。大多数体外模型将胃部模拟时间设为 1~3 h，肠部模拟时间设定为 2~6 h，驻留时间的微小差异对结果影响不大[36-39]。

4. 固液比

固液比是另一个对体外模型中污染物生物可及性有较大影响的因素。不同的模型采用的比值为 1∶2(g/mL)~1∶5000(g/mL)。Ruby 等在考察固液比对土壤中金属的生物可及性的影响时，认为 1∶5~1∶25 的固液比所得的结果比实际值偏低[35]。对于 POPs，有关固液比影响的报道不是很多。

5. 基质类别

同一类型污染物在不同的基质中生物可及性往往不同。例如，Xing 等[40]对浙江台州当地产的鳙鱼、泥鳅、菠菜和圆白菜中的 PCBs 的生物可及性进行了研究，发现菠菜和圆白菜释放的 PCBs 比鱼释放的多，平均生物可及性为 25%，这可能是由基质对污染物吸附能力不同造成的。食物基质更多地影响污染物在胃肠道内的释放，一旦释放出后，物质的吸收和代谢更多地取决于其本身固有的属性。污染物在一种食物基质中生物可及性高，并不意味着在所有食物基质中生物可及性都高[41]。当污染物在某种食物中的生物利用率/可及性数据缺乏时，不能简单地参考或采用该污染物在其他食物中的生物利用率/可及性数据[41]。

6. 其他因素

体外模拟的温度多设为 37℃，和人体的生理温度一致。在孵育过程中，为更真实模拟体内消化过程，搅动消化液是必需的步骤。搅动的形式可以是振摇、搅拌、上下翻转、通入惰性气体或者幅度/频率较小的蠕动。多数研究者采用同一容器作为胃肠模拟场所，分步加入胃液和肠液；也有研究者采用流式系统，使胃部模拟和肠部模拟在不同的器皿内进行,更好地模拟了食糜在人体胃肠道内的转运。

不同的体外胃肠模拟模型对同一样品测得的生物利用率结果常常差异较大,目前国际上还没有真正确认一种通用的标准方法。因此对经体外模型得到的结果进行验证非常重要,一般通过比较体外模型和动物活体试验数据相关性来判断。已开展的动物试验包括幼猪、大鼠、兔子和猴子等[1,42]。动物试验的局限性在于忽略了胃肠消化过程中影响生物利用率的一些重要因素,如食物自身的基质效应、不同类型食物间的相互影响、烹饪过程的影响等;另外,人体的消化系统与实验动物在生理条件上存在差异,把从动物活体试验得到的数据推广到对人体的生物有效性,解释上有一定的困难。2000年左右,Juan等以双份饭方式对5名志愿者14天内摄入食物和排泄物(input-output balance)中PCBs的浓度进行了监测。研究发现,PCBs的吸收率和个体的体脂率密切相关,PCBs在体内呈"动态平衡":高氯代的PCBs易于净排出(体脂→血液→排泄物),低氯代的PCBs更倾向于净摄入[43]。不过该研究中志愿者的年龄分布较集中(24~30岁)。此外志愿者摄入的食物中PCBs含量不高,这为某些表现为"净排出"的PCBs的生物利用率验证带来了困难。动物活体试验常采用污染物纯品,添加或制成胶囊分散到饲料中饲喂动物[42],以便准确计算动物摄入污染物的量。因此,在对体外试验验证时,人群数据和动物试验数据的结合,有可能为体外模型验证提供准确的内暴露数据。

近年来,体外消化模型结合Caco-2细胞(human colon adenocarcinoma cell lines)模型的协同研究,引起了研究者的广泛关注。Caco-2细胞是一种人克隆结肠腺癌细胞,结构和功能类似于分化的小肠上皮细胞。它能够在细胞及分子水平提供关于药物分子通过小肠黏膜的吸收、代谢、转运的信息,从而模拟体内小肠转运,近年来已被广泛应用于研究外源化学物,特别是环境污染物的吸收、转运和代谢情况(图9-3)[1,44,45]。

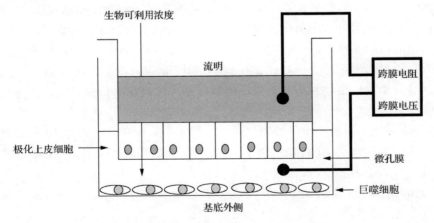

图9-3 肠内功能细胞模型转运机理示意图[46]

9.4 食品中 POPs 的生物利用率

近 30 年来，二噁英类 POPs 的生物利用率研究主要以土壤为主[18,47-49]。该类研究有助于快速甄别出污染程度较为严重、可能危及人体健康的土壤。也可用来验证污染土壤修复措施的有效性。土壤、室内外尘土也曾被认为是人类，尤其是儿童暴露于 POPs 的主要途径之一。例如，蔬菜、稻谷带入的泥土，儿童贴地玩耍或经由玩具、经口摄入的灰尘等。

近年来，美国 Michigan 大学的二噁英暴露研究小组评估了二噁英经由土壤、室内灰尘等途径对 0～7 岁儿童的健康风险。该研究认为居民(包括儿童)体内二噁英的暴露主要来自膳食，尤其是牛奶、肉类和鱼类[48]。类似地，美国疾病控制与预防中心(CDC)的专家研究了历史上 PCDD/Fs 和 PCBs 污染过的土壤，以及长期居住在该地区的居民血清中该类污染物之间的关系，经评估后他们认为，"人群经土壤暴露 PCDD/Fs 和 PCBs 的风险<1%，几乎可以忽略不计"[47]。另外，基质的理化特性是影响生物利用率的重要因素之一[50]，土壤的基质特征和食物的显然不同，那么"用研究土壤得到的数据直接预测食物的生物利用率是否合适将成为问题"[51]。因此，研究 POPs 在食物中的污染水平，并进一步探明其在各种食物基质中的生物可及性和生物利用率，对于准确评估人群经膳食暴露 POPs 的健康风险，具有重要意义。目前，国际上对各类食品(农产品)中二噁英类 POPs 的污染情况已有了相当多的报道，但对各食物基质中该类污染物的生物利用率研究目前仍较有限。

9.4.1 鱼、贝等水产品

海鱼中含有丰富的鱼油(如 ω-3 不饱和脂肪酸)，经常食用海鱼能降低冠心病和中风的风险；另外，海鱼体内累积了包括 POPs 在内的许多污染物，如何评价食用海鱼的风险获益比，一直被广为关注[52]，英格兰和威尔士食品标准局推荐居民每人每周摄入不超过 2 份共计 280 g 的海鱼[53]，以降低摄入过多 POPs 的风险。如果这些污染物的生物利用率较低，则意味着可以提高海鱼摄入量，获得更多的健康收益。

Wang 等采用胃肠两室体外消化模型，测定了石斑鱼、黄鱼等 10 种海鱼和鲫鱼、草鱼、包头鱼等 10 种淡水鱼中六六六($\sum$HCH)和滴滴涕($\sum$DDT)的生物可及性[54]。海鱼中，六六六的生物可及性为 1.07%～26.9%，其中金点狐狸鱼(gold-spotted rabbit-fish)最低，石斑鱼(orange-spotted grouper)最高；滴滴涕的生物可及性为 4.52%～34.4%，黄鱼(yellow croaker)最低，红衫鱼(golden threadfin bream)最高。淡水鱼中，六六六生物可及性最低的是鳜鱼(mandarin fish, 4.18%)，最高的是包头鱼(bighead carp，20.3%)；滴滴涕生物可及性最低的是黄鳝(rice field eel，10.3%)，最高的是罗非鱼(tilapia，36.1%)。

Xing 等采用较低胆汁浓度(1.5 mg/mL)的胃肠两室体外消化模型，测得包头鱼和泥鳅(oriental weatherfish)中 PCBs 的生物可及性分别为 2%和 3%，同时测得菠菜和圆白菜的生物可及性为 25%和 27%[40]。该研究认为，脂肪含量较高的鱼类，在胃肠道中难以消化并能储存类似 PCBs 这样的污染物，从而使 PCBs 在消化过程中难以从食物基质中释放出来，导致可供机体吸收的 PCBs 较少，因此高脂食物中 PCBs 的生物可及性和生物利用率远低于低脂食物。不过也有研究者持不同观点，Yu 等采用 SHIME 体外消化模型[55]，测定了 14 种水产品中 13 种 PBDEs 的生物可及性：包头鱼为 5.2%，大口黑鲈(big mouth bass)为 12.4%，武昌鱼(Wuchang fish)为 10.4%，小头带鱼(small-headhair-tail)为 28.3%，鳜鱼为 21.2%，黑鱼(northern snakehead)为 19.9%，银鲳鱼(silver pomfret)为 52.7%，大黄鱼(large yellow croaker)为 92.5%。Yu 等认为，当脂肪含量高于一定阈值(1.8%)时，POPs 的生物可及性与脂肪含量呈正相关，即食品的脂肪含量越高，其所含 POPs 的生物可及性也越高。

Shen 等采用三室体外消化模型测定了水煮和油炒两种烹饪方式下淡水鱼中 PCDD/Fs 和 PCBs 的生物可及性[56]。在水煮方式下，淡水鱼中 PCDD/Fs 的生物可及性为 6.10%(1,2,3,7,8,9-HxCDD)～13.0%(2,3,7,8-TeCDF)，PCBs 的生物可及性为 18.2%(PCB138)～60.6%(PCB28)。在油炒方式下，淡水鱼中 PCDD/Fs 的生物可及性为 19.9%(1,2,3,7,8-PeCDD)～36.6%(2,3,7,8-TeCDF)，PCBs 的生物可及性为 59.4%(PCB138)～103%(PCB28)。水煮淡水鱼 PCDD/Fs 的生物可及性为 6.10%～13.0%，经过油炒，生物可及性提高到 19.9%～36.6%，平均提高了 2～3 倍；PCBs 的生物可及性由 18.2%～60.6%提高到 59.4%～103%，提高了 2～3 倍。由于食品中 POPs 生物可及性的相关研究较少，目前尚难以对不同体外模型得到的 POPs 生物可及性差异给出合理的解释。

9.4.2 肉类、蛋类和乳制品等其他动物源性食品

Shen 等采用三室体外消化模型测定了水煮和油炒两种烹饪方式下鸡蛋和牛肉中 PCDD/Fs 和 PCBs 的生物可及性[56]。水煮方式下，鸡蛋中 PCDD/Fs 的生物可及性为 7.3%(OCDF)～12.4%(1,2,3,7,8-PeCDF)，PCBs 的生物可及性为 20.4%(PCB189)～43.4%(PCB153)。油炒方式下，鸡蛋中 PCDD/Fs 的生物可及性为 11.0%(OCDF)～23.5%(1,2,3,7,8-PeCDF)，PCBs 的生物可及性为 39.4%(PCB189)～85.0%(PCB153)。水煮鸡蛋中 PCDD/Fs 的生物可及性为 7.3%～12.4%，经过油炒，生物可及性提高到 11.0%～23.5%，平均约提高了 1 倍；PCBs 的生物可及性由 20.4%～43.4%提高到 39.4%～85.0%，指示性多氯联苯和类二噁英多氯联苯均提高

了约 1 倍。

牛肉在水煮方式下，PCDD/Fs 的生物可及性为 5.9%(1,2,3,6,7,8-HxCDD)～12.1%(2,3,7,8-TeCDD)，PCBs 的生物可及性为 41.4%(PCB126)～58.9%(PCB101)。在油炒方式下，牛肉中 PCDD/Fs 的生物可及性为 22.4%(1,2,3,7,8,9-HxCDD)～31.4%(OCDF)，PCBs 的生物可及性为 69.4%(PCB123)～86.9%(PCB167)。水煮牛肉中 PCDD/Fs 的生物可及性为 5.9%～12.1%，经过油炒，生物可及性提高到 22.4%～31.4%，平均约提高了 2 倍；PCBs 的生物可及性由 41.4%～59.0% 提高到 69.4%～85.0%，提高了约 50%。水煮和油炒的烹饪方式对牛肉中 PCDD/Fs 和 PCBs 的生物可及性有一定的影响，但影响模式和鸡蛋又有所区别：油炒对牛肉中 PCDD/Fs 的生物可利用部分提高得更多(2 倍)，对 PCBs 生物可及性的提高则不如鸡蛋(50%)。试验中牛肉的脂肪含量为 4.8%，鸡蛋的脂肪含量为 11.1%，这种差异是由污染物本身理化性质引起，还是由食物脂肪含量差异导致，有待其他动物源性食品加以进一步验证。

膳食摄入是人体暴露 PFOA 的主要途径，目前食品中 PFOA 生物利用率研究得十分有限。Li 等采用雌性 BALB/c 小鼠动物模型和 UBM、PBET 和 IVG 三种体外消化模型，分别测定了 17 种动植物源性食品中 PFOA 的相对生物利用率和生物可及性，结果见表 9-4。研究者将 PFOA 和营养组分各异的食物混合后饲喂小鼠 7 天。通过比较小鼠肝脏中 PFOA 含量与 PFOA 水溶液中的含量，计算 PFOA 的相对生物利用率(RB, %)。结果表明，PFOA 的相对生物利用率(%)为 4.30±0.80～69.0±11.9，且与食物的脂肪含量呈负相关($r = 0.76$)[57]。研究者认为游离脂肪酸和 PFOA 竞争性结合小肠上皮细胞上的转运位点，导致 PFOA 的转运效率降低；此外，消化液中的 Mg^{2+} 和 Ca^{2+} 也能和 PFOA 生成脂溶性的络合物，也会导致 PFOA 的生物利用率降低。采用不同的体外消化模型获得的生物可及性有所差异：UBM 为 8.7%～73%，PBET 为 9.8%～99%，IVD 为 21%～114%。采用 UBM 法，脂肪含量和 PFOA 生物可及性呈负相关($r = 0.82$)，与动物试验的结果较吻合。

表 9-4　PFOA 的相对生物利用率(RB)和生物可及性[57]

		动物试验(RB, %)	体外消化试验(生物可及性, %)		
			UBM	PBET	IVG
动物源性食品	羊肉	36.9±2.0	52.6±15	22.8±5.8	47.6±14
	牛肉	18.3±2.4	34.3±3.7	27.3±7.4	96.3±9.5
	河虾	15.1±1.1	41.8±6.1	42.1±5.9	34.2±3.8
	牛奶 1	58.7±5.9	71.9±3.7	94.8±13	113.5±2.6
	牛奶 2	45.1±3.2	60.5±6.8	99.5±8.4	95.5±3.9

9.4.3 植物源性食品

植物源性食品中 POPs 生物可及性研究十分有限。Yu 等采用 SHIME 体外消化模型[55]，测定了 13 种植物源性食品中 13 种 PBDEs（$\sum$PBDEs）的生物可及性。PBDEs 平均生物可及性最高的为黄豆(29.9%)，然后是胡萝卜(29.4)和豆腐干(25.4%)，而其他蔬菜类食品则低得多(表 9-5)，如包心菜只有 4.4%。

表 9-5 植物性食品中 13 种 PBDEs 的生物可及性[55]   （单位：%）

生物可及性	菠菜	包心菜	韭菜	土豆	胡萝卜	茄子	黄瓜	番茄	蚝蘑菇	香菇	绿豆	黄豆	豆腐干
$\sum$PBDEs	2.6	4.4	3.3	16.5	29.4	6.6	10.3	22.7	18.1	18.6	8.4	29.9	25.4

Xing 等采用较低胆汁浓度(1.5 mg/mL)的胃肠两室体外消化模型，测得菠菜和包心菜中 PCBs 的生物可及性为 25% 和 27%[40]。Shen 等采用三室体外消化模型测定了水煮和油炒两种烹饪方式下大米和包心菜的生物可及性(表 9-6)。结果显示水煮大米 PCDD/Fs 的生物可及性为 5%～10%，而经过油炒，生物可及性提高到 15%～20%，平均约提高了 3 倍；PCBs 的生物可及性也由 10%～15% 提高到 30%～80%，指示性多氯联苯提高了 2～3 倍，类二噁英多氯联苯提高了约 5 倍[56]。由于生物可及性研究缺乏统一的体外模型，因此不同模型间获得的数据存在一定差异。

表 9-6 植物性食品烹饪后 17 种 PCDD/Fs 和 12 种 PCBs 的生物可及性[56]   （单位：%）

生物可及性均值	水煮		油炒	
	大米	包心菜	大米	包心菜
$\sum$PCDD/Fs	4.91±0.33	1.93±0.65	17.7±0.45	15.2±1.30
$\sum$PCBs	16.5±0.96	4.15±0.89	55.70±2.50	39.5±3.84

Li 等[57]采用雌性 BALB/c 小鼠动物模型和 UBM、PBET 和 IVG 三种体外消化模型，测定了 6 种植物源性食品中 PFOA 的相对生物利用率和生物可及性，结果见表 9-7。

表 9-7 PFOA 的相对生物利用率(RB)和生物可及性[57]

		动物试验(RB, %)	体外消化试验(生物可及性, %)		
			UBM	PBET	IVG
植物源性食品	炸薯片	29.0±3.4	39.1±8.4	50.3±4.4	41.3±9.5
	豌豆	69.2±12	38.1±3.8	19.3±1.7	28.7±0.8
	扁豆	36.7±4.3	51.6±2.8	38.6±10	56.2±0.3
	玉米油	4.30±0.8	8.65±2.5	15.8±2.9	28.8±1.1
	胡萝卜汁	4.30±0.8	8.65±2.5	15.8±2.9	28.8±1.1
	橙汁	56.4±1.8	68.0±3.7	81.4±4.7	68.9±3.3

9.4.4 基于生物利用率/生物可及性的膳食暴露评估

Yu 等分析了上海市 31 类共 299 份动植物源性食品中 PBDEs 的含量，结合膳食摄入量，得到当地人群通过植物源性食品和动物源性食品摄入的 PBDEs 分别为 13.2 ng/d 和 13.7 ng/d[55]。此外，他们利用体外消化模型测定了 PBDEs 的生物可及性，发现植物源性食品中 PBDEs 的生物可及性为 2.6%～39.9%，动物源性食品中 PBDEs 的生物可及性为 5.2%～105.3%。在考虑生物可及性的情况下，当地人群 PBDEs 摄入量分别为 2.7 ng/d 和 4.3 ng/d，分别降低了 79.5%和 68.6%。

Shen 等以猪肉、牛肉、淡水鱼、大米、小白菜、鸡蛋和奶粉 7 类食品为基础，根据浙江省居民的膳食消费量和污染物调查数据（PCDD/Fs 和 PCBs 结果），分别计算了不考虑生物可及性的总摄入量（gross intake）和基于生物可及性校正的摄入量，并与 2007 年我国 TDS 浙江省的数据（48 pg WHO-TEQ/d）进行了对比[56]。研究发现，若假设食物全部水煮，日均摄入值为 13.0 pg WHO-TEQ，比未考虑生物可及性的结果（112 pg WHO-TEQ/d）降低了 88%；若假设食物全部油炒，则日均摄入值为 41.8 pg WHO-TEQ，比未考虑生物可及性的结果（112 pg WHO-TEQ/d）降低了 63%；假设一半水煮一半油炒，则日均摄入值为 27.4 pg WHO-TEQ，比未考虑生物可及性的结果降低了 76%。TDS 在国际上被广泛用于监测食物中的营养素与污染物的含量，它的优点是纳入食品范围广，考虑了膳食习惯、不同食物消费量和烹饪方式的影响，不过 TDS 并未考虑生物可及性因素。Shen 等的研究模拟了污染物在胃肠内的消化过程，较大程度地降低了评估的不确定性。但它的局限性在于纳入的食品种类少，可能造成最终结果的低估，这些工作有待今后进一步深入完善。

参 考 文 献

[1] 张东平, 余应新, 张帆, 等. 环境污染物对人体生物有效性测定的胃肠模拟研究现状. 科学通报, 2008, (21): 2537-2545.

[2] Shang H, Wang P, Wang T, et al. Bioaccumulation of PCDD/Fs, PCBs and PBDEs by earthworms in field soils of an E-waste dismantling area in China. Environment International, 2013, 54: 50-58.

[3] Shen H, Henkelmann B, Rambeck W A, et al. Physiologically based persistent organic pollutant accumulation in pig tissues and their edible safety differences: An *in vivo* study. Food Chemistry, 2012, 132(4): 1830-1835.

[4] Harrad S, Wang Y, Sandaradura S, et al. Human dietary intake and excretion of dioxin-like compounds. Journal of Environmental Monitoring, 2003, 5(2): 224-228.

[5] Juhasz A L, Smith E, Weber J, et al. *In vivo* assessment of arsenic bioavailability in rice and its impact on human health risk assessment. Environmental Health Perspectives, 2006, 114: 1826-1831.

[6] Juhasz A L, Smith E, Weber J, et al. *In vitro* assessment of arsenic bioaccessibility in contaminated (anthropogenic and geogenic) soils. Chemosphere, 2007, 69: 69-78.
[7] Juhasz A L, Smith E, Weber, J, et al. Comparison of *in vivo* and *in vitro* methodologies for the assessment of arsenic bioavailability in contaminated soils. Chemosphere, 2007, 69: 961-966.
[8] Wittsiepe J, Erlenkämper B, Welge P, et al. Bioavailability of PCDD/F from contaminated soil in young Goettingen minipigs. Chemosphere, 2007, 67(9): S355-S364.
[9] Chaloupka K, Steinberg M, Santostefano M, et al. Induction of *CYP1A-1* and *CYP1A-2* gene expression by a reconstituted mixture of polynuclear aromatic hydrocarbons in B6C3F1 mice. Chemico-Biological Interactions, 1995, 96: 207-221.
[10] Roos P H. Differential induction of CYP1A1 in duodenum, liver and kidney of rats after oral intake of soil containing polycyclic aromatic hydrocarbons. Archives of Toxicology, 2002, 76: 75-82.
[11] Zhang Q Y, Wikoff J, Dunbar D, et al. Regulation of cytochrome P4501A1 expression in rat small intestine. Drug Metabolism and Disposition, 1997, 25: 21-26.
[12] Rees M, Sansom L, Rofe A, et al. Principle and application of an *in vivo* swine assay for the determination of arsenic bioavailability in contaminated matrices. Environmental Geochemistry and Health, 2009, 31: 167-177.
[13] Weis C P, La Velle J M. Characteristics to consider when choosing an animal model for the study if lead bioavailability. Chemical Speciation and Bioavailability, 1991, 3: 113-119.
[14] Ramesh A, Inyang F, Hood D B, et al. Metabolism, bioavailability, and toxicokinetics of benzo[*a*]pyrene[B(*a*)P] in F-344 rats following oral administration. Experimental and Toxicologic Pathology, 2001, 53: 253-257.
[15] Bordelon N R, Donnelly K C, King L C, et al. Bioavailability of the genotoxic components in coal tar contaminated soils in Fischer 344 rats. Toxicological Sciences, 2000, 56: 37-48.
[16] Pu X, Lee L S, Galinsky R E, et al. Bioavailability of 2,3′,4,4′,5-pentachlorobiphenyl (PCB118) and 2,2′,5,5′-tetrachlorobiphenyl (PCB52) from soils using a rat model and a physiologically based extraction test. Toxicology, 2006, 217:14-21.
[17] Fries G F, Marrow G S, Somich C J. Oral bioavailability of aged polychlorinated biphenyl residues contained in soil. Bulletin of Environmental Contamination and Toxicology, 1989, 43: 683-690.
[18] Budinsky R A, Rowlands J C, Casteel S, et al. A pilot study of oral bioavailability of dioxins and furans from contaminated soils: Impact of differential hepatic enzyme activity and species differences. Chemosphere, 2007, 70: 1774-1786.
[19] Hecht S S, Grabowski W, Groth K. Analysis of feces for benzo[*a*]pyrene after consumption of charcoal-broiled beef by rats and humans. Food and Cosmetics Toxicology, 1979, 17: 223-227.
[20] Bouchard M, Viau C. Urinary excretion of benzo(*a*)pyrene metabolites following intravenous, oral, and cutaneous benzo(*a*)pyrene administration. Canadian Journal of Physiology and Pharmacology, 1997, 75: 185-192.
[21] Yamazaki H, Kakiuchi Y. The uptake and distribution of benzo(*a*)pyrene in rat after continuous oral administration. Environmental Toxicology and Chemistry, 1989, 24: 95-104.
[22] Van de Wiel J A G, Fijneman P H S, Duijf C M P, et al. Excretion of benzo(*a*)pyrene and metabolites in urine and feces of rats: Influence of route of administration, sex and long-term ethanol treatment. Toxicology, 1993, 80: 103-115.

[23] Mirvish S S, Ghadirian P, Wallcave L, et al. Effect of diet on fecal excretion and gastrointestinal tract distribution of unmetabolized benzo(*a*)pyrene and 3-methylcholanthrene when these compounds are administered orally to hamsters. Cancer Research, 1981, 41: 2289-2293.

[24] West C E, Horton B J. Transfer of polycyclic hydrocarbons from diet to milk in rats, rabbits and sheep. Life Sciences, 1976, 19: 1543-1552.

[25] Grova N, Feidt C, Laurent C, et al. [^{14}C]-Milk, urine and feces excretion kinetics in lactating goats after an oral administration of [^{14}C] polycyclic aromatic hydrocarbons. International Dairy Journal, 2002, 12: 1025-1031.

[26] Reeves P G, Chaney RnL. Bioavailability as an issue in risk assessment and management of food cadmium: A review. Science of the Total Environment, 2008: 398(1-3): 13-19.

[27] 李筱薇, 云洪霄, 尚晓虹, 等. 大米中无机砷的生物可给性体外消化评价模型介绍. 食品安全质量检测学报, 2010, (01): 7-11.

[28] Moreda-Piñeiro J, Moreda-Piñeiro A, Romarís-Hortas V, et al. *In-vivo* and *in-vitro* testing to assess the bioaccessibility and the bioavailability of arsenic, selenium and mercury species in food samples. TrAC Trends in Analytical Chemistry, 2011, 30(2): 324-345.

[29] Tang X-Y, Tang L, Zhu Y-G, et al. Assessment of the bioaccessibilitry of polycyclic aromatic hydrocarbons in soils from Beijing using an *in vitro* test. Environmental Pollution, 2006, 140: 279-285.

[30] Friedman H I, Nylund B. Intestinal fat digestion, absorption, and transport: A review. American Journal of Clinical Nutrition, 1980, 33: 1108-1139.

[31] Hack A, Selenka F. Mobilization of PAH and PCB from contaminated soil using a digestive tract model. Toxicology Letters, 1996, 88: 199-210.

[32] Oomen A G, Sips A J A M, Groten J P, et al. Mobilization of PCBs and lindane from soil during *in vitro* digestion and their distribution among bile salt micelles and proteins of human digestive fluid and the soil. Environmental Science & Technology, 2000, 34: 297-303.

[33] Oomen A G, Tolls J, Kruidenier M, et al. Availability of polychlorinated biphenyls(PCBs) and lindane for uptake by intestinal Caco-2 cells. Environmental Health Perspectives, 2001, 109: 731-737.

[34] Rotard W, Christmann W, Knoth W, et al. Determination of absorption availability of PCDD/PCDF from "Kieselrot"(Red Slag)in the digestive tract-Simulation of the digestion of technogenic soil. UWSF-Z Umweltchem Okotox, 1995, 7:3-9.

[35] Ruby M V, Fehling K A, Paustenbach D J, et al. Oral bioaccessibility of dioxins/furans at low concentrations(50～350 ppt toxicity equivalent)in soil. Environmental Science & Technology, 2002, 36: 4905-4911.

[36] Daugherty A L, Mrsny R J. Transcellular uptake mechanisms of the intestinal epithelial barrier— Part one. Elsevier Science, 1999, 2: 144-151.

[37] Degan L P, Philips S F. Variability of gastrointestinal transit in healthy women and men. Gut, 1996, 39: 299-305.

[38] Guyton A C. Textbook of medical physiology. Philadelphia, PA: W.B. Saunders Company, 1971.

[39] Johnson L R. Gastric secretion. *In*: Johnson L R. Gastrointestinal physiology. 6th ed. St. Louis, MO: Mosby, 2001.

[40] Xing G H, Yang Y, Yan Chan J K, et al. Bioaccessibility of polychlorinated biphenyls in different foods using an *in vitro* digestion method. Environmental Pollution, 2008, 156(3): 1218-1226.
[41] 李凤琴,徐娇,刘飒娜.生物利用率在食品污染物风险评估中的应用.中国食品卫生杂志, 2011, (1): 17-22.
[42] Shen H, Henkelmann B, Rambeck W A, et al. Physiologically based persistent organic pollutant accumulation in pig tissues and their edible safety differences: An *in vivo* study. Food Chemistry, 2012, 132(4): 1830-1835.
[43] Juan C-Y, Thomas G O, Sweetman A J, et al. An input-output balance study for PCBs in humans. Environment International, 2002, 28(3): 203-214.
[44] 付瑾,崔岩山.食物中营养物及污染物的生物可给性研究进展.生态毒理学报, 2011, (2): 113-120.
[45] 张明秋,王康宁,雷激,等.体外消化/Caco-2 细胞模型评价铁生物强化玉米铁生物利用率. 营养学报, 2009, (06): 547-551.
[46] Marques A, Lourenço H M, Nunes M L R, et al. New tools to assess toxicity, bioaccessibility and uptake of chemical contaminants in meat and seafood. Food Research International, 2011, 44(2): 510-522.
[47] Kimbrough R D, Krouskas C A, Leigh Carson M, et al. Human uptake of persistent chemicals from contaminated soil: PCDD/Fs and PCBs. Regulatory Toxicology and Pharmacology, 2010, 57(1): 43-54.
[48] Paustenbach D J, Kerger B D. The University of Michigan Dioxin Exposure Study: Estimating residential soil and house dust exposures to young children. Chemosphere, 2013, 91(2): 200-204.
[49] Cui X, Mayer P, Gan J. Methods to assess bioavailability of hydrophobic organic contaminants: Principles, operations, and limitations. Environmental Pollution, 2013, 172: 223-234.
[50] 林肖惠,李凤琴.体外消化模型在真菌毒素生物可及性研究中的应用及研究进展.卫生研究, 2011, (6): 805-808.
[51] Rostami I, Juhasz A L. Assessment of persistent organic pollutant (POP) bioavailability and bioaccessibility for human health exposure assessment: A critical review. Critical Reviews in Environmental Science and Technology, 2011, 41(7): 623-656.
[52] Domingo J L, Bocio A, Falcó G, et al. Benefits and risks of fish consumption: Part I. A quantitative analysis of the intake of omega-3 fatty acids and chemical contaminants. Toxicology, 2007, 230: 219-226.
[53] Collins C D, Craggs M, Garcia-Alcega S, et al. 2015. Towards a unified approach for the determination of the bioaccessibility of organic pollutants. Environment International, 78: 24-31.
[54] Wang H-S, Zhao Y-G, Man Y-B, et al. Oral bioaccessibility and human risk assessment of organochlorine pesticides(OCPs) via fish consumption, using an *in vitro* gastrointestinal model. Food Chemistry, 2011, 127(4): 1673-1679.
[55] Yu Y-X, Huang N-B, Zhang X-Y, et al. Polybrominated diphenyl ethers in food and associated human daily intake assessment considering bioaccessibility measured by simulated gastrointestinal digestion. Chemosphere, 2011, 83: 152-160.

[56] Shen H, Starr J, Han J, et al. The bioaccessibility of polychlorinated biphenyls (PCBs) and polychlorinated dibenzo-*p*-dioxins/furans (PCDD/Fs) in cooked plant and animal origin foods. Environment International, 2016, 94: 33-42.

[57] Li K, Li C, Yu N-Y, et al. 2015. *In vivo* bioavailability and *in vitro* bioaccessibility of perfluorooctanoic acid (PFOA) in food matrices: correlation analysis and method development. Environmental Science & Technology, 49(1): 150-158.

附录　缩略语(英汉对照)

ADI	acceptable daily intake，每日允许摄入量
AhR	aryl hydrocarbon receptor，芳香烃受体
APCI	atmospheric pressure chemical ionization，大气压化学电离源
ARfD	acute reference dose，急性参考剂量
ASE	accelerated solvent extraction，加速溶剂萃取
BFRs	brominated flame retardants，溴系阻燃剂
BMI	body mass index，身体质量指数
CAC	Codex Alimentarius Commission，国际食品法典委员会
CALUX	chemical activated luciferase gene expression，化学激活萤光素酶基因表达法
CPs	chlorinated paraffins，氯化石蜡
DBDPE	decabromodiphenyl ethane，十溴二苯乙烷
DDT	dichlorodiphenyltrichloroethane，双对氯苯基三氯乙烷（滴滴涕）
DL-PCBs	dioxin-like polychlorinated biphenyl，类二噁英多氯联苯
ECD	electron capture detector，电子捕获检测器
ECF	electrochemical fluorination，电化学氟化法
EDI	estimated daily intake，估计每日摄入量
ESI	electrospray ionization，电喷雾电离
FID	flame ionization detector，火焰离子化检测器
FOSAAs	Perfluorooctanesulfonamidoacetates，全氟辛基磺酰胺乙酸类物质
FOSAs	perfluorosulfonamides，全氟辛基磺酰胺类物质
FPD	flame photometric detector，火焰光度检测器
FTSs	fluorotelomer sulfonates，氟调聚磺酸盐
FTUCAs	perfluoroalkyl unsaturated carboxylates，全氟烷基烯酸类物质
GAFP	good aquaculture & fishery practices，良好水产养殖和渔业规范
GAP	good agricultural practices，良好农业操作规范

GC	gas chromatography，气相色谱
GEMS	global environment monitoring system，全球环境监测系统
GFP	green fluorescent protein，绿色荧光蛋白
GMP	good manufacturing practice，良好操作规范
GPC	gel permeation chromatography，凝胶渗透色谱法
GSP	good storage practices，良好存储规范
HACCP	hazard analysis and critical control point，危害分析和关键控制点
HBCD	hexabromocyclododecane，六溴环十二烷
HCB	hexachlorbenzene，六氯苯
HCH	hexachlorocyclohexane，六氯代环己烷（六六六）
HIV	human immunodeficiency virus，人类免疫缺陷病毒
HPLC	high performance liquid chromatography，高效液相色谱
HRGC-HRMS	high resolution gas chromatography-high resolution mass spectrometry，高分辨气相色谱-高分辨质谱
IVG	*in vitro* gastrointestinal method，体外胃肠法
LCCPs	long chain chlorinated paraffins，长链氯化石蜡
LLE	Liquid-liquid extraction，液-液萃取法
LOAEL	lowest observed adverse effect level，可观察到有害作用的最低剂量
Luc	luciferase，萤光素酶
MAE	microwave assisted extraction，微波辅助提取
MCCPs	medium chain chlorinated paraffins，中链氯化石蜡
MRL	maximum residue limit，最大残留限量
MRM	multi-reaction monitoring，多反应监测
MSPD	matrix solid-phase dispersion，基质固相分散
ND	not detected，未检出
NOAEL	no observed adverse effect level，无可见有害作用水平
NPD	nitrogen phosphorus detector，氮磷检测器
OCPs	organochlorine pesticides，有机氯农药
PAHs	polycyclic aromatic hydrocarbons，多环芳烃
PAPs	polyfluoroalkyl phosphate esters，多氟烷基磷酸类物质
PBDDs	polybrominated dibenzo dioxins，多溴代二苯并二噁英
PBDEs	polybrominated diphenyl ethers，多溴二苯醚

PBDFs	polybrominated dibenzofuran，	多溴代二苯并呋喃
PBET	physiologically based extraction test，	生理原理提取法
PCBs	polychlorinated biphenyls，	多氯联苯
PCDDs	polychlorinated dibenzodioxins，	多氯代二苯并二噁英
PCDFs	polychlorinated dibenzofurans，	多氯代二苯并呋喃
PCNs	polychlorinated naphthalene，	多氯萘
PFASs	perfluoroalkyl substances，	全氟有机化合物
PFBA	perfluorobutanoic acid，	全氟丁酸
PFBS	perfluorobutanesulfonate，	全氟丁基磺酸
PFDA	perfluorodecanoic acid，	全氟癸酸
PFDoA	perfluorododecanoic acid，	全氟十二酸
PFDS	perfluorodecanesulfonate，	全氟癸基磺酸
PFHpA	perfluoroheptanoic acid，	全氟庚酸
PFHpS	perfluoroheptanesulfonate，	全氟庚基磺酸
PFHxA	perfluorohexanoic acid，	全氟己酸
PFHxDA	perfluoro-n-hexadecanoic acid，	全氟十五酸
PFHxS	perfluorohexanesulfonate，	全氟己基磺酸
PFNA	perfluoro nonanoic acid，	全氟壬酸
PFNS	perfluorononanesulfonate，	全氟壬烷磺酸
PFOA	perfluorooctanoic acid，	全氟辛酸
PFODA	perfluoro-n-octadecanoic acid，	全氟十六酸
PFOS	perfluorooctanesulfonic acid，	全氟辛基磺酸
PFPeA	perfluoropentanoic acid，	全氟戊酸
PFPeS	perfluoropentanesulfonate，	全氟戊基磺酸
PFTeDA	perfluoro-n-tetradecanoic acid，	全氟十四酸
PFTrDA	perfluorotridecanoic acid，	全氟十三酸
PFUdA	perfluoroundecanoic acid，	全氟十一酸
PLE	pressurized liquid extraction，	加压液体萃取
POPs	persistent organic pollutants，	持久性有机污染物
PTDI	provisional tolerable daily intake，	暂定每日可耐受摄入量
PTMI	provisional tolerable monthly intake，	暂定每月可耐受摄入量
SCCPs	short chain chlorinated paraffins，	短链氯化石蜡

SHIME	simulator of human intestinal microbial ecosystem，人体肠道微生物生态模拟系统
SPE	solid phase extraction，固相萃取
TBBPA	tetrabromobisphenol A，四溴双酚 A
TDI	tolerable daily intake，可耐受每日摄入量
TDS	total diet study，总膳食研究
TEF	toxic equivalency factor，毒性当量因子
TEQ	toxic equivalents，毒性当量
UAE	ultrasonic assisted extraction，超声辅助萃取
UPLC	ultra performance liquid chromatography，超高效液相色谱法

索　引

B

八溴二苯醚　103

C

长链氯化石蜡　185
持久性有机污染物　1

D

电化学氟化法　139
动物活体试验　206
动物源性食品　90
毒性当量　93
短链氯化石蜡　185
多氯联苯　81
多溴二苯醚　105, 115

E

二噁英　13, 214
二噁英及其类似物　58

F

分离　108

G

肝脏组织　122
高效液相色谱法　142

J

急性参考剂量　30
加速溶剂萃取法　33
监测　24
检测　108
健康指导值　9
净化　107

L

类二噁英多氯联苯　13
良好操作规范　20
良好存储规范　20
良好动物饲养规范　20
良好农业规范　20
良好实验室规范　20
六溴环十二烷　157

M

免疫分析法　89
母乳　96, 119, 147, 170

N

凝胶渗透色谱法　35
浓硫酸磺化法　34

Q

前处理　140, 190
全二维气相色谱　194
全氟辛基磺酸　137
全氟辛酸　137
全氟有机化合物　137

R

人体负荷　72, 171, 197
人体负荷评估　7

S

三室体外消化模型　215
色谱分析法　87
膳食暴露评估　3
膳食摄入　168, 196
身体质量指数　51
生物毒性　86

生物分析法 89
生物可及性 6, 204
生物利用率 6, 204
十溴二苯醚 103
食品 159, 164
食品安全 1
市场菜篮子研究 40
双份饭 213
水产品 144
索氏提取法 33

T

胎盘组织 122
特殊暴露 117
提取 107
体外胃肠消化试验 209
调聚合成法 139

W

污染水平 143
五溴二苯醚 103

X

限量标准 10
消化液 211
辛醇/水分配系数 186

溴系阻燃剂 103, 157
血液 96, 115, 145

Y

液-液萃取法 33
仪器分析 191
有机氯农药 10, 29

Z

暂定每月可耐受摄入量 71
脂肪 96
脂肪组织 122
职业暴露 117
植物源性食品 92
指示性多氯联苯 14
中国总膳食研究 3
中链氯化石蜡 185
终点 206
总膳食研究 3, 165
最大残留限量 30

其他

QuEChERS 140
TDI 139
TEF 60
UPLC-TOF-HRMS 161

彩 图

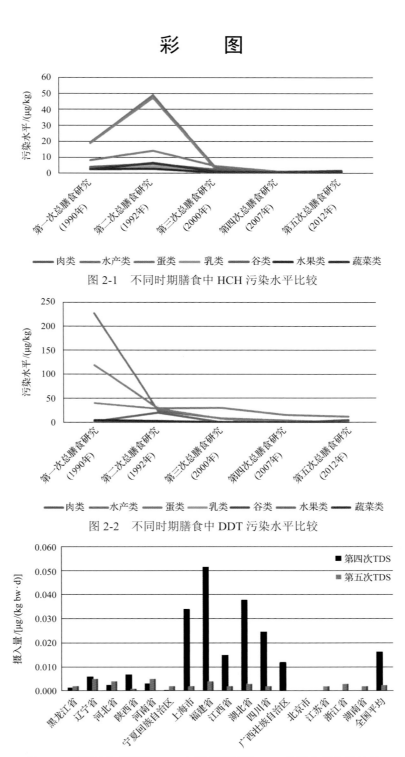

图 2-1 不同时期膳食中 HCH 污染水平比较

图 2-2 不同时期膳食中 DDT 污染水平比较

图 2-3 第四次和第五次 TDS 中国普通居民 DDT 的膳食摄入量比较

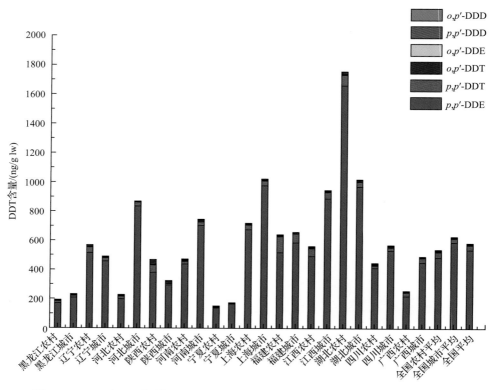

图 2-12　2007 年 12 省(自治区、直辖市)城市和农村母乳样品中 DDT 含量的比较

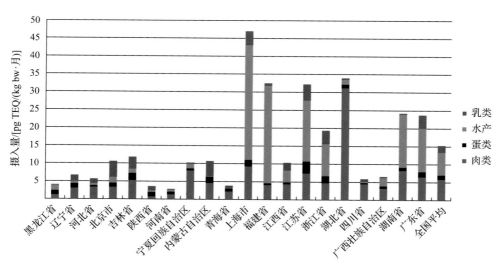

图 3-2　我国不同地区成人经膳食摄入二噁英及其类似物水平及全国平均情况